PPT影响力

逻辑思维 设计技法 演讲表达

熊王◎著

清华大学出版社
北京

内容简介

本书致力于全方位提升读者的 PPT 逻辑、设计与演讲表达的综合能力。

本书共 5 章，第 1 章主要讲解 Microsoft PowerPoint 2019 和 WPS Office 2019 的特色功能；第 2 章主要讲解如何提升 PPT 的制作效率；第 3 章主要从图文设计、图表配色、设计排版等方面进行讲解；第 4 章主要讲解如何形成结构性思维的习惯，让 PPT 的内容更有逻辑性；第 5 章结合职场常见演讲需求，全面提升读者的演讲表达能力。通过学习写 PPT（逻辑）、做 PPT（设计）、讲 PPT（表达）的全流程，读者可系统性地提升 PPT 制作和表达综合能力。

不管是刚刚接触 PPT 的新手，还是经常制作 PPT 的老手，抑或是经常使用 PPT 演讲的职场人，都能在本书中得到启发和收获。

图书在版编目（CIP）数据

PPT影响力：逻辑思维・设计技法・演讲表达 / 熊王著. —北京：清华大学出版社, 2023.1(2024.12重印)

ISBN 978-7-302-62260-4

Ⅰ. ①P… Ⅱ. ①熊… Ⅲ. ①图形软件 Ⅳ. ①TP391.412

中国版本图书馆CIP数据核字（2022）第234416号

责任编辑：袁金敏
封面设计：杨纳纳
责任校对：胡伟民
责任印制：沈 露
出版发行：清华大学出版社
网 址：https://www.tup.com.cn, https://www.wqxuetang.com
地 址：北京清华大学学研大厦 A 座 邮 编：100084
社 总 机：010-83470000 邮 购：010-62786544
投稿与读者服务：010-62776969，c-service@tup.tsinghua.edu.cn
质 量 反 馈：010-62772015，zhiliang@tup.tsinghua.edu.cn
印 装 者：三河市龙大印装有限公司
经 销：全国新华书店
开 本：180mm×210mm **印 张：**13.5 **字 数：**436 千字
版 次：2023 年 3 月第 1 版 **印 次：**2024 年 12 月第 6 次印刷
定 价：99.00 元

产品编号：098669-01

大咖推荐语

熊王老师，在锐普工作期间就被称为“全能之王”，精通 PPT、WPS、Excel、思维导图和演讲。这本书凝聚了熊王老师多年的实战经验，能全面提升读者的演示设计和表达能力，快速提升工作效率，让你站上“王”的肩膀。

——陈魁，锐普演示创始人

熊王老师 PPT 做得好，PPT 课讲得也好，所以他写这本 PPT“演示 + 演讲”很合适，不仅仅教你最新的功能，还会给你设计的思路、表达的逻辑、分享的技巧，干货满满。

——秋叶，秋叶 PPT 品牌创始人

PPT 应用的过程是内容逻辑、设计形式和宣讲演示三部分的结合，实现有效的信息传递。但我们总是更多地关注设计形式而忽略其他。所以很难得，终于有这么一本书能把 PPT 应用的三个过程都包含进来，相信正在被 PPT 困扰的你一定会从中受益。

——刘浩，iSlide 创始人、CEO

熊王老师作为微软最有价值专家项目中最具影响力的专家之一，他的这本书全新释义了 PPT 的演讲设计与实操，为中国市场中的 PPT 演讲知识普及和描述总结了重要的知识点和实用案例，对于广大的 PPT 技术爱好者是一大福音。此书不仅覆盖了 PPT 全方位的知识点，更与演讲实践完美结合。我特别喜欢这本书，它不是一本简单的工具书，而是可以帮助大家提升自信，实现完美演讲，可以将工具更加完美地升华。

——梁迪，微软最有价值专家项目大中华区负责人

你会 PPT 演示设计吗？ 90% 以上的职场人员会说：能！

你的 PPT 演示设计专业吗？大部分人又戛然而止了……

的确，无论是会议、培训、汇报、交流，还是产品发布、文化宣传等，PPT 演示作为一种重要的沟通工具，总是贯穿其中，“会用”并不代表“用好”，更加专业的设计理念以及呈现方式，往往会事半功倍。本书内容非常贴近当今 PPT 的演示场景，注重从实际案例出发，帮助读者总

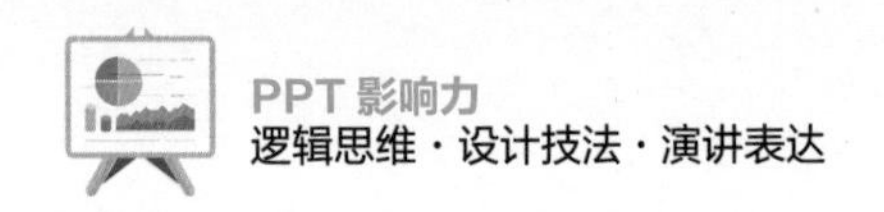

结归纳设计原则，阅读体验上直观易懂，让非专业设计人员也能快速制作“高大上”的演示文稿。

——郑晓琼，金山办公编委会组长 /《WPS Office 高级应用与设计》（二级考试）主编

幻灯片因沟通场景而生，无论是追求极致精美的设计，还是死磕逻辑严密的内容，又或是打磨饱满有力的演讲，三者紧密结合，才能做出打动观众的演示。

设计 + 内容 + 演讲，熊王老师的这本著作竟然能面面俱到，值得推荐。

——秦阳，微软 Office 导师、金山办公最有价值专家（KVP）、畅销书《工作型 PPT 该这样做》作者

作为一个 PPT 行业的长期从业者，我看过不少有关 PPT 设计的书，也看过不少演讲表达的书，但很少有作者能同时精通二者，并能将之整理归纳成册。熊王老师是我认识的人中少有的精通此道的高手，他写的这本书也是我目前读过的书籍中能很好地将两者融合的代表。本书不但从设计的角度指导读者怎么制作 PPT，而且从演讲的角度指导读者如何去策划一次优质的演讲，是一本佳作。

——吴树波，AACTP 国际注册培训师、《P 精斩极 · 专业 PPT 精髓》作者

近日听闻熊老师新书即将出版，特别为之感到高兴。PPT 设计工具到视觉表现力，从逻辑说服力到演讲表达技巧等，这本书从多维度、系统性地为读者一一解析。相信无论是职场小白还是专业人士，都可以从本书收获自己想要的东西，进一步提升 PPT 的设计与呈现水平。

——马永志，商务演讲教练、《商务演讲七环法》作者

熊王老师不仅人长得帅，而且是 PPT 圈子里的传奇。熊王老师拥有丰富的企业内训、公开课、高校巡讲及学员私房课授课经验，并将 PPT 培训做到国外，技术功底深厚，拥有多项微软 Office 和金山 WPS Office 专业认证。本书不仅有软件设计功能的使用技巧，还从效率、设计、逻辑等几个角度专门介绍了他多年的 PPT 设计及培训经验，并有专门的演讲经验分享。我推荐 PPT 设计工作者、职场人员、PPT 培训从业者学习该书。

——仝德志（布衣公子），《揭秘 PPT 真相》作者

PPT 作为商务沟通的重要工具，已经涵盖职场的方方面面。熊王老师的这本书从工具、效率、设计、逻辑和演讲五大环节，深入工作场景，用案例说话，能很好地提升职场人士 PPT 设计和汇报技能，从而增强职场竞争力。

——北京科技大学 MBA 校外导师，Office 资深培训师　王忠超

前言

好的 PPT 设计人员需要做好 3 个角色：编剧、设计师和演员。其中，编剧对应的是内容的逻辑策划能力，写好 PPT“剧本”；设计师是对内容进行设计、排版和处理等；而演员则主要是把 PPT 更好地表达给观众。概括起来，PPT 设计人员的综合能力主要包含 3 块：逻辑、设计和表达。

本书正是这样一本教你“逻辑（写 PPT）、设计（做 PPT）、表达（讲 PPT）”的 PPT 综合全书！

作为一名专注 PPT 教学近 10 年的职业 PPT 培训师，我一直想用写书的方式来与更多人交流。我见过太多的人因为做不好 PPT 而苦恼，也见过很多学员因为做好了 PPT 而升职加薪，获得更大的发展。不敢说你学好了 PPT 就一定能实现你的需求，但是学好 PPT 一定能让你在职场获得更大的竞争力，我自己也因为多年专注 PPT 教学与培训，而把 PPT 培训做到全国前列，甚至做到了国外。所以学好 PPT 真能让你的职场和人生有更多可能。

“到底需要一本什么样的书才能真正帮助大家提升 PPT 的综合能力？”

这是我一直在思考的问题。作为一名培训师，在我看来，PPT 绝不是把 PPT 做得好看而已，它是对一个人综合能力的考量。一份好的 PPT 一定是“内容”“形式”“表达”的综合体，由此对应的能力是“逻辑思考力”“设计能力”“演讲表达力”，只有这些能力都具备了，才能达到**“会写 PPT”“会做 PPT”“会讲 PPT”的目的。这也是我写这本书希望能帮助大家的 3 个方面。**

本书共 5 章，第 1 章是工具篇，主要讲解现在主流的两款优秀的 PPT 制作软件：Microsoft PowerPoint 2019 和金山公司的 WPS Office 2019 的特色功能与应用。Microsoft PowerPoint 2019 经过迭代升级产生了颠覆性的改变，一定能打破你对 PPT 的认知。尤其是 3D 模型的引入，直接把幻灯片带入了三维时代，另外还有很多人性化的功能优化，极大地提高了效率。作为一款优秀的国产办公软件，WPS Office 2019 带来了很多的新功能和非常不错的体验，不仅给用户带来极大的便利，而且结合人们的使用场景和使用习惯优化了功能应用。尤其是“AI 智能排版”，使用户从繁重的 PPT 排版设计中解脱出来，相信你用过以后，一定会爱不释手。

第 2 章是效率篇，讲解如何全面提升 PPT 制作的效率。一步快，步步快。在软件功能中，同样适用“二八原则”，即只需要掌握 20% 的重要功能，就能解决 80% 的工作中的问题。效率的提升主要体现在规范的流程、软件的高效设置与快捷操作方式等方面。

第 3 章是设计篇，主要讲解“怎么做好 PPT”的问题。一提到 PPT 设计，很多人就头疼。因为大部分职场人不是专业设计师，缺少必要的设计和审美功底。所以本章会围绕 PPT 设计全面展开，包括 PPT 模板设计、图文页面快速美化、字体、配色、排版、图表、版式等，并搭配综合实战案例，提升 PPT 的综合应用能力。

第 4 章是逻辑篇，重点帮助大家解决“怎么写好 PPT”的问题。很多人一开始做 PPT 的问题要么是没思路，要么是思绪混乱，其本质是没有养成良好的逻辑思维习惯。本章会重点帮助读者构建“逻辑说服力”。借助思维工具和思维模型，让表达逻辑更清晰，重点更突出，层次更分明。同时会搭配工作中常用场景的逻辑结构图，需要时可以直接参考和借鉴。

第 5 篇是演讲篇，围绕“怎么讲好 PPT”的问题展开。对于演讲型 PPT 而言，只有最后被演讲者讲出来，才算完成它的使命。但是对于很多人而言，“演讲”本身就是一道很大的坎。哪怕 PPT 内容和形式都非常不错，如果演讲发挥失常，也很容易前功尽弃。所以对于每一个学习 PPT 的人而言，提升 PPT 的演讲能力至关重要。我会结合多年的培训经验，分享做好 PPT 演讲的方法，提升读者的演讲魅力。

另外，本书额外赠送一本《素材宝典》电子书，包括制作 PPT 所需要的素材，方便大家及时翻阅和巩固。

为了便于获得本书的练习资料，以及后续学习与交流，读者可关注公众号“熊王”，回复关键词“PPT 影响力”，还可获取本书练习。

从事 PPT 教学的这些年，我一直希望能帮助我的学员构建一套完整的 PPT 全流程体系：逻辑 + 设计 + 表达，而这本书就是围绕这个体系来打造的，希望它能对你有帮助。

目录

CONTENTS

Chapter 01 工具篇 超强的“办公生产力”

Chapter 02 效率篇 提升“效能爆发力”

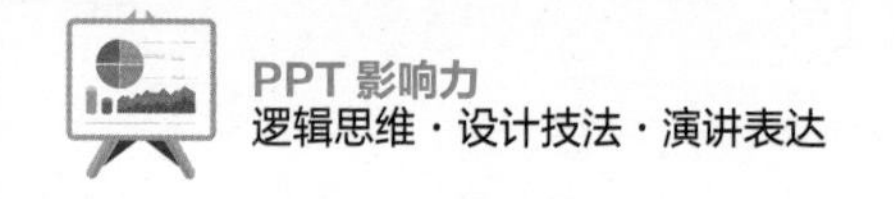

Chapter 03 设计篇 打造“视觉表现力”

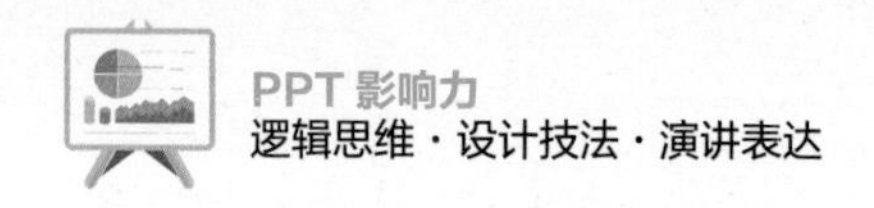

Chapter 04 逻辑篇 构建“逻辑说服力”

Chapter 01 工具篇

超强的“办公生产力”

工欲善其事，必先利其器！

想要做出好的幻灯片，必须要对手中的“利器”了如指掌，熟练使用电脑中的 PPT 制作工具的各项高级特色功能，才能又快又好地做出让人眼前一亮的 PPT。

1.1 如何区分不同的演示制作软件

目前市面上大部分的 PPT 演示制作工具为微软公司的 Microsoft PowerPoint、金山公司的 WPS Office（演示）以及苹果公司的 Keynote，通过图 1.1.1 的桌面图标可以迅速识别。

图 1.1.1

打开软件后，还可以通过上方的选项卡界面判断具体是哪款软件。图 1.1.2 是三款演示制作工具的功能选项区界面。

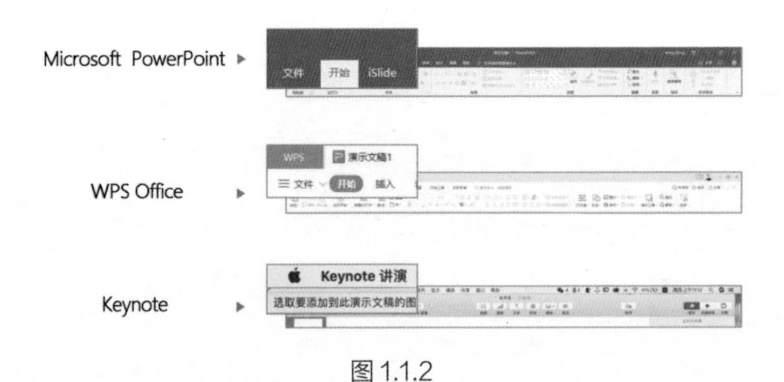

图 1.1.2

本书主要讲解的软件为 Microsoft PowerPoint 以及金山公司的 WPS Office（演示）。二者的大部分功能相似，部分功能和操作有小区别，在本章会针对它们各自最新版本（2019 版）的特色功能进行讲解。

1.2　Microsoft PowerPoint 2019 的特色功能 

Microsoft PowerPoint 2019 实现了很多突破，在呈现形式上给用户更多的选项和更好的使用体验，下面就来了解一下那些让人惊艳的特色功能吧。

1.2.1　3D 模型，开启全新的三维世界

平面形式的 PPT 在展示产品或者人物时并不是很直观，如果能换成 3D 的形式，体验感就会得到提升。

1.2.1.1　导入本地 3D 模型

Microsoft PowerPoint 2019 支持插入 3D 素材，如果电脑本地有 3D 素材，可以单击“插入”→“3D 模型”→“此设备”插入（图 1.2.1）。

图 1.2.1

导入本地的 3D 素材支持的格式，主要有 6 种，分别是 .fbx、.obj、.3mf、.ply、.stl、.glb（图 1.2.2）。

图 1.2.2

这就意味着其他格式的 3D 素材暂时无法直接导入，如常用的 3D 格式“3dmax”格式，所以导入时一定要注意选对格式。

插入后的 3D 模型和图片有点类似，可以调整位置、大小等，选中时在中间会多一个控制柄（图 1.2.3），方便用鼠标拖动来调整 3D 模型的姿态。任意角度和姿态都可以通过快速拖动实现（图 1.2.4）。

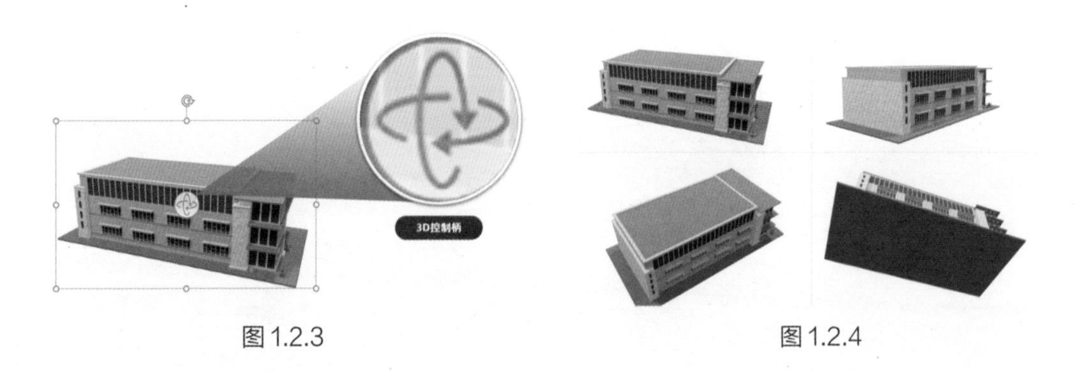

图 1.2.3　　图 1.2.4

1.2.1.2 下载联机 3D 模型

如果本地没有 3D 素材，单击“插入”→“3D 模型”→“库存 3D 模型”即可打开联机 3D

模型库（图 1.2.5，需要联网）。

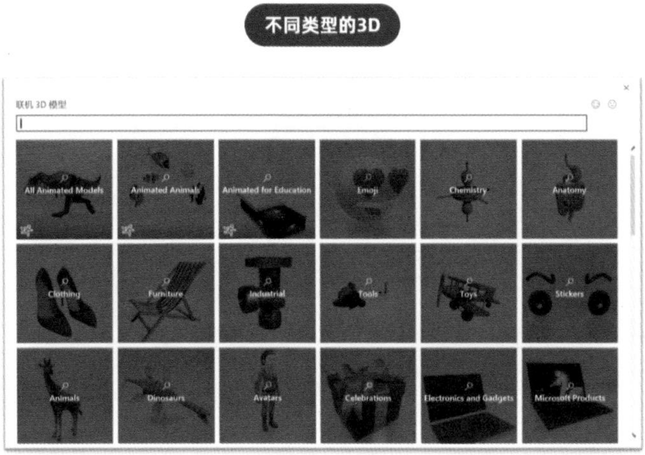

不同类型的3D
联机 3D 模型
All Animated Models
Animated Animals
Animated for Education
Emoji
Chemistry
Anatomy
Clothing
Furniture
Industrial
Tools
Toys
Stickers
Animals
Dinosaurs
Avatars
Celebrations
Electronics and Gadgets
Microsoft Products

图 1.2.5

图 1.2.5 中每个小方格都是一个分类，种类非常齐全，单击后有很多在线 3D 模型（图 1.2.6）。

太空类3D
玩具类3D
动物类3D
化学类3D

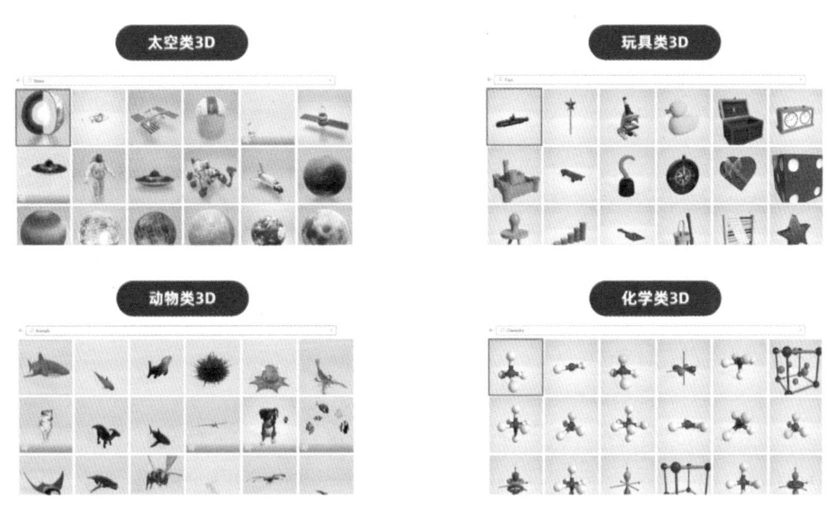

图 1.2.6

在类别格子的左下角如果有“动作”标志，表明这个类目下是 3D 动画 (图 1.2.7)。

操作方法和 3D 模型类似，只是在单击动态 3D 模型后，左下角会有动画的控制按钮来控制动画的播放和暂停 (图 1.2.8)。

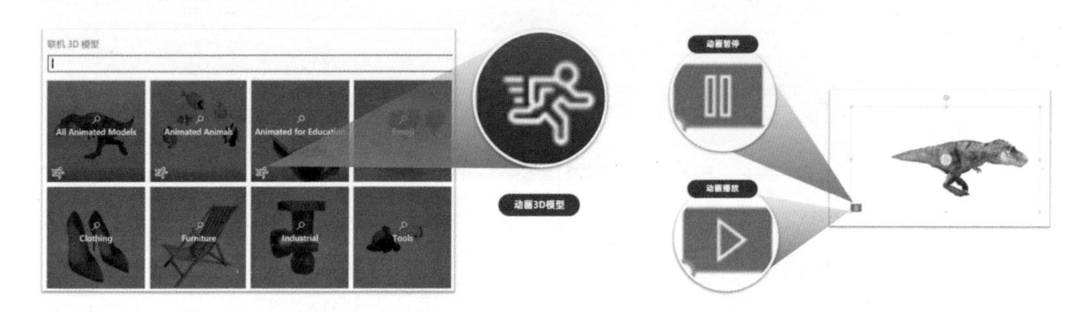

图 1.2.7　　图 1.2.8

在做一些动态的 3D 呈现时，效果就非常出彩，如图 1.2.9 所示的这些案例。

图 1.2.9

1.2.1.3 本地制作 3D 模型

如果想自己制作 3D 模型，有没有简单易上手的办法？当然有，只要电脑操作系统是 Windows 10 (包含) 以上，都自带了 3D 绘图软件——画图 3D。系统自带，无须安装，操作方法也非常简单。单击电脑桌面左下角的搜索，输入“3D”，即可找到“画图 3D”软件(图 1.2.10)。

启动软件后，单击“新建”→“3D 形状”，就可以在窗口右侧找到相关的 3D 工具来进行绘制（图 1.2.11）。

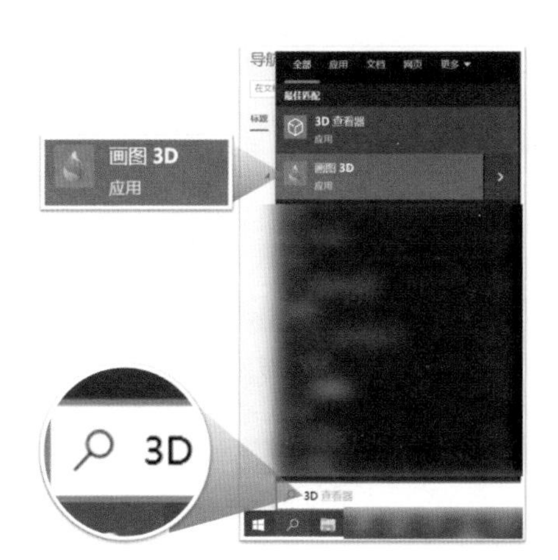

图 1.2.10

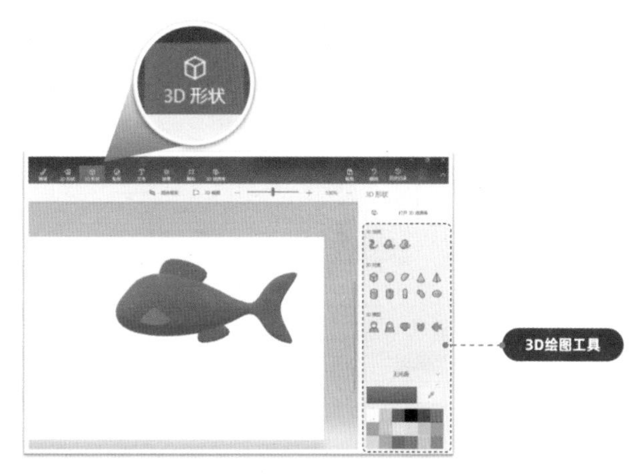

图 1.2.11

单击“贴纸”可以给 3D 形状添加贴纸效果（图 1.2.12）。

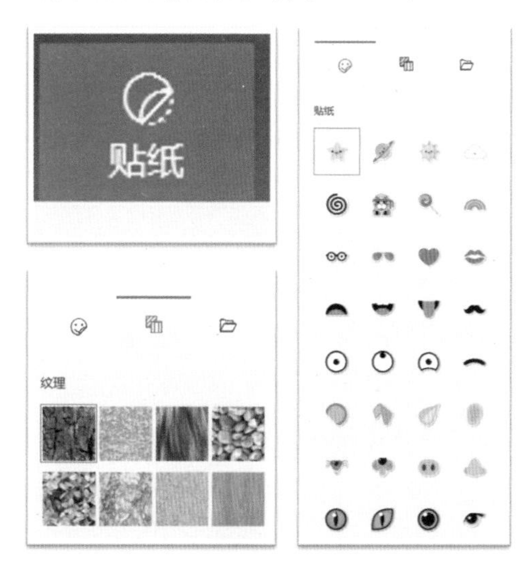

图 1.2.12

绘制好以后，可以复制粘贴到 PPT，直接使用（图 1.2.13）。

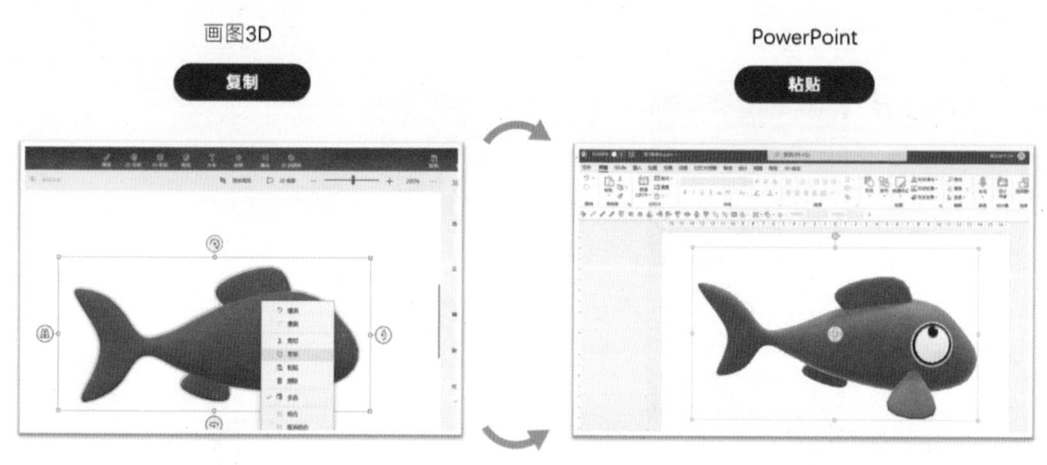

图 1.2.13

1.2.2 平滑切换，一键制作流畅生动的动画效果

PPT 动画一直是 PPT 设计的难点，好的动画效果制作的时间成本和学习成本往往比较高，而在 Microsoft Powerpoint 2019 以上版本中的“平滑”功能，能很好地解决这个问题。

1.2.2.1 平滑功能的用法

平滑功能在“切换”选项卡下。

当两个页面中有同一个元素时，可以通过该切换效果来表现它们的变化，如大小、形状、位置、颜色等（图 1.2.14）。

具体的制作方法大体分为以下三步（图 1.2.15）:

（1）复制幻灯片。

（2）任意移动内容。

（3）在下一页应用平滑切换效果。

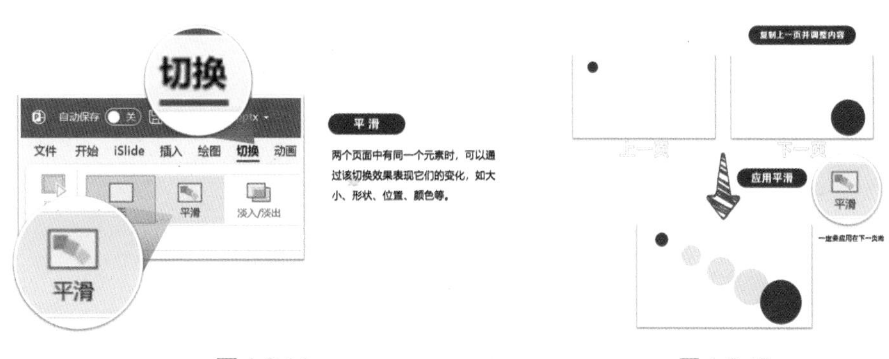

图 1.2.14　　　　图 1.2.15

1.2.2.2 平滑的分类与常见应用

平滑功能主要分成三类：对象、文字、字符。

在设置平滑功能以后，可以在右侧的【效果选项】中进行设置，其功能如下（图 1.2.16）。

- 对象：移动整个对象，如图片、形状等。
- 文字：移动对象和单个词字。
- 字符：移动对象和单个字母。

图 1.2.16

“对象”的意思就是整体变化。不仅可以用在图片或者形状上，还可以用在 3D 模型上，如图 1.2.17 所示的航天器 3D 展示动画就可以用它完成。

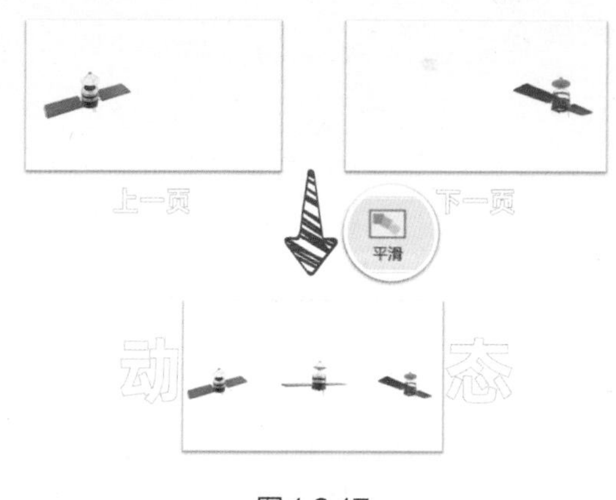

图 1.2.17

“文字”和“字符”是比较相似的，从字面意思来看，前者表示单词，而后者表示单词中的字母，“字符”比“文字”更散（图 1.2.18、图 1.2.19）。

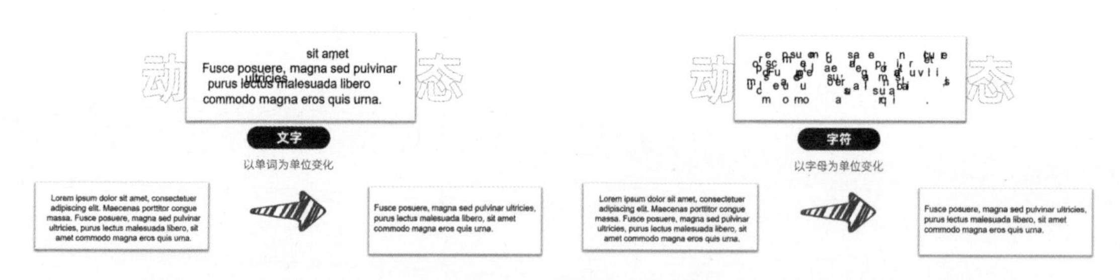

图 1.2.18（效果选项：文字）　　图 1.2.19（效果选项：字符）

平滑切换效果非常适合用在两个相邻页面有相同元素，需要展示变化过程或者演变思路的情形。可以简单理解为设置好起点和终点，然后设置“平滑”切换即可实现两者的平稳变形。

需要强调一下，由于这个功能是高版本特有的，无论是制作还是播放都非常依赖软件的支持，需要确保播放的软件是高版本，否则做好的平滑切换效果会无法显示而被其他切换效果所替代。

1.2.3 定位缩放，更高级的页面转换形式

PPT 的页码切换往往都是线性的，也就是沿着做好的顺序，第 1 页、第 2 页、第 3 页……。这种顺序能被打破吗？能否实现跳跃式页面转换，从而打破线性的束缚呢（图 1.2.20）？

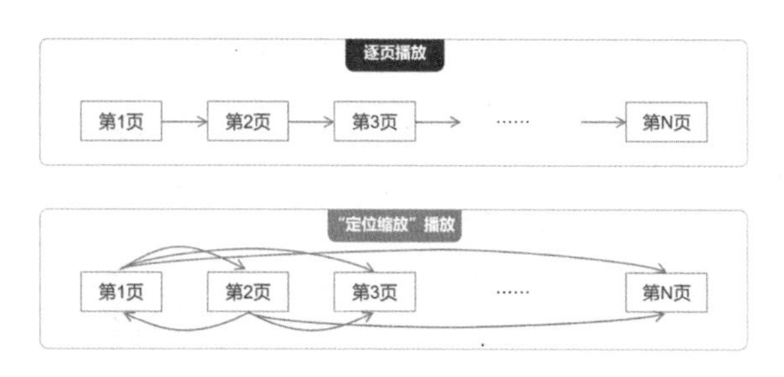

图 1.2.20

当然可以，只需要单击“插入”→“定位缩放”即可（图 1.2.21）。

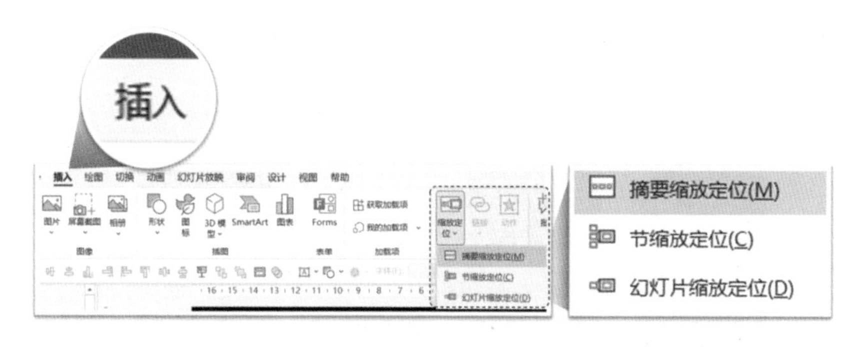

图 1.2.21

1.2.3.1 “新增节”功能

定位缩放的使用，一般要搭配“节”来使用。这里的“节”就是把幻灯片编组（分区）。可以单击需要编组（分区）的页面之间，单击“开始”→“节”→“新增节”，或者在页面之

间右击，在弹出的快捷菜单中使用“新增节”命令（图 1.2.22）。

可以给每一个节都定义名称，方便管理和使用（图 1.2.23）。

图 1.2.22　　　　　　　　　　　　　　图 1.2.23

定位缩放一共分成 3 种，分别是摘要缩放定位、节缩放定位、幻灯片缩放定位。

1.2.3.2 摘要缩放定位

单击“插入”→“定位缩放”→“摘要缩放定位”后，会将整套 PPT 的所有页面以缩略图的形式展现，勾选需要创建摘要的幻灯片（图 1.2.24）。

图 1.2.24

软件会自动生成在一页幻灯片，把选中的页面缩略图放进去，并排布整齐（图 1.2.25）。

图 1.2.25（摘要缩放定位）

在放映状态下，单击缩略图就可以跳转到相应的页面。

1.2.3.3 节缩放定位

在给幻灯片设置了“节”的情况下，可以使用“节缩放定位”功能，选中一个页面，将其作为插入缩放定位的页面，然后单击“插入”→“定位缩放”→“节缩放定位”，在弹出的窗口中会出现每个“节”的第一张幻灯片，一般都设置为章节页，选择需要的节，单击“插入”按钮（图 1.2.26）。

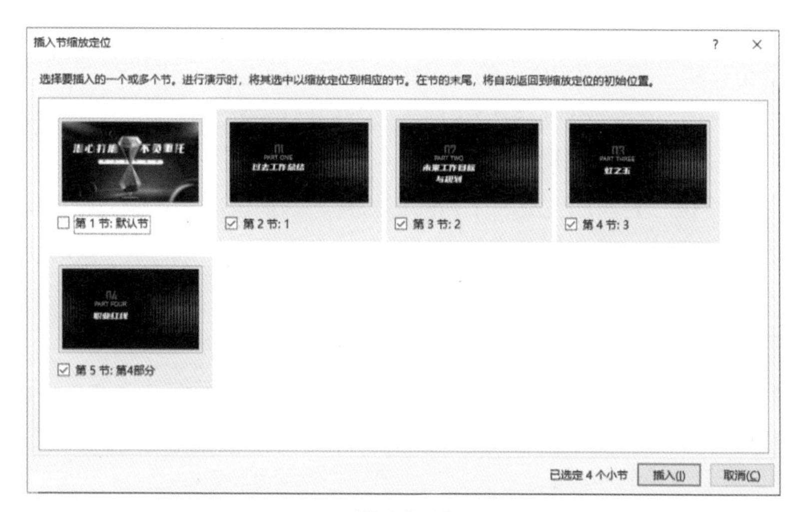

图 1.2.26

然后再进行基本的排版，放映时，可以通过单击实现调整到相应的节，该节放映结束，就会自动跳转回这个页面（图 1.2.27）。

图 1.2.27

“摘要缩放定位”和“节缩放定位”的效果比较类似，但也有一定的区别，主要有以下几点：

（1）“摘要缩放定位”的设置对话框中会显示所有幻灯片的页面，而“节缩放定位”的设置对话框中只会显示每个节的第一张幻灯片。

（2）“摘要缩放定位”会自动生成一个新的幻灯片，并把选中的页面缩略图按矩阵布局排好；而“节缩放定位”则需要自行选择放置缩略图的页面，并且插入的缩略图需要重新排版。

1.2.3.4 幻灯片缩放定位

幻灯片缩放定位属于比较自由的形式，和前面的类似，只是没有了“节”束缚，实现定位跳转以后，会直接放映到最后一页（图 1.2.28）。

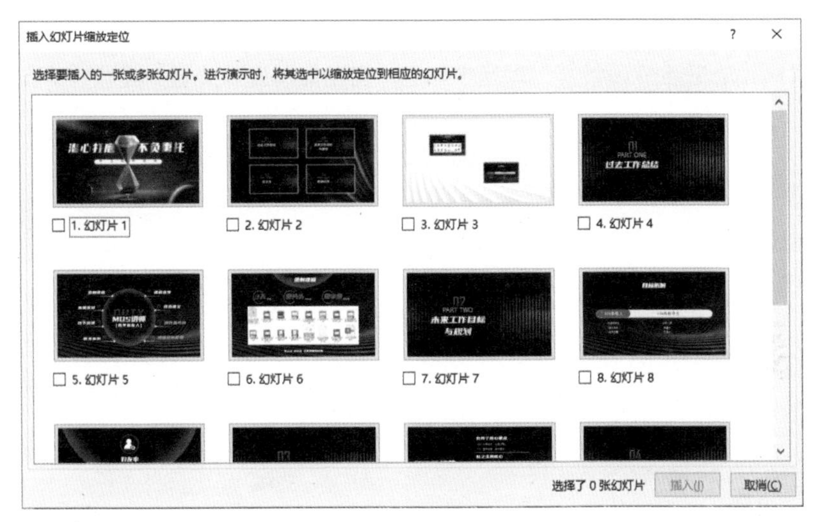

图 1.2.28

1.2.4 设计灵感，拯救你的 PPT 设计

1.2.4.1 “设计灵感”功能介绍

A 智能美化排版在 Microsoft PowerPoint 2019 中也有体现，在软件中叫作“设计灵感（或设计器）”，单击“设计”→“设计灵感”即可打开该功能，默认情况下是打开的。

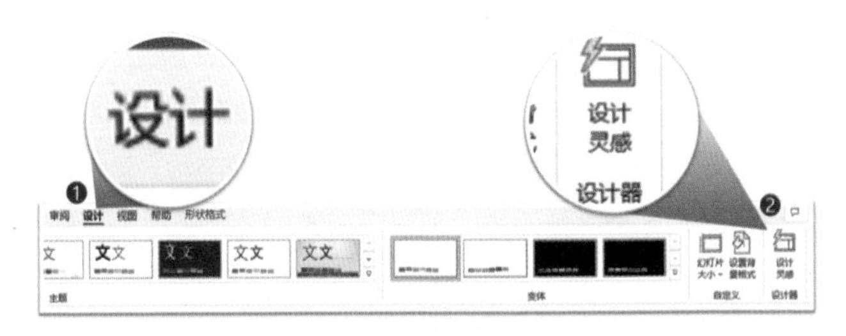

图 1.2.29

如果默认没有打开，则可以通过单击“文件”→“选项”→“PowerPoint 选项”窗口中的“常规”，然后在“PowerPoint 设计器”项目中勾选“自动显示设计灵感”复选框（图 1.2.30）。

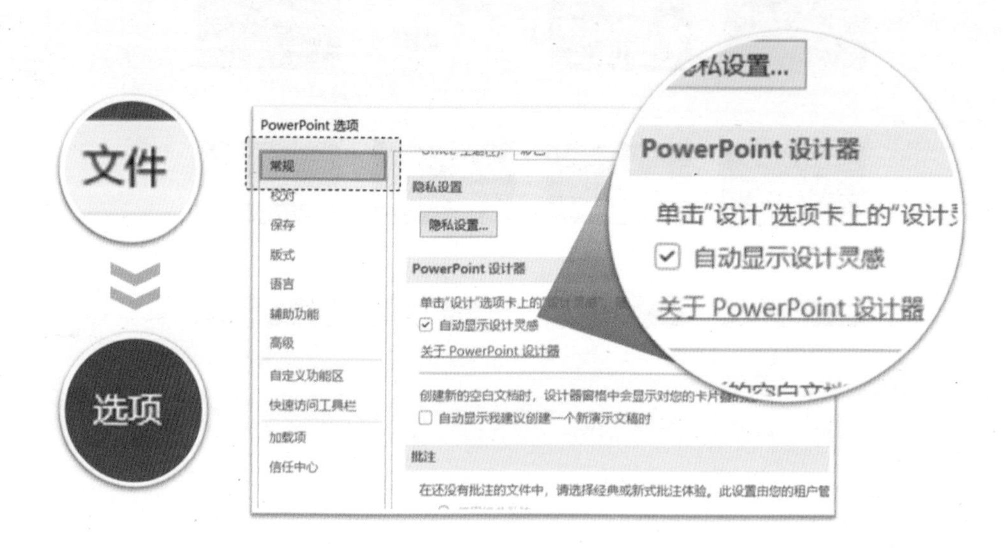

图 1.2.30

“自动显示设计灵感”的意思是，当图片或者文字填充进页面时，在页面右侧会自动弹出来设计方案。

1.2.4.2 页面排版自动生成

如果是特定页面，例如封面页，就需要使用封面的版式，并把主标题和副标题的文字放在文字占位符中。设计灵感就会自动识别可能是封面，并给出封面的设计方案供用户选择（图 1.2.31）。

如果是纯文字页面呢？也一样，将文字放入正文版式的标题和正文中，然后单击“设计”→“设计灵感”，即可在右侧出现很多设计参考方案（图 1.2.32）。

图 1.2.31

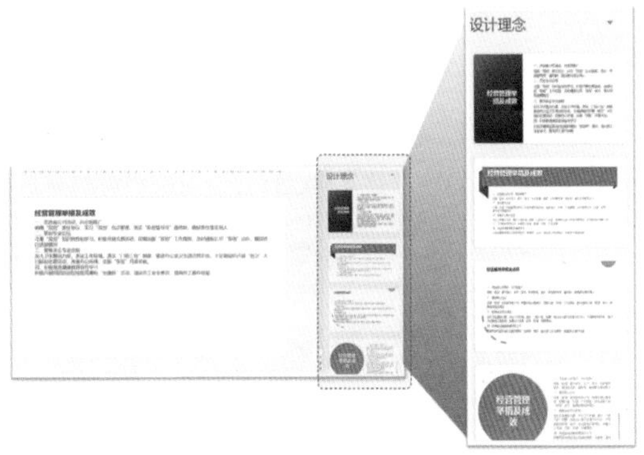

图 1.2.32

单击需要的设计版式即可插入到页面中。

那么如果是多张图片的页面呢？也会自动生成很多适合页面张数的排版形式供选择（图 1.2.33）。

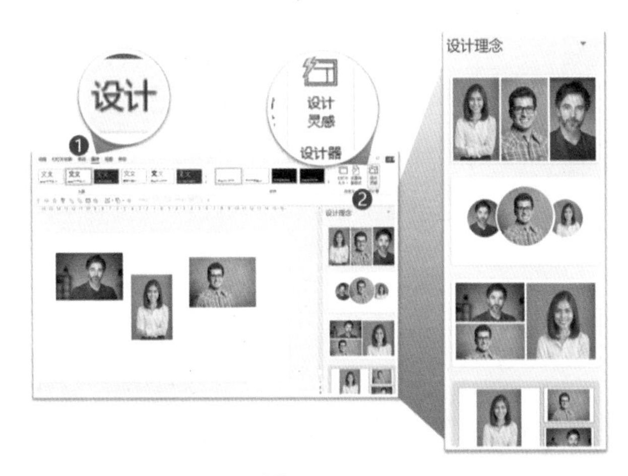

图 1.2.33

增删图片都会自动调整相应的版式，如页面中只有 2 张图、4 张图、5 张图、6 张图时，都能自动给出排版方案（图 1.2.34）。

图 1.2.34

在这个排版的基础上，再进行适当的调整和优化就是一个不错的版面（图 1.2.35~1.2.37）。

图 1.2.35

图 1.2.36

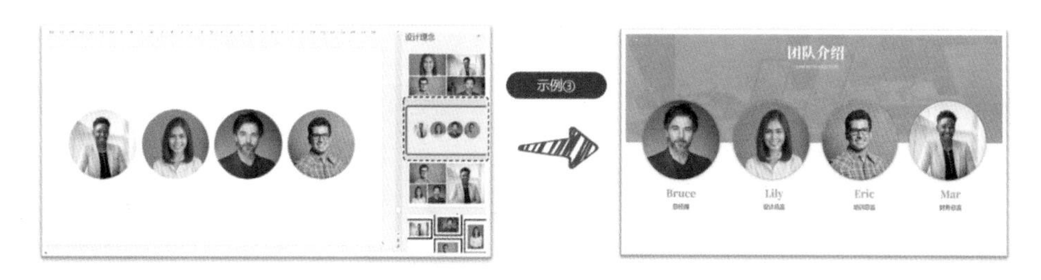

图 1.2.37

那如果换成图片和文字混排能实现吗？当然可以。只需要在页面中添加标题和正文，并放上图片，就会自动弹出“设计理念”并给出很多设计方案（图 1.2.38）。

图 1.2.38

图 1.2.39 中的效果都是自动生成的，几秒钟即可完成，大大提高了制作效率。

图 1.2.39

1.2.5 海量资源库，鼠标一点轻松下

“巧妇难为无米之炊”，想要做出好的幻灯片，优质的素材支持是少不了的。

在 Microsoft PowerPoint 2019 中，支持在线下载海量的素材资料，单击“插入”→“图片”→“图像集”即可（图 1.2.40）。就可以打开海量的资源库，包括图片、图标、人像扣图、贴纸、视频、插图六大类（图 1.2.41）。

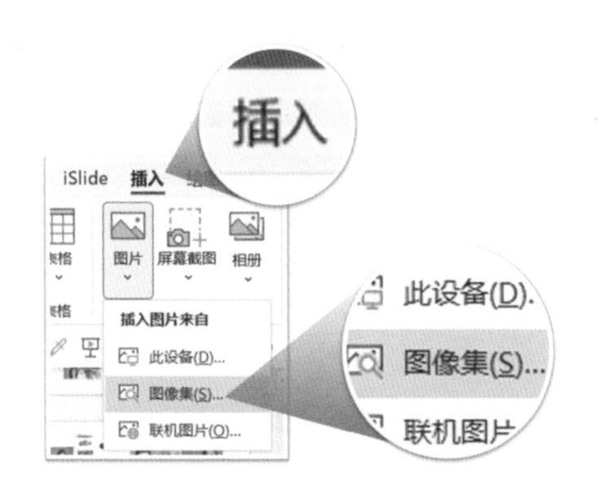

图 1.2.40

图 1.2.41

1.2.5.1 图像资源

进入到图像对话框后，上方会有很多图片标签分类，如“技能”“工作”“Office”……。单击右侧的小三角可以切换不同的标签（图 1.2.42、图 1.2.43）。

每一个标签下图片的质量都是非常不错的（图 1.2.44）。

图 1.2.42

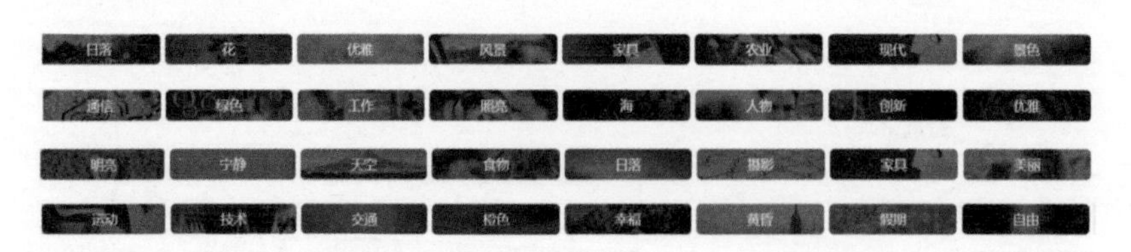

图 1.2.43

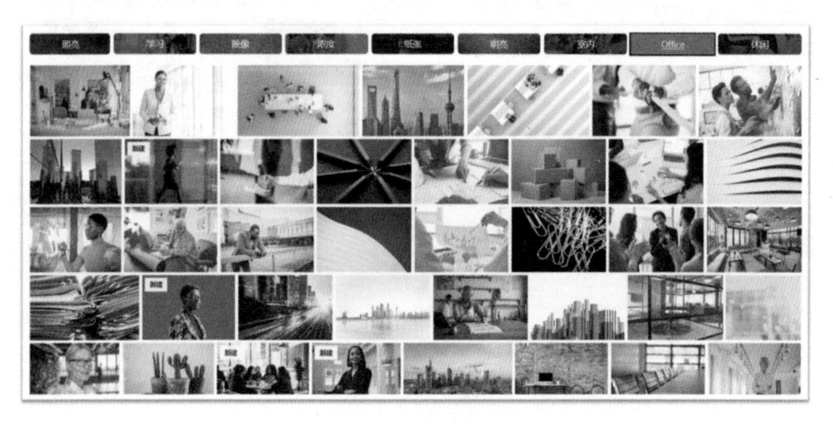

图 1.2.44

而且可以选择多张图片一次性下载，还可以直接放入 PPT 页面中（图 1.2.45）。

图 1.2.45

1.2.5.2 图标资源

在幻灯片中，图标的使用频次是非常高的。单击“插入”→“图标”即可查看和选择（图 1.2.46）。

图 1.2.46

整体的使用方法和前面的图片资源的方法类似。可以选择所需要的标签 / 类别，然后选中一个或多个图标，一键下载到 PPT 页面中即可使用（图 1.2.47）。

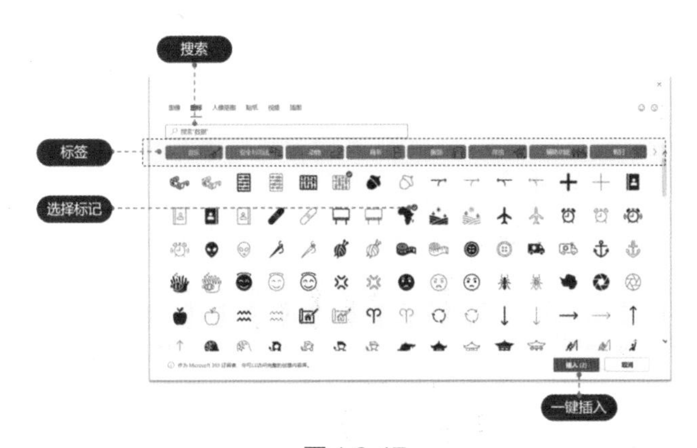

图 1.2.47

在下载图标时，需要注意图标的类型。

常用单色图标主要分成了“线性图标”和“面性图标”两种，在图标插入对话框中，两种图标都是连在一起放置的（图 1.2.48）。

- 线性图标：偏向线条的勾勒，比较简约和精悍，非常符合当下极简的审美风格。
- 面性图标：偏向形状的填充，会显得比较厚重。

在使用时注意统一性，要么全部线性，要么全部面性。

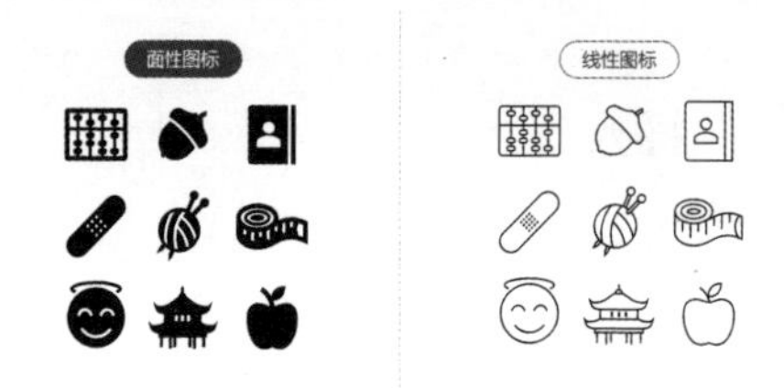

图 1.2.48

1.2.5.3 人像抠图资源

商务风格的幻灯片制作，有时需要用到“商务人物”，用在表现情形或者指代时非常适合，那么不妨试试“人物抠像”。

图 1.2.49 中上方的标签既可以选择人物抠像的人物，也可以直接进行搜索。

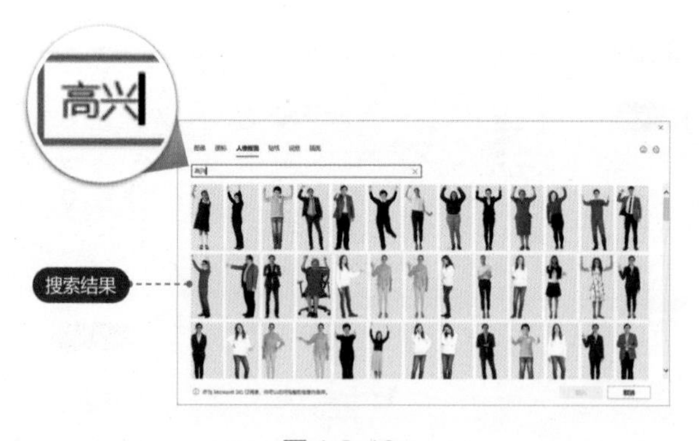

图 1.2.49

除了可以搜索带情绪或心情的词语以外，还可以搜索人物的动作特点，比如搜索“白板”即可得到人像手拿白板的人物抠像（图 1.2.50）。

下载之后就可以直接在白板上放文字（图 1.2.51）。

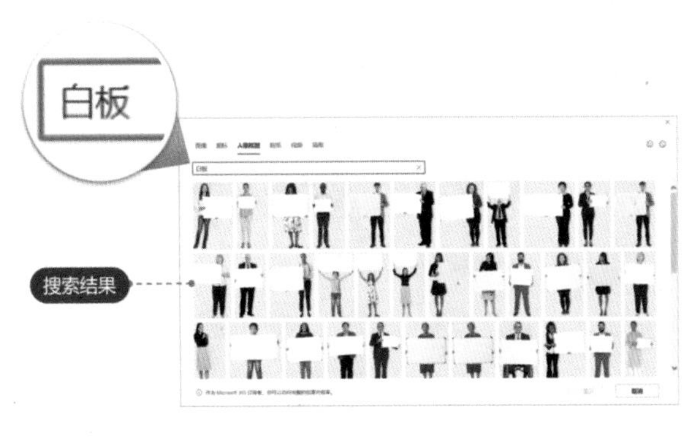

图 1.2.50

图 1.2.51

1.2.5.4 贴纸资源

贴纸资源属于比较可爱有趣的资源，单击“贴纸”里面有很多可爱卡通风格的各式贴纸（图 1.2.52）。

在表现一些夸张的场景或情绪时，用贴纸是非常不错的选择。

图 1.2.52

搭配一些图形和文字，这种贴纸也能很好地丰富画面，表达情绪，让画面更轻松（图 1.2.53）。

不只是扁平风格的贴纸，立体形式的贴纸也不少，而且很多都是一个系列（图 1.2.54~图 1.2.56）。

图 1.2.53

图 1.2.54（熊猫系列）

图 1.2.55（方便系列）

图 1.2.56（狐狸系列）

1.2.5.5 视频资源

视频资源是很多人非常期待的资源，因为动态的视频形式更容易让幻灯片出彩，以往这种高质量的视频资源不容易找到，现在在 Microsoft PowerPoint 2019 中可以直接下载到 PPT 中使用，单击“插入”→“视频”→“库存视频”（图 1.2.57）。

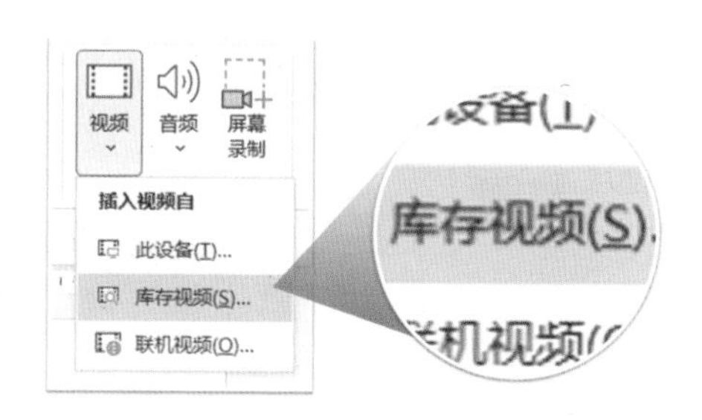

图 1.2.57

操作方法与步骤和前面所讲的图片的插入类似，也支持一次插入多个视频（图 1.2.58）。

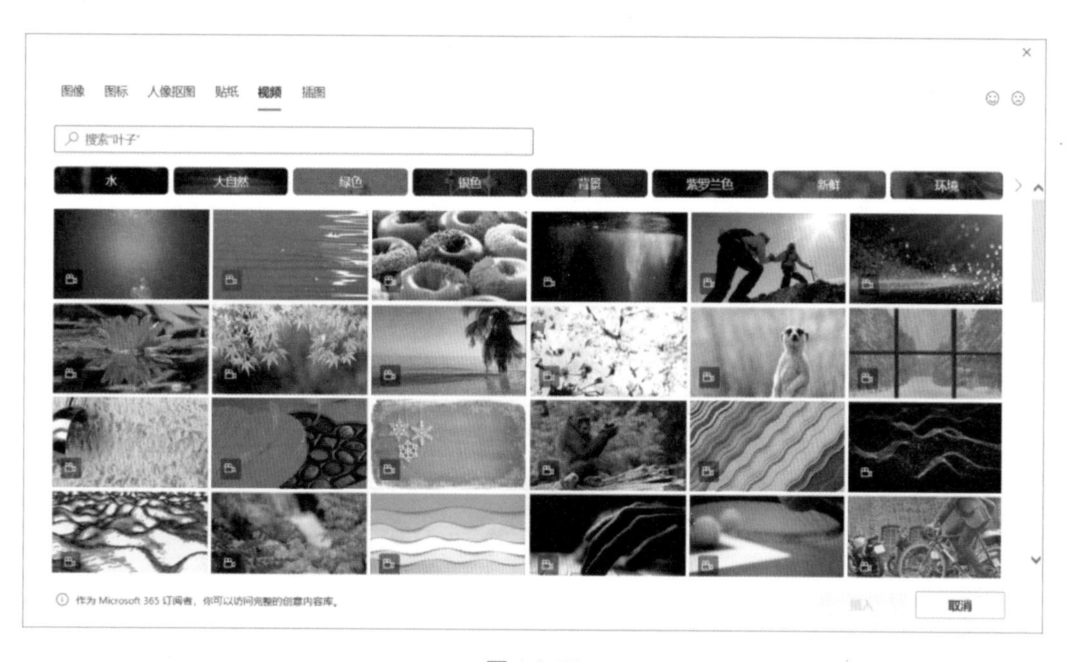

图 1.2.58

插入视频后，一般视频作为背景使用居多，所以可以找留白多一点的视频素材。

如果想让背景对文字内容的影响弱一点，可以增加渐变蒙版（图 1.2.59、图 1.2.60）。

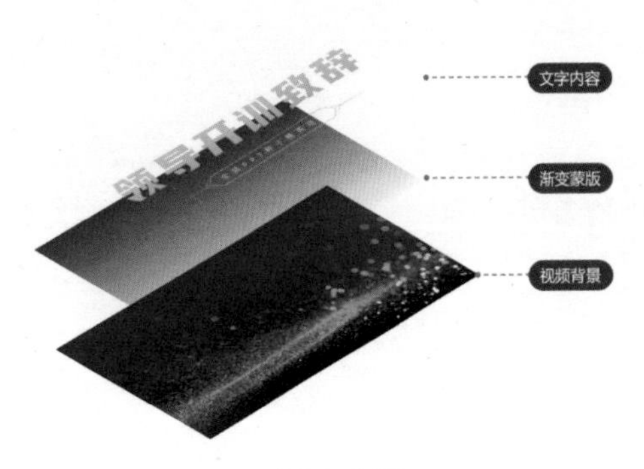

图 1.2.59

图 1.2.60

1.2.5.6 插图资源

插图资源有很广泛的应用，单击“插图”后，会有很多标签，支持一键下载多张插图（图 1.2.61）。

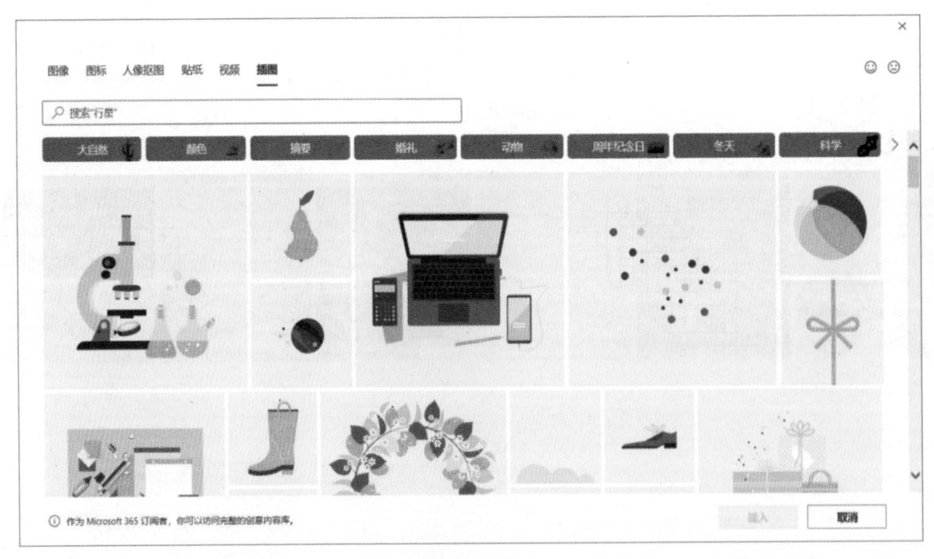

图 1.2.61

在插入对话框中，插图是黄色的，但是插入到 PPT 页面后，会根据页面的主题色自动变色，一般匹配的是主题色中的“着色 4”(图 1.2.62)。

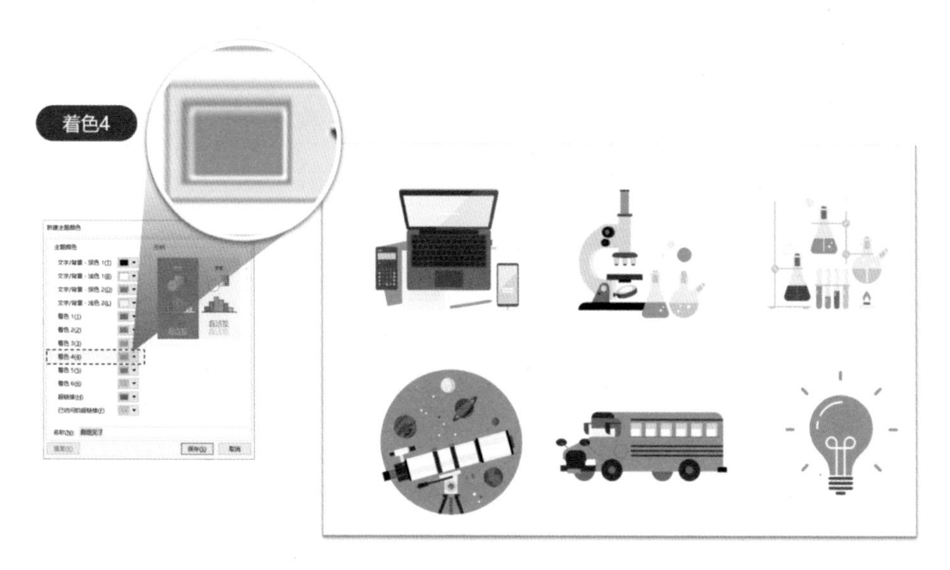

图 1.2.62

只要主题色换了，整个插图的配色也会自动匹配适应，非常便捷 (图 1.2.63)。

图 1.2.63

这些插图用在 PPT 的封面页展示中，效果也是非常不错的（图 1.2.64）。

图 1.2.64

1.2.6 3D 模型动画，让三维展示更具视觉表现力

对于新增的 3D 模型，会有针对性的动画效果，只需要单击“动画”即可。
新增的 3D 模型动画主要有 5 个：进入、转盘、摇摆、跳转、退出（图 1.2.65）。

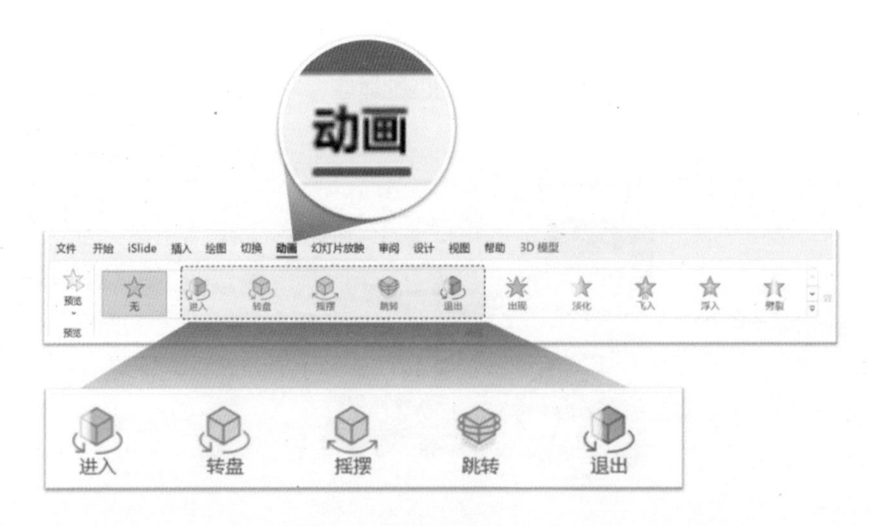

图 1.2.65

1.2.6.1 3D“进入”动画

单击 3D 模型以后，单击“动画”→“进入”，就可以看到 3D 模型边旋转边进入的效果（图 1.2.66）。

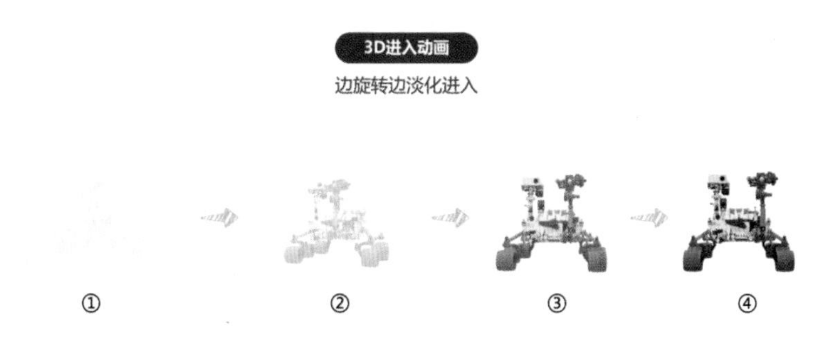

图 1.2.66

如果还需要对动画的更多细节进行调节，可以单击 3D 模型后，继续单击右上角的“效果选项”，即可对相关属性进行调整。如调整旋转进入的方向、强度、旋转轴等（图 1.2.67）。

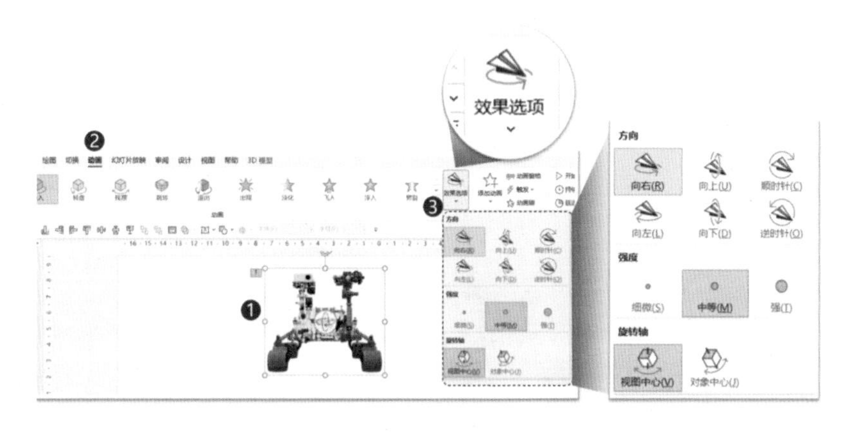

图 1.2.67

1.2.6.2 3D“转盘”动画

3D“转盘”动画属于展示性动画，特别适合用在产品或者实物上，能 360°全方位动态展示 3D 模型的各个部位（图 1.2.68）。

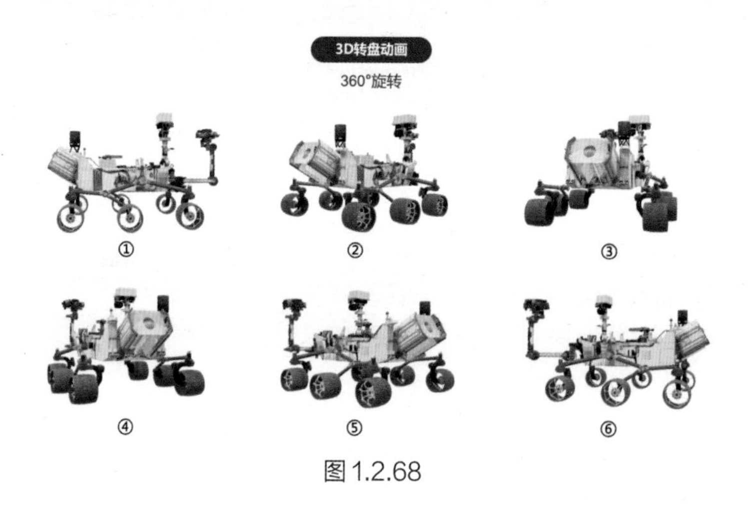

图 1.2.68

在“效果选项”中同样可以设置细节，主要是调整“方向”“份量”“旋转轴”（图 1.2.69）。

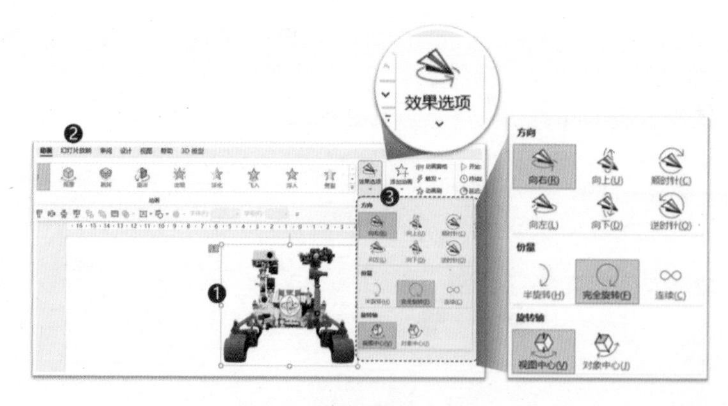

图 1.2.69

1.2.6.3 3D“摇摆”动画

3D“摇摆”动画适合展示 3D 模型的某一个特定角度，来回摆动（图 1.2.70）。

图 1.2.70

更多属性可以在“效果选项”中进行设置，包括“方向”“强度”“份量”“旋转轴”（图 1.2.71）。

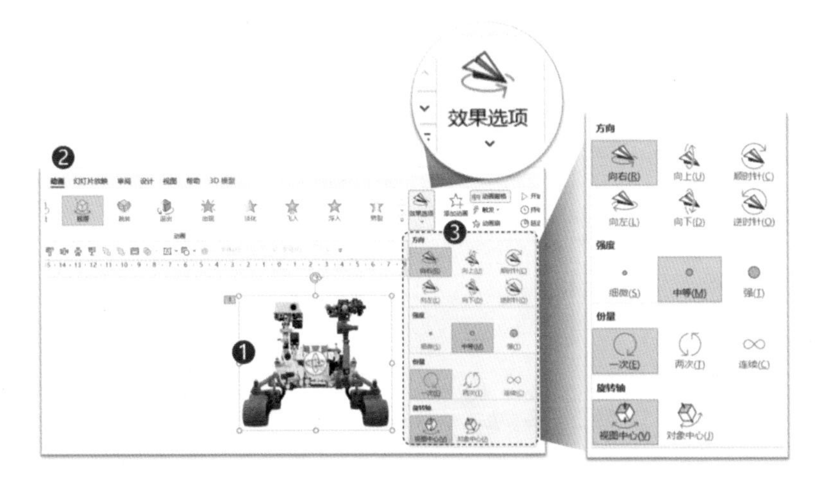

图 1.2.71

这里的“份量”可以理解为次数。

1.2.6.4 3D“跳转”动画

3D“跳转”动画是非常“活泼”的 3D 模型动画，意思就是 3D 动画原地起跳、翻转、落地的整个过程（图 1.2.72）。

图 1.2.72

“效果选项”的设置也类似，可以调整“方向”“强度”“旋转轴”（图 1.2.73）。

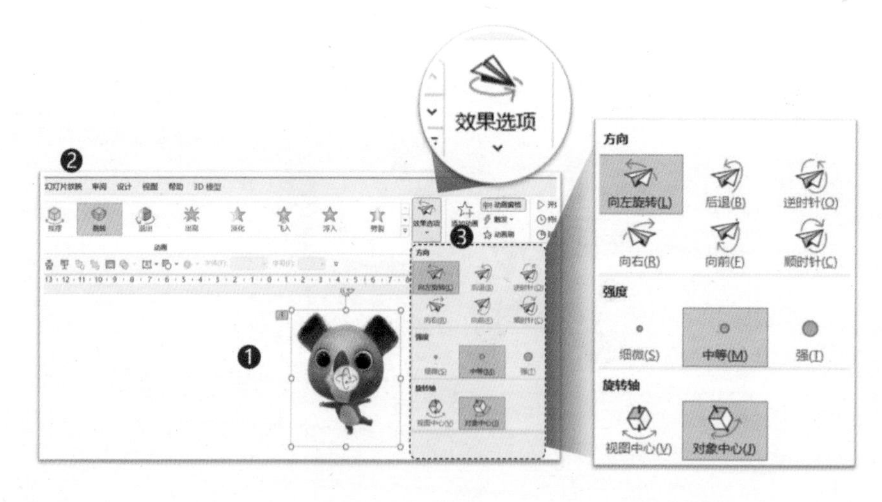

图 1.2.73

1.2.6.5 3D“退出”动画

3D“退出”动画和之前的“进入”动画非常相似，“进入”时是慢慢旋转出现，而“退出”时则是慢慢旋转消失（图 1.2.74）。

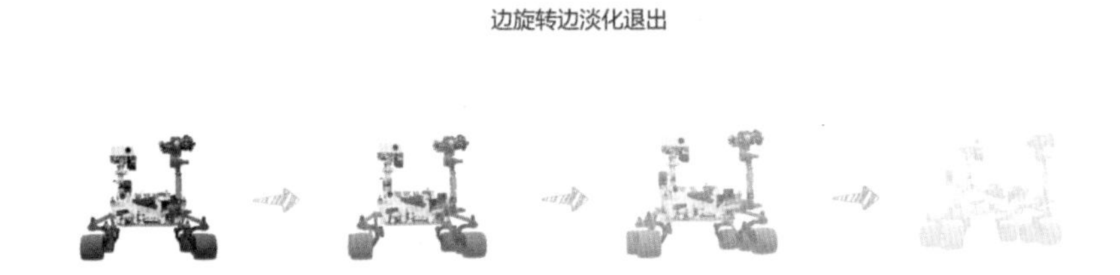

图 1.2.74

“效果选项”可以进行细节调整（图 1.2.75）。

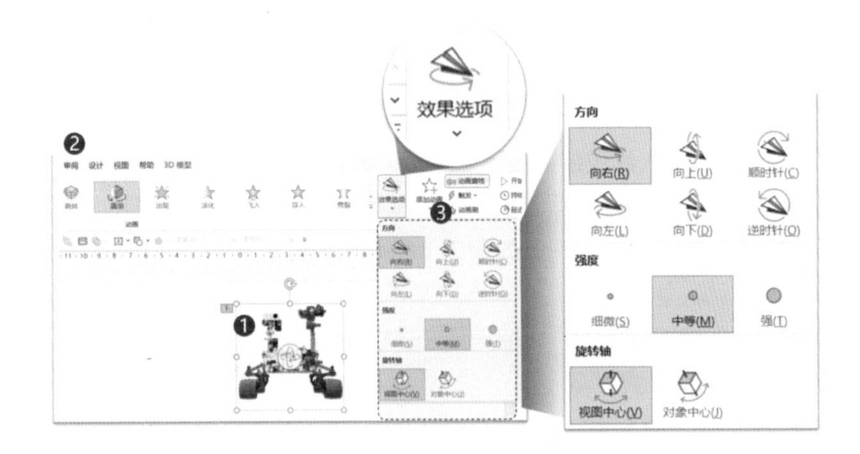

图 1.2.75

这些动画可以通过颜色来进行区分。进入动画是“绿色”显示，强调动画是“橙色”显示，退出动画是“红色”显示（图 1.2.76）。

图 1.2.76

1.3 WPS Office 2019（演示）特色功能

 1.3.1 智能美化，一键生成多个智能美化方案

一提到制作 PPT，很多人比较苦恼的就是美化排版。

因为绝大部分职场人士不是专业设计师，不具备扎实的设计素养，甚至很多人连软件都不是很熟悉。这就导致很多人制作 PPT 不仅效率低下，而且页面形式非常丑。那么怎样才能同时解决“效率”和“设计”两大痛点呢?

别担心！ WPS Office 2019 的“智能美化”轻松搞定。

“智能美化”的入口如下（图 1.3.1）:

- 入口①：页面处于编辑状态时，在页面的正下方有“智能美化”按钮。
- 入口②：执行“设计”→“智能美化”菜单命令。

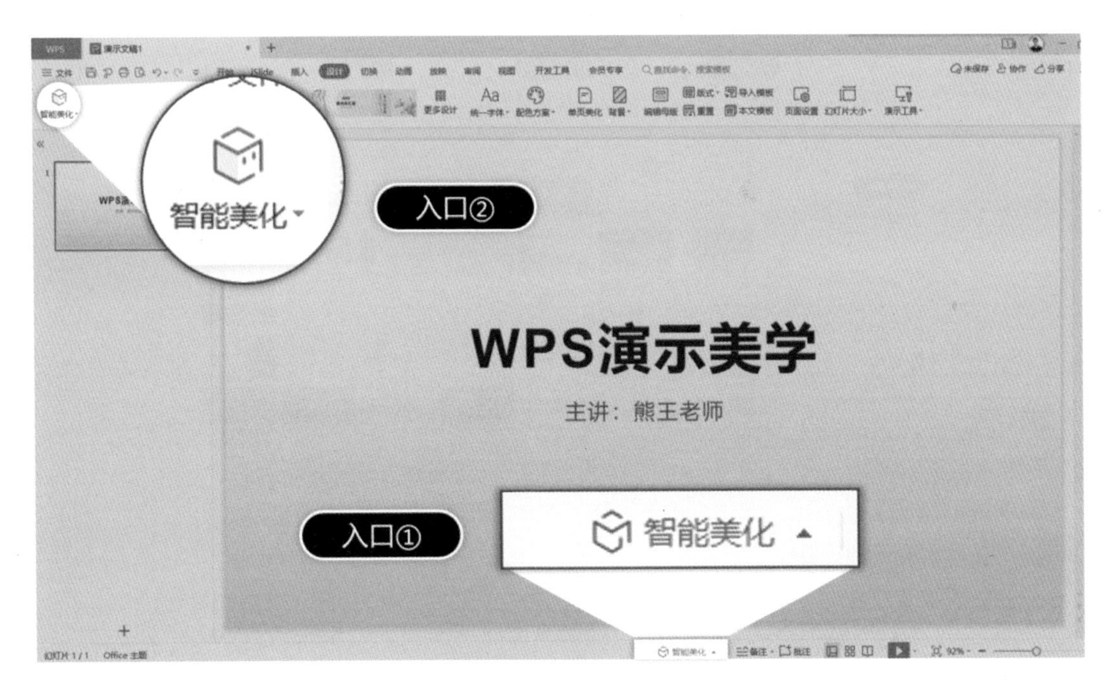

图 1.3.1（单页美化）

1.3.1.1 一键生成美化方案

在页面中有内容（文字或图片等）的情况下，单击页面下方的“智能美化”→“单页美化”按钮，软件会根据内容智能给出很多个页面美化方案供用户选择。

1.3.1.2 用户自定义设置

用户可以在上方的选项功能中选择所需要的类型、风格、颜色等，软件都能智能给出相符合的美化方案（图 1.3.2）。

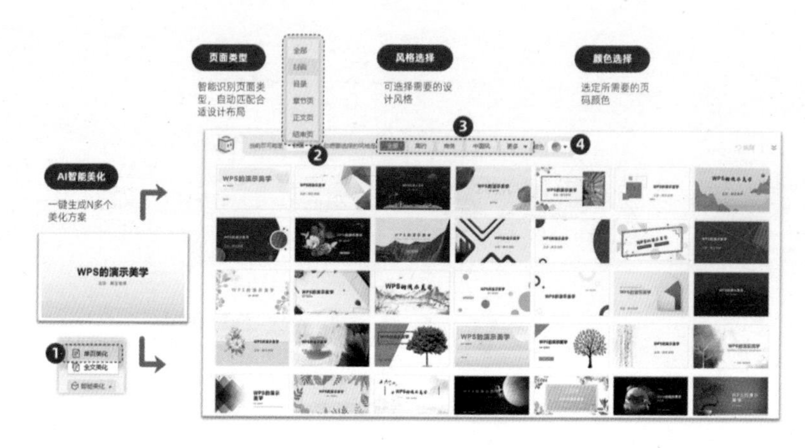

图 1.3.2

1.3.1.3 智能识别匹配

WPS Office 会根据内容来识别页面可能的类型，从而智能匹配相关页面。例如，图 1.3.2 中的两行文字，软件会识别为封面，于是给出封面页的美化方案。如果内容中有“目录”或者“Contents”等字眼，则软件会智能识别页面可能为“目录”，于是会自动匹配目录方面的美化页面（图 1.3.3）。

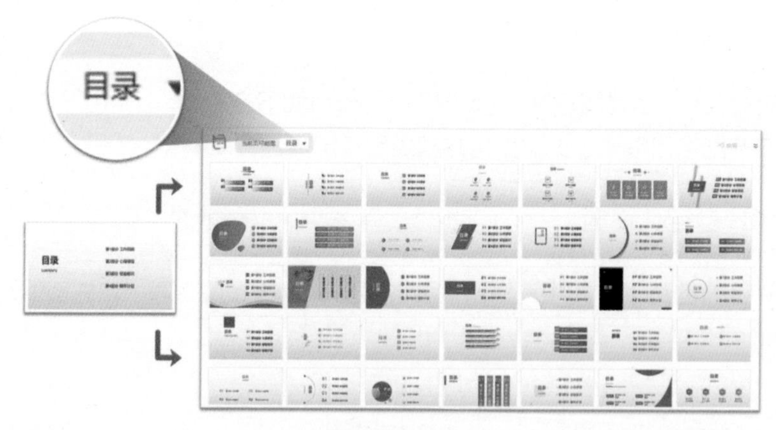

图 1.3.3

如果页面中有图片，那么软件也能智能识别并给出带图片的设计方案，哪怕此前文字和图片可能很混乱，都可以轻松搞定（图 1.3.4）。

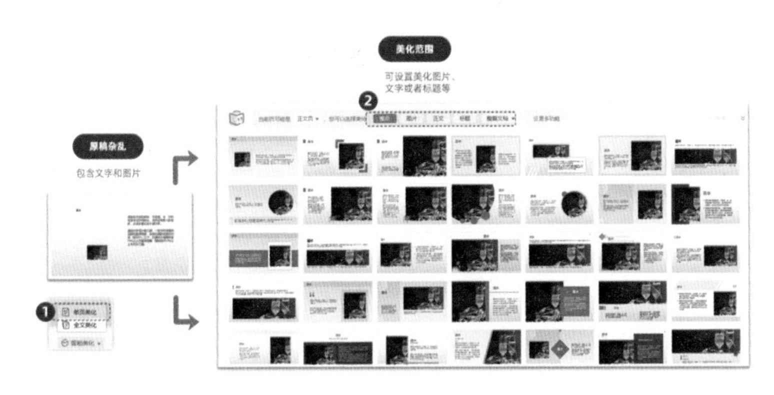

图 1.3.4

页面中组成部分都可以单独美化，例如图片需要进行单独调整，进行创意的裁剪等，无需烦琐的操作，只需要在美化范围中，单击“图片”选项，下方就会给出很多图片美化方案（图 1.3.5）。

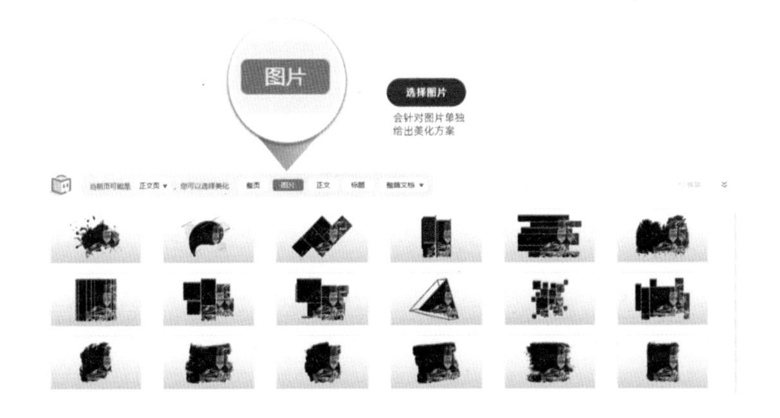

图 1.3.5

单击“正文”选项，也会给出很多文字的排版方案（图 1.3.6）。

在排版文字时，会智能识别段落，并按照不同段落进行排版处理。

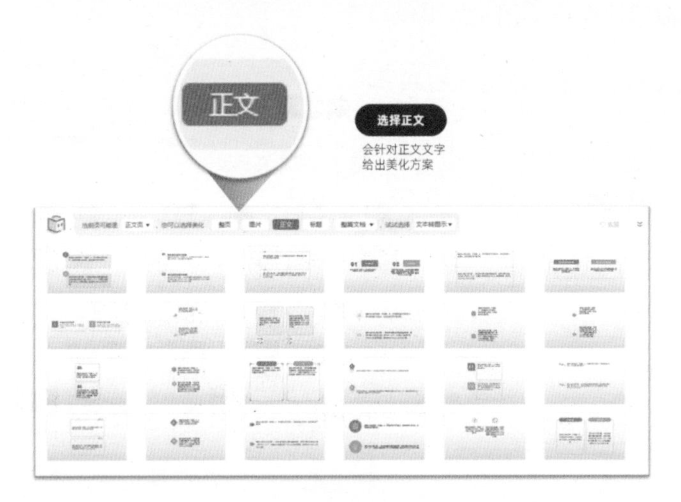

图 1.3.6

在转换的过程中，还可以继续针对“装饰”元素进行定制化调整，并提供了“文本转图示”“图标装饰”“编号装饰”“外框装饰”4 个选项，默认是“文本转图示”，可根据需要选择其他 3 个选项（图 1.3.7~1.3.9）。

图 1.3.7（图标装饰）

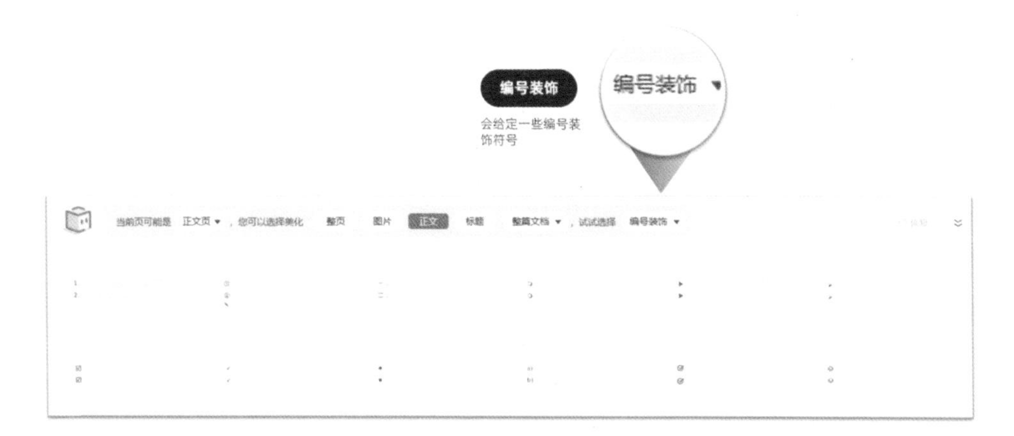

图 1.3.8（编号装饰）

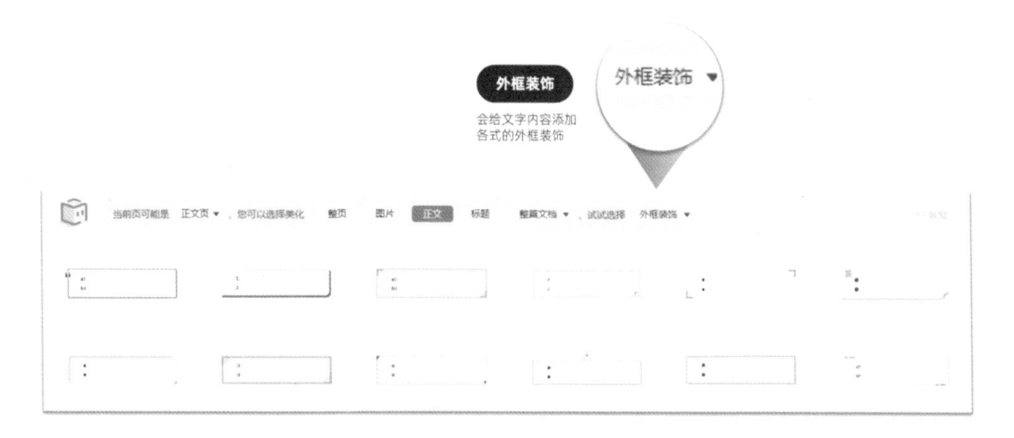

图 1.3.9（外框装饰）

当光标悬停在某一个方案时，编辑页面会直接生成预览效果，在页面右侧还会有一个侧边窗“更多样式”，选择和它相似的更多样式。如果满意，就可以直接单击“点击应用”按钮（图 1.3.10）

如果还需要更深度的调整，还可以继续单击“自定义”按钮来调整“页面参数”“字号大小”“图片裁剪方式”等（图 1.3.11）。

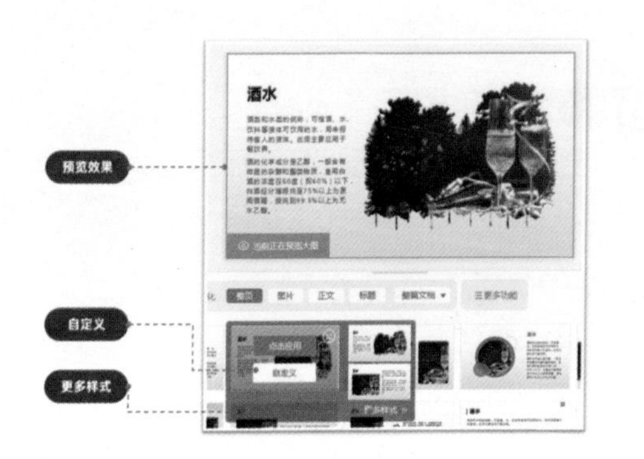

图 1.3.10

图 1.3.11

在智能美化功能中，“更多功能”能进行更多个性化的需求设置，包括设置“风格”“配色”“版式”“特效”“装饰”“图片”等（图 1.3.12）。

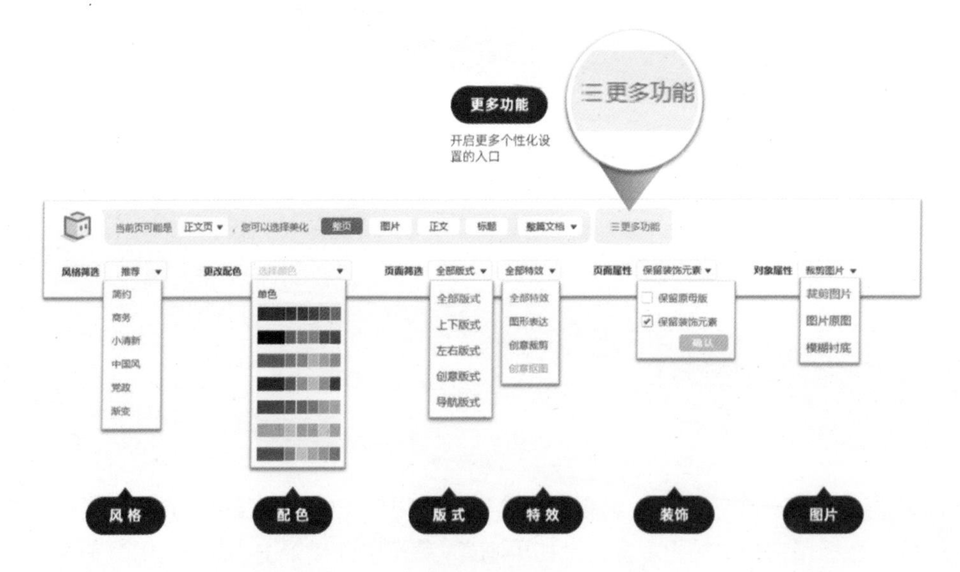

图 1.3.12

1.3.1.4 一键智能配图

在 PPT 上只需要写上一句话，单击“智能配图”按钮，即可根据文案的语义，自动匹配合适的图片（图 1.3.13）。

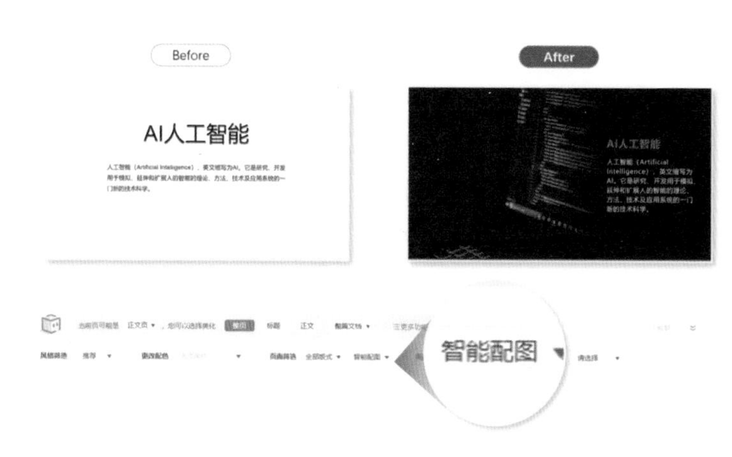

图 1.3.13

拖动光标，即可看到很多种智能配图方案，直接单击即可应用，简单方便（图 1.3.14）。

图 1.3.14

1.3.1.5 一键智能图形

当需要体现逻辑关系时，只需要将重点的文字罗列到页面中，单击“图形表达”选项，即可一键生成多种逻辑图形，选择即可应用（图 1.3.15）。

拖动光标，会有很多种智能图形方案供选择（图 1.3.16）。

图 1.3.15

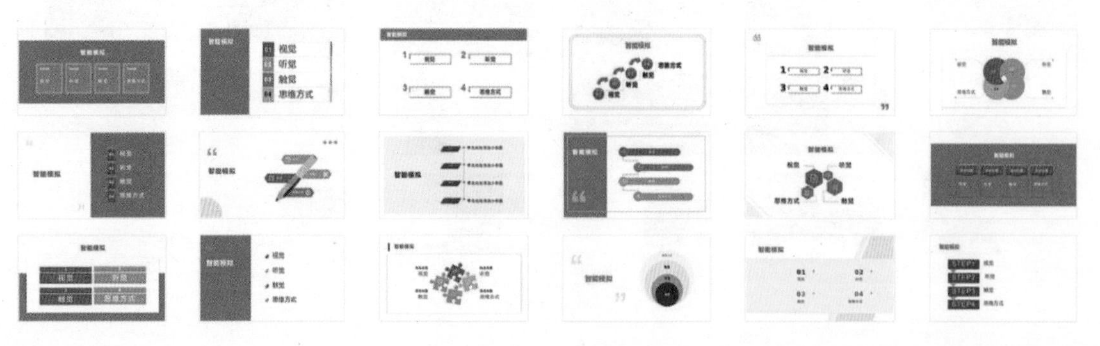

图 1.3.16

下面讲解“全文美化”。一般来说，页面的设计首先应该考虑统一性，所以在智能美化中，可以通过“全文美化”来实现整套 PPT 设计形式的统一，包括“全文换肤”“智能配色”“统一版式”“统一字体”等。

1.3.1.6　全文换肤

“全文美化”除了可以选择整体的样式以外，还可以单击“分类”按钮，打开详细的类别，就可以选定特定的风格、场景、颜色等（图 1.3.17）。

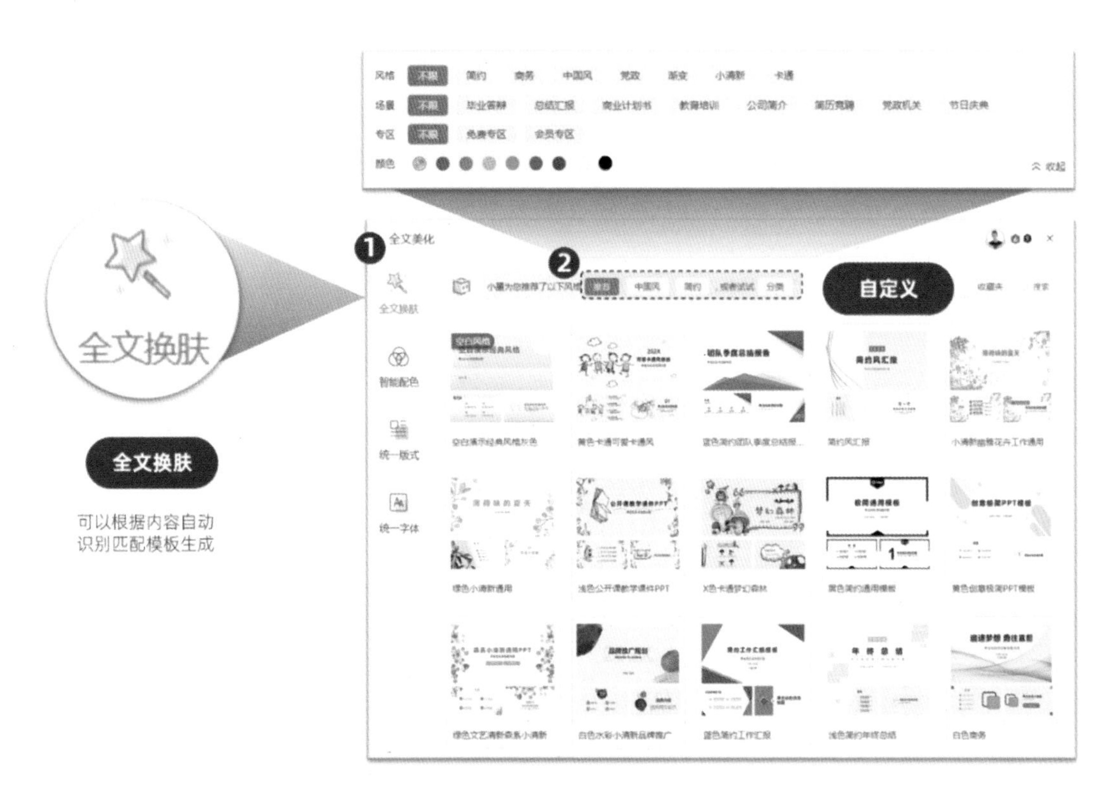

图 1.3.17

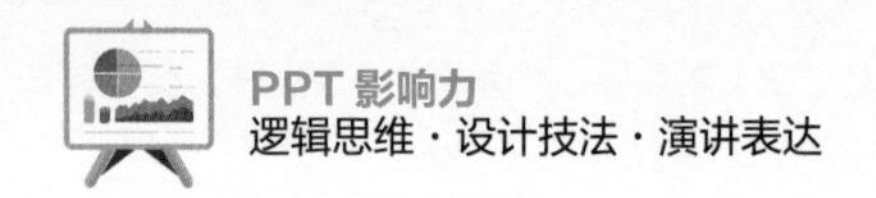

单击“预览换肤效果”按钮，即可查看全文换肤的预览，在上方可以设置预览图的大小，光标悬停在单个页面左下角的按钮处时，可以对比原稿进行查看（图 1.3.18）。

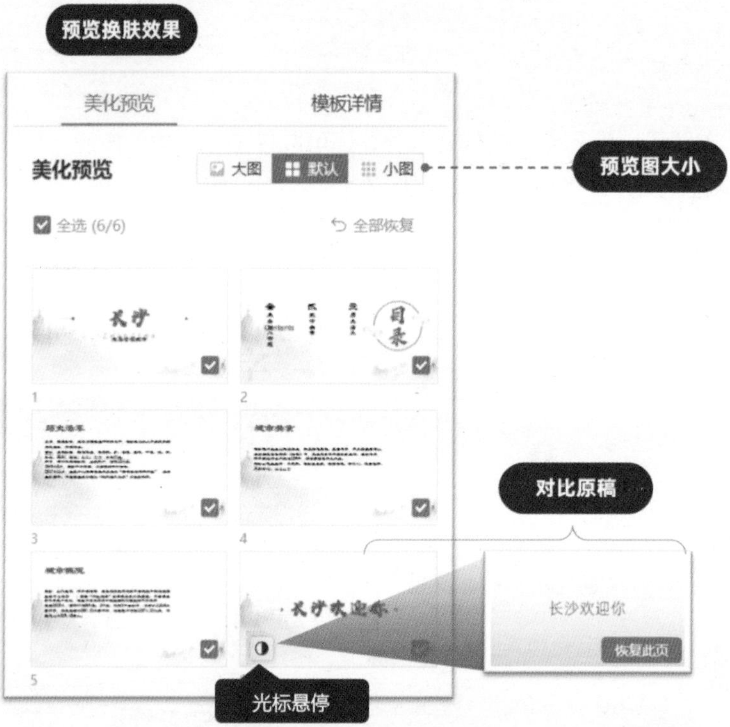

图 1.3.18

1.3.1.7 智能配色

单击“智能配色”，即可查看推荐的配色，可以选择颜色的色系和具体的颜色，还可以单击“自定义”按钮深度设置主题颜色（图 1.3.19）。

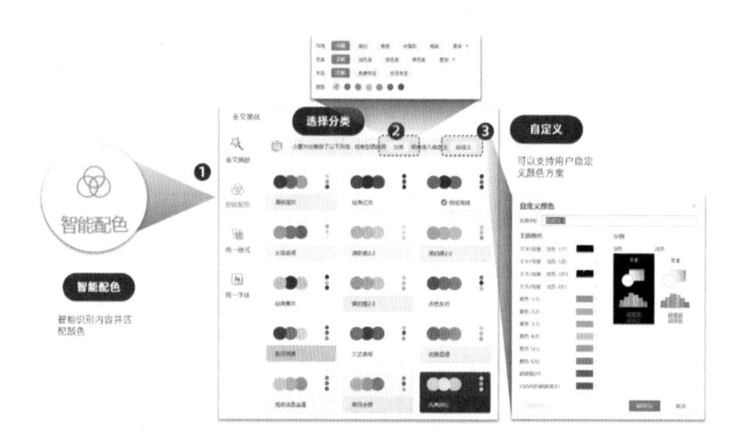

图 1.3.19

1.3.1.8 统一版式

可以选择统一的版式，如“导航版”“线型版”“书签版”“左右版”“居中版”“线条版”“自由版”等。单击后即可在右侧查看预览效果（图 1.3.20）。

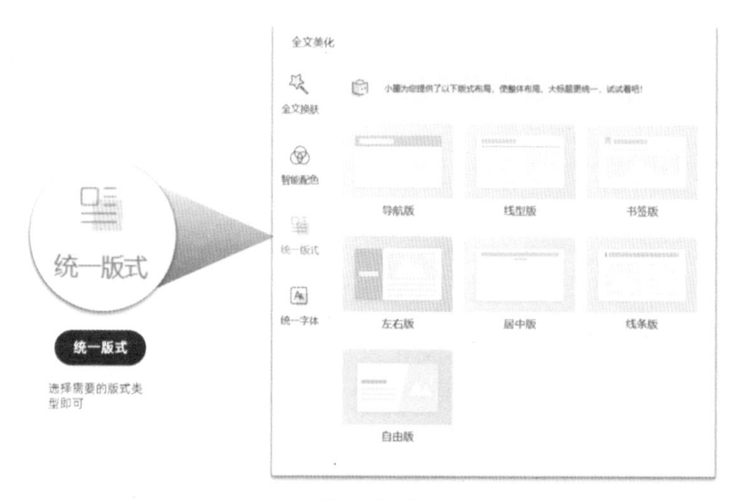

图 1.3.20

1.3.1.9 统一字体

单击“统一字体”即可看到软件推荐的字体方案，也可以在分类中选择不同风格的字体方案，如“简约”“商务”“卡通”“中国风”“小清新”等，还可以单击“自定义”按钮，设置中英文的标题与正文字体（图 1.3.21）。

如果使用自定义，建议定义一个名称，方便下次查找和使用。

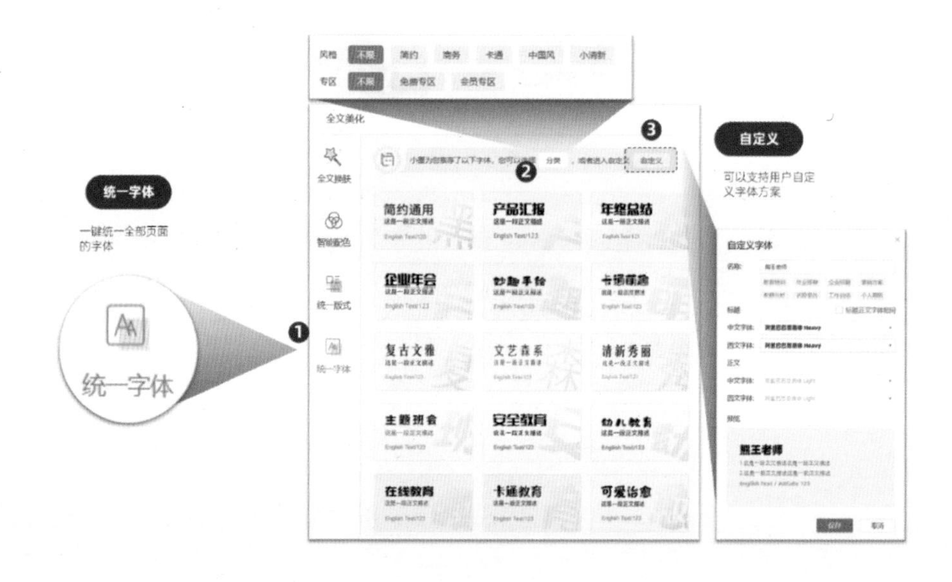

图 1.3.21

1.3.2 输出为 PPTX，一键实现长文档转 PPT 演示

很多人做 PPT 习惯先找模板，然后把 Word 文档中的材料复制、粘贴到 PPT 模板中，不仅效率低下，而且容易把格式也带过来，导致最后的效果不理想。

其实在 WPS Office 中，可以直接把文档中的内容一键转换到 PPT 中，并套用模板。

1.3.2.1 调整 Word 文档文字层级

用 WPS 文档打开 Word 文档，然后单击“视图”→“导航窗格”→“大纲”(图 1.3.22)。

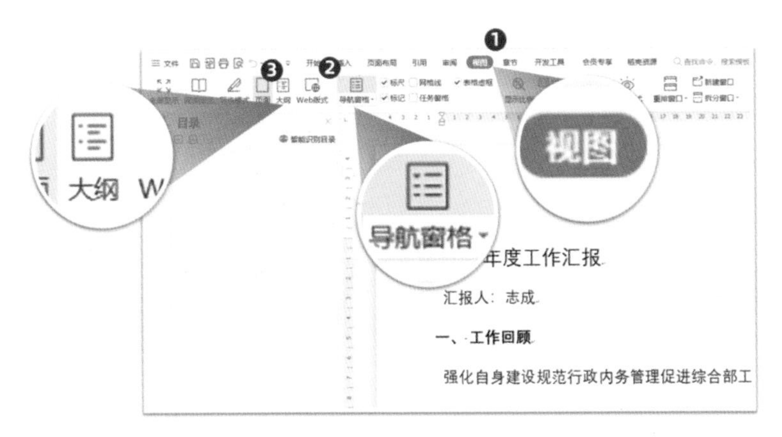

图 1.3.22

进入“大纲”视图，可以看到上方选项卡区域有专门针对大纲调节与控制的按钮。文本内容左侧的白色矩形框，是用来控制与选择 (图 1.3.23)。

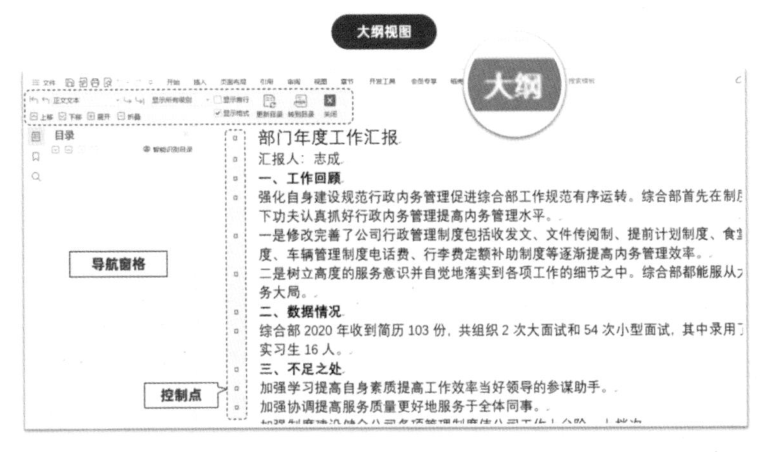

图 1.3.23

光标悬停在控制点的左侧区域时，会变成反向光标，单击可以直接选中整行或整个段落，比常规方式更方便操作（图 1.3.24）。

使用光标选中一行标题，单击“开始”→“选择”→“选择格式相似的文本”，下方与其格式相似的标题都会被自动选中（图 1.3.25）。

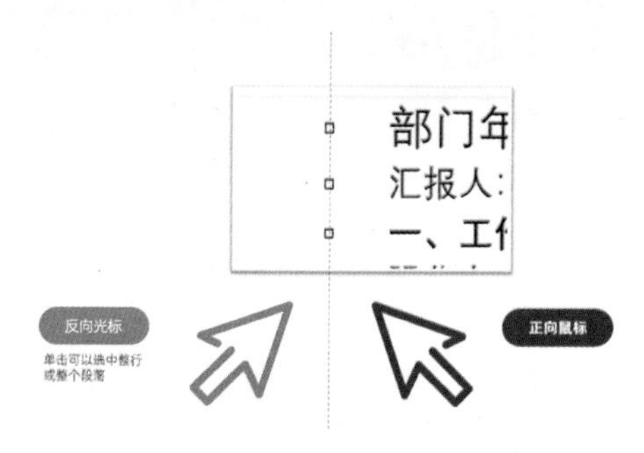

图 1.3.24

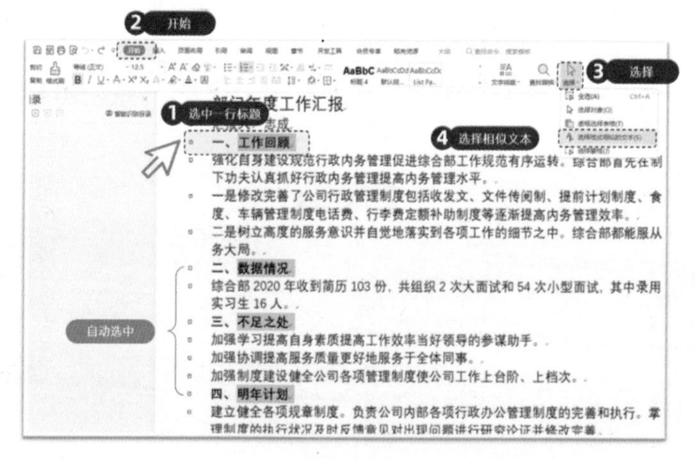

图 1.3.25

按住 Ctrl 键可以再把其他与其同一级的文字选中，如第一行的“部门年度工作汇报”。

提示：按住 Ctrl 键可以选中不连续的内容，按住 Shift 键可以选中连续的内容。

然后切换到“大纲”选项卡下，将标题设置为“1 级”，则选中的文字会在导航窗格中显示出来（图 1.3.26）。

同样的操作步骤，选中一行正文文字，依次单击“开始”→“选择”→“选择格式相似的文本”，那么其他正文就会被选中了（图 1.3.27）。

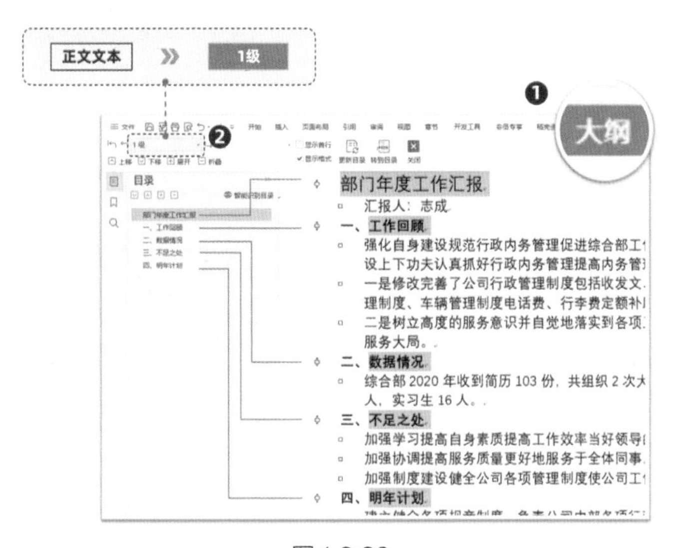

图 1.3.26

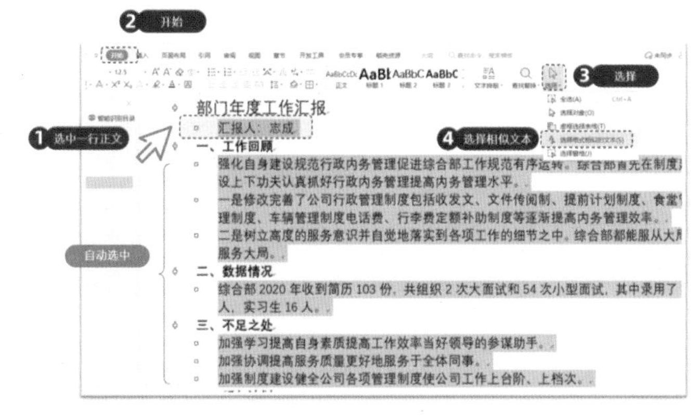

图 1.3.27

在【大纲】视图中，将正文设置为“2 级”(图 1.3.28)。

如果内容还有更多层级，可以继续设置 3 级、4 级、……，方法是相同的。

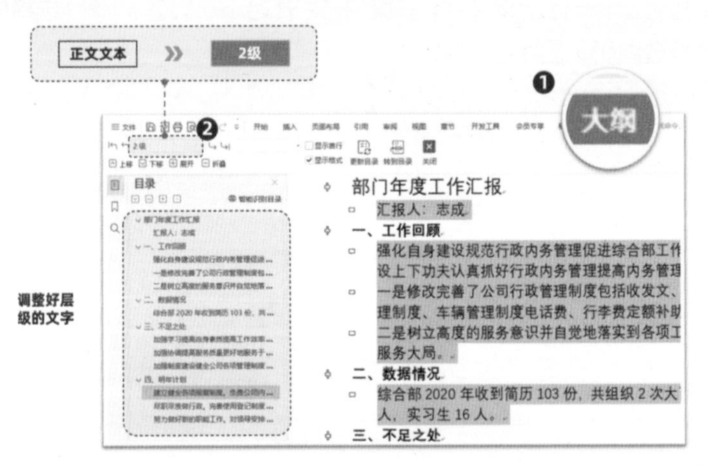

图 1.3.28

1.3.2.2 转换为 PPT 文件

调整好文字层级以后，单击“文件”→“输出为 PPTX”→“开始转换”。就可以一键生成 PPT (图 1.3.29)。

图 1.3.29

1.3.2.3 一键全文美化

单击 PPT 页面下方的“全文美化”按钮。

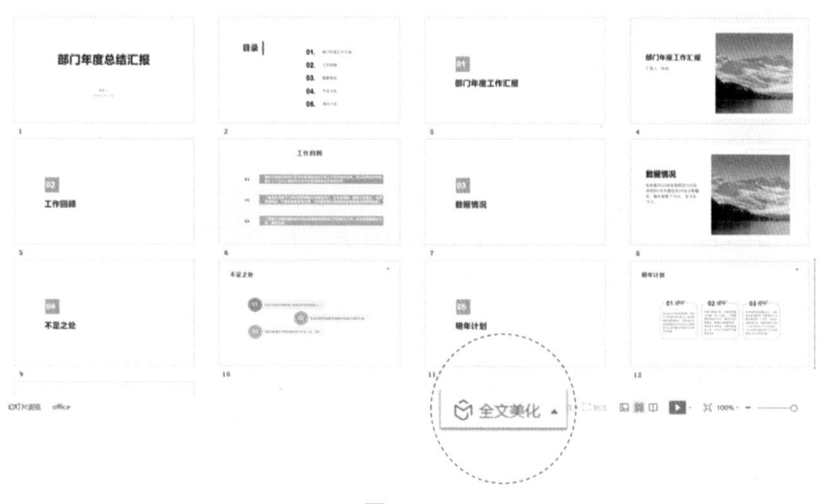

图 1.3.30

套用需要的 PPT 模板，一键完成全文美化（图 1.3.11），如果后续还需要调节，就可以参照 1.3.1 节的内容进行操作。

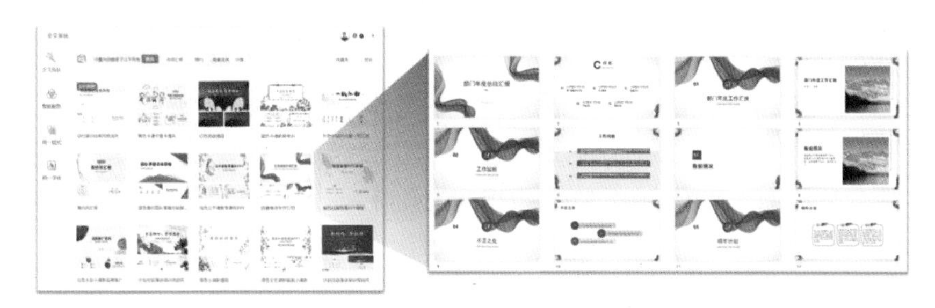

图 1.3.31

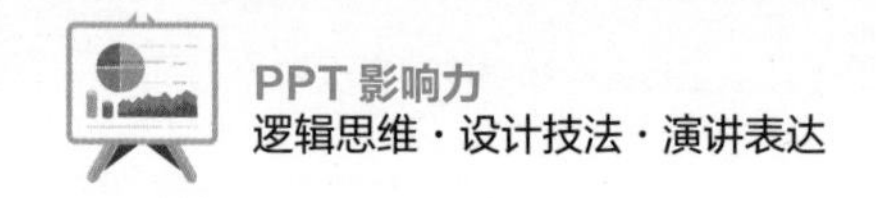

1.3.3 多图排版，一键搞定多图轮播切换效果

当页面中有多张图片时，很多人就会犯难，不知道该如何快速处理多张图片，形成统一的形式，其实 WPS Office 2019 只需要用户选中多张图片，在右上角就会出现多图排版的推荐方案。

1.3.3.1 多图排版

选中多张图片时，WPS Office 会根据图片数量自动匹配相应数量的排版方案，例如选中 3 张图片时，单击右上角的“图片拼接”按钮，就会有 3 张图的多图排版方案（图 1.3.32）。

如果选中了 5 张图片，就会自动匹配 5 张图的排版方案，非常智能和贴心（图 1.3.33）。

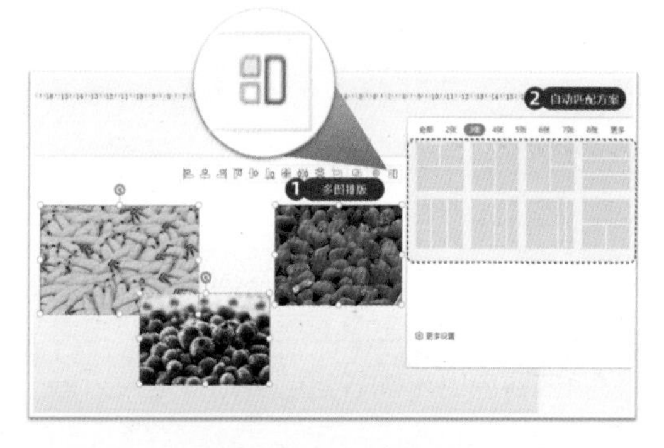

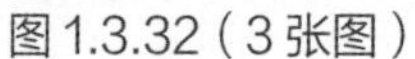
图 1.3.32（3 张图）

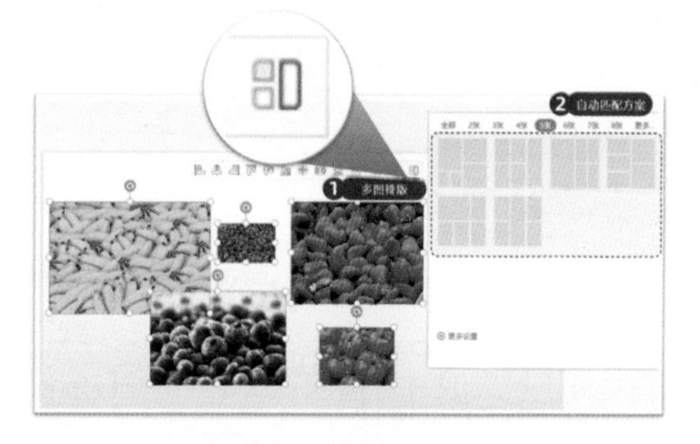

图 1.3.33（5 张图）

“图片拼接”的类型主要分为“2 张”“3 张”……“8 张”“更多”几个类别，基本符合日常工作对多图排版的常规需要。

图 1.3.34 是一键排版的效果。之前的图片大小不统一、排版混乱，一键排版后，统一而且整齐。

如果个别图片需要调整缩放或显示区域，可以在图片上右击，在弹出的快捷菜单中选择“裁剪”菜单命令，然后用光标拖动裁剪滑块即可进行相应的调节（图 1.3.35）。

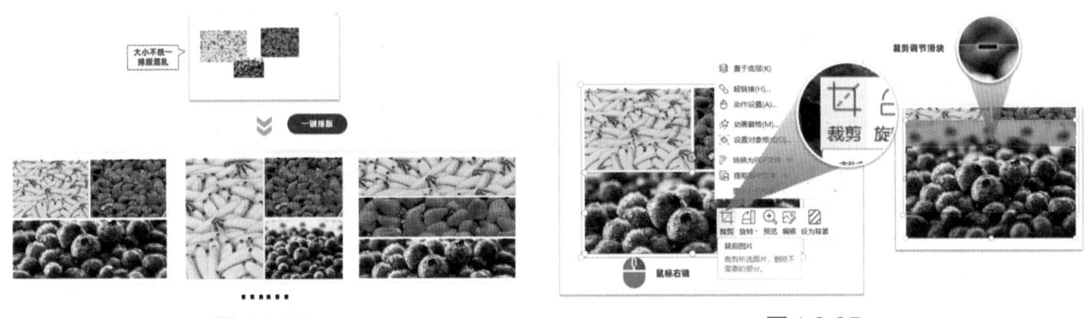

图 1.3.34　　　　图 1.3.35

1.3.3.2 更多设置

在完成多图排版以后，还需要进行更多的细节调整。

可以在选中多张图片后单击“图片拼接”按钮，然后单击页面下方的“更多设置”按钮。

最主要的功能设置为“图片间距”“图片裁剪形式（是否允许裁剪）”“调整图片顺序”（图 1.3.36）。

图 1.3.36

前面两个比较好理解，第 3 个调整图片顺序的功能，除了可以实现图片顺序的调整（图 1.3.37），还可以按住鼠标左键，拖动图片的边界来调整多张图片的显示大小和区域（图 1.3.38）。

图 1.3.37（拖动光标调整图片顺序）

图 1.3.38（调整边界与显示区域）

1.3.3.3 多图轮播

如果不满足于静态的效果，希望能动态地展示多张图片，多图轮播的功能能满足这一要求。

操作方式非常简单，只需要选中多张图片，在页面上方的“图片工具”（自动跳转）的功能选项卡中，页面左侧有一个“多图轮播”栏。

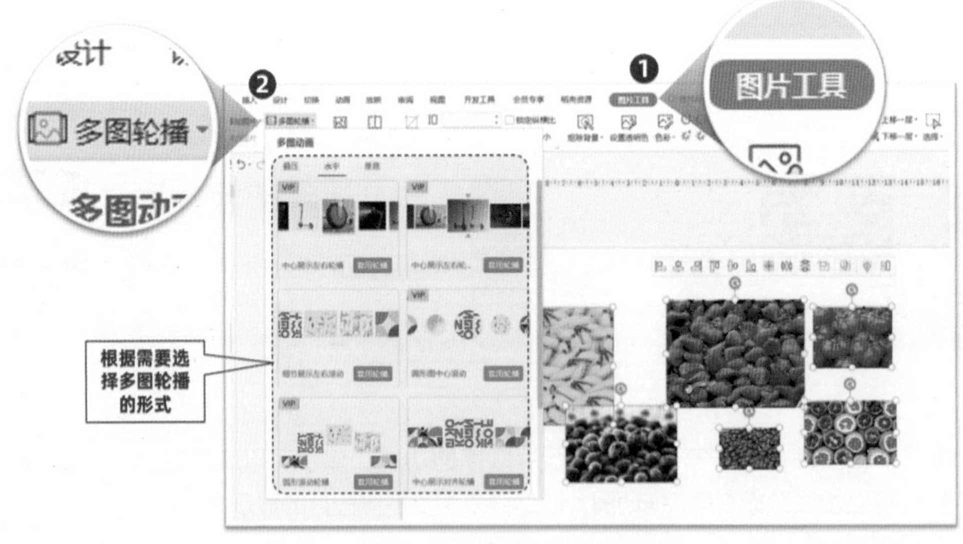

图 1.3.39

单击【套用轮播】，即可一键生成多图轮播效果。

如果需要对轮播效果进行细节调整，可以单击页面右下方的浮窗来调整，包括“更换图片”“调整动画”“其他轮播”等（图 1.3.40）。

提示：* 部分轮播效果，仅会员可用。

图 1.3.40

1.3.3.4 多图轮播案例

如果想直接找现成的多图轮播案例页面，可以单击“开始”→“新建幻灯片动画”，在“图文动画”中直接下载（图 1.3.41）。

然后单击图片即可展开右侧的“智能特性”面板，在其中可以替换图片、调整图片顺序、增加新的图片等（图 1.3.42）。

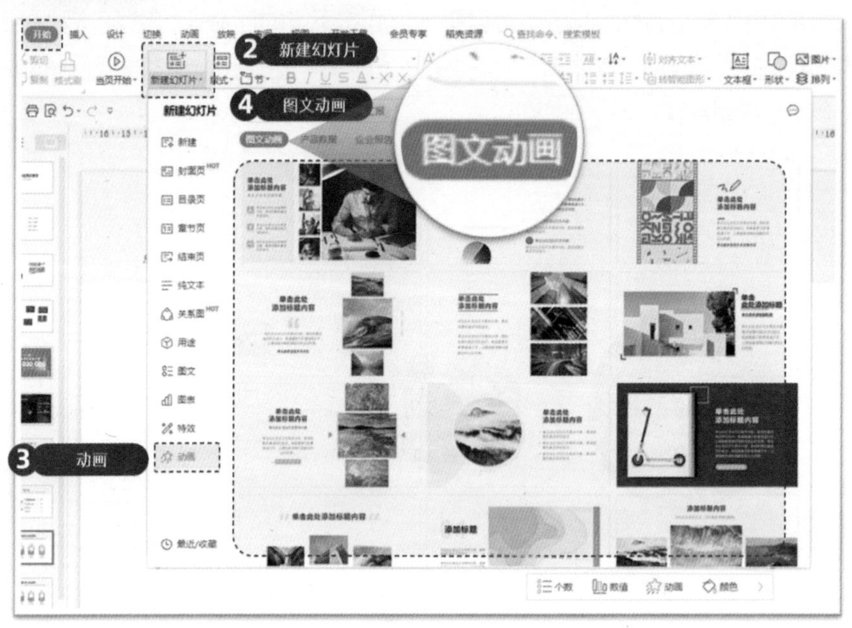

图 1.3.41

图 1.3.42

1.3.4 动态数字，一键生成动态数字滚动动画

在重要数字的呈现上，如销售成绩、营业额等，很多人都希望能实现更吸引人的方式，那么动态数字既简单，又方便，一定不要错过啦。

1.3.4.1 单个数字添加动画

如果需要添加单个数字，则只需要先单击选中“数字文本”，然后单击“动画”→“动态数字”即可生成数字滚动效果。

同时在页面右上方，可以对动画的持续时间与延迟时间进行相应的设置（图1.3.43）。

更多的细节调节，可以在文本的右下方单击浮窗，即可调整“动画类型”“动画速度”“数字图示”（图1.3.44）。

图1.3.43

图 1.3.44

提示：部分效果，仅会员可用。

1.3.4.2 多个数字添加动画

如果一个页面中有多个数字需要添加动画，可以选中多个数字文本，然后单击“动态数字”来完成批量操作（图 1.3.45）。播放页面即可查看动态效果。

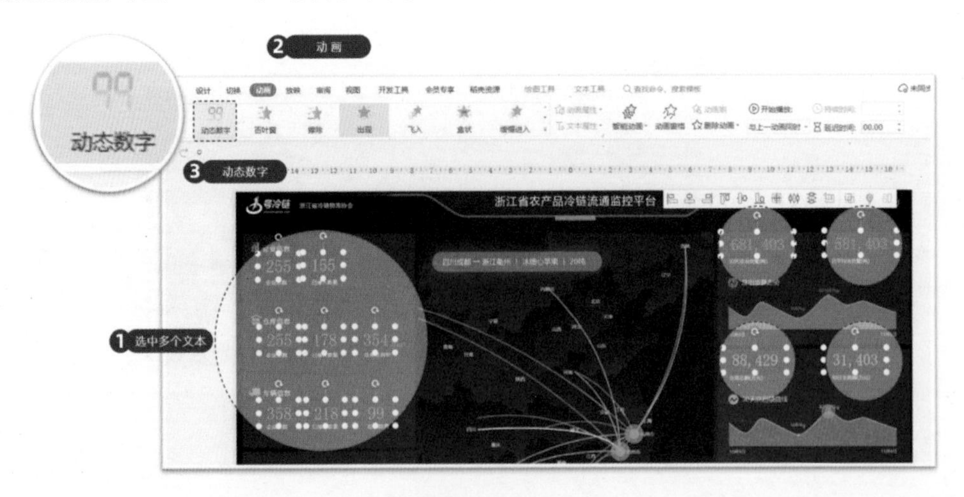

图 1.3.45

1.3.4.3 动态数字案例页面

理解了“动态数字”的用法后，如果需要更多的相关案例页面，可以直接单击“开始”→“新建幻灯片动画”，其中“产品数据”“企业报告”“行业分析”均有很多案例应用了“动态数字”的效果，可以直接下载使用，并结合需求进行调整（图 1.3.46）。

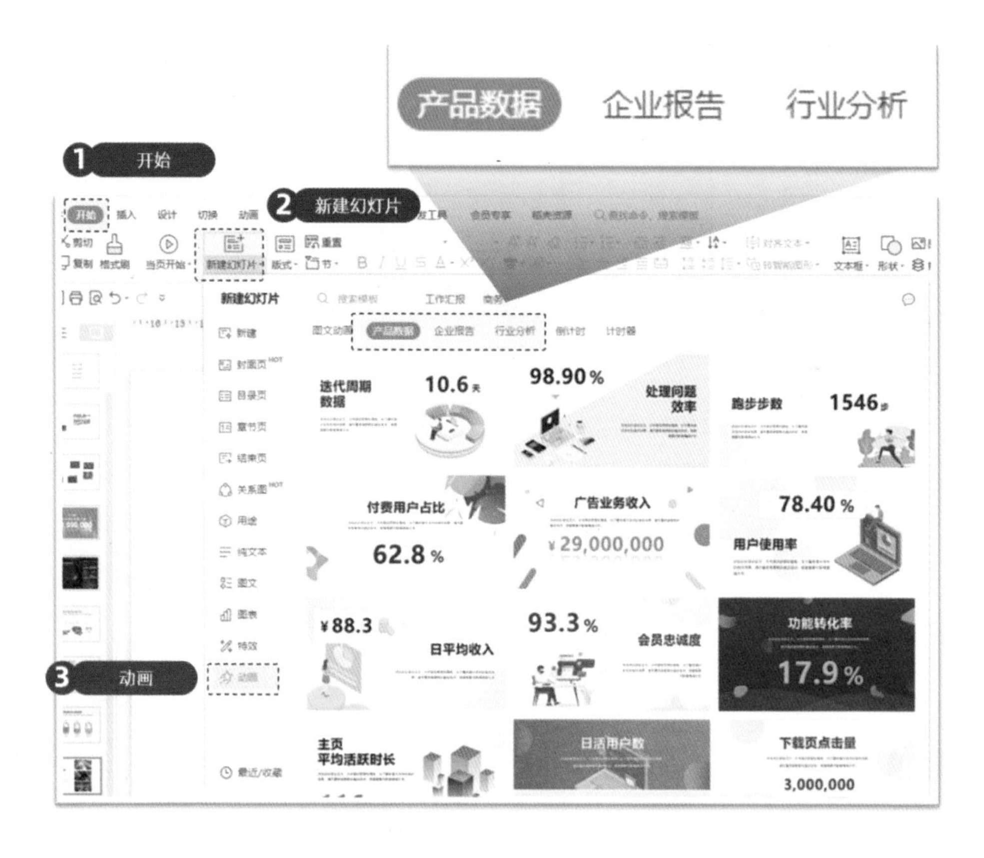

图 1.3.46

1.3.5 形象图表，一键生成让人眼前一亮的创意图表

图表是工作型 PPT 中比较常见的数据可视化形式，很多人只会用 PPT 自带的图表样式，如果想提升图表的吸引力，可以转换一下表现形式，试试 WPS 的形象图表。

如图 1.3.47 所示的这些形象图表，都是一键生成而且是可以编辑的。

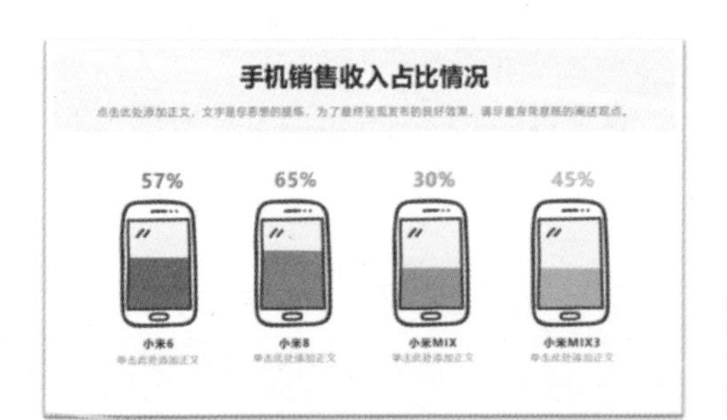

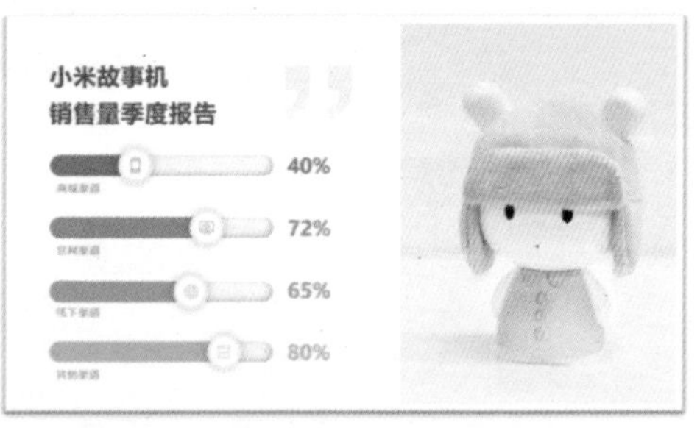

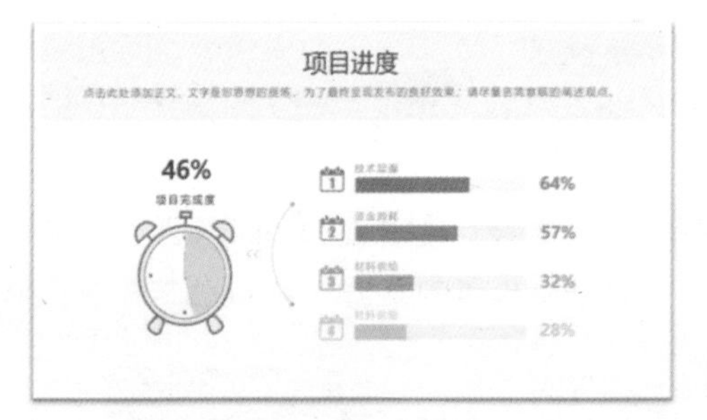

图 1.3.47

1.3.5.1 插入形象图表

打开软件后，依次单击“开始”→“新建幻灯片”→“图表”→“形象图表”，光标悬停可以预览效果，单击可以直接下载插入（图 1.3.48）。

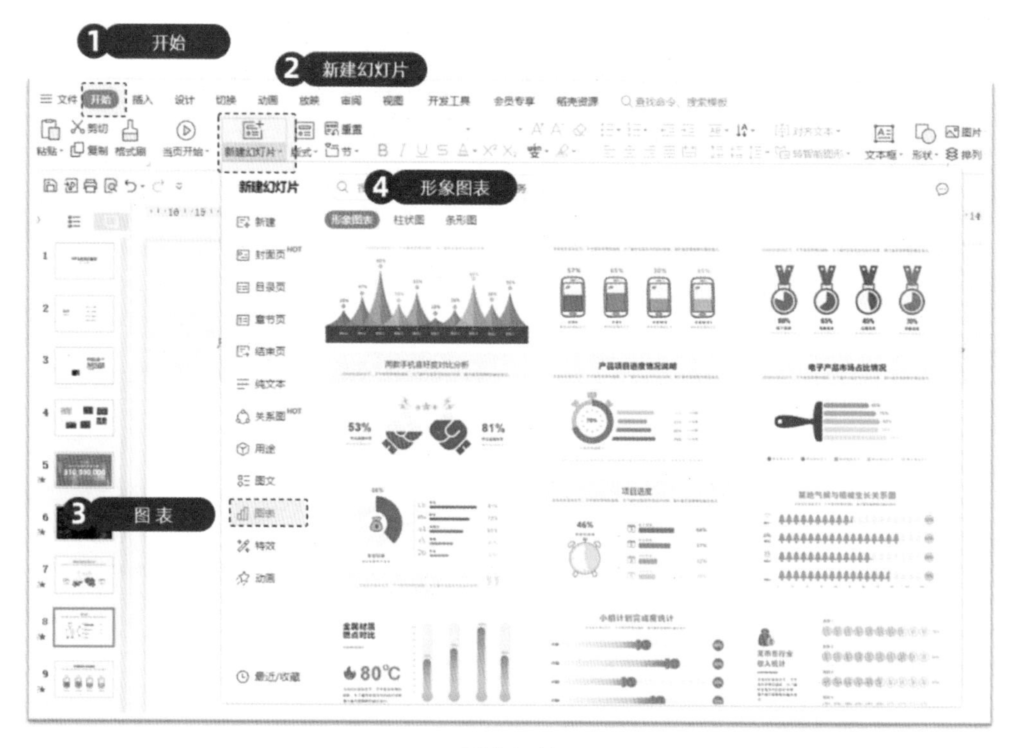

图 1.3.48

1.3.5.2 调整图表

在插入形象图表后，如果还需要进行调节，可以单击图表，下方会出现浮动按钮（图 1.3.49）。

可以有针对性地调整“个数”“数值”“动画”“颜色”（图 1.3.50）。

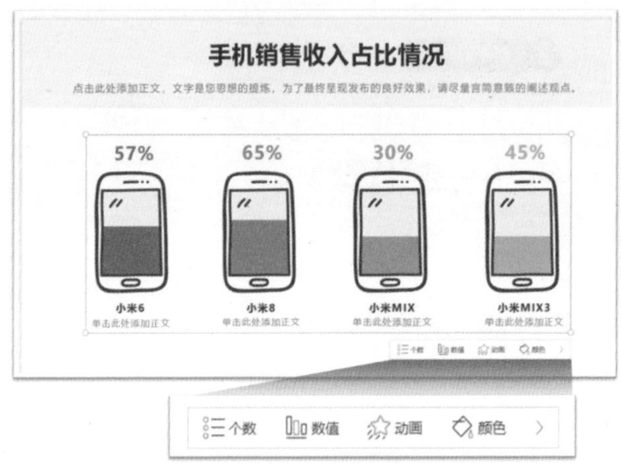

图 1.3.49

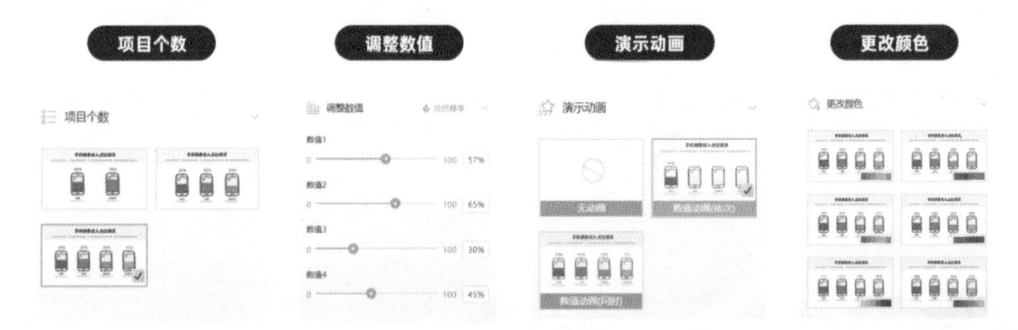

图 1.3.50

提示： * 部分效果，仅会员可用。

1.3.6 图片智能处理，一键打造创意图片效果

说到图片处理，很多人会非常头疼，因为它包含的内容比较多，有一定的门槛，包括图片蒙版、创意裁剪等，而在 WPS Office 2019 中，以上这些需求只需要单击即可实现。

单击页面中的图片，在图片右侧会弹出浮动按钮，从上往下选择第 3 个“图片处理”按钮 。就能找到相关的命令按钮。

图 1.3.51

1.3.6.1 一键查找相似图片

如果对图片不满意，想换一张相似的，但又不想自己重新搜索，那么可以试试“找相似”功能，软件会自动匹配和选中相似的图片，类似于很多图片网站上的“以图搜图”的功能，单击新图片即可实现一键换图（图 1.3.52）。

图 1.3.52

提示： * 部分效果，仅会员可用。

1.3.6.2 一键添加图片蒙层

添加图片蒙层是图片处理中的高频操作，单击“加蒙层”即可一键添加蒙层效果，而不再需要烦琐的操作了（图 1.3.53）。

图 1.3.53

蒙层其实就是在图片的上方添加一个调整了颜色和透明度的形状，类似于图片处理中的“滤镜”效果（图 1.3.54）。

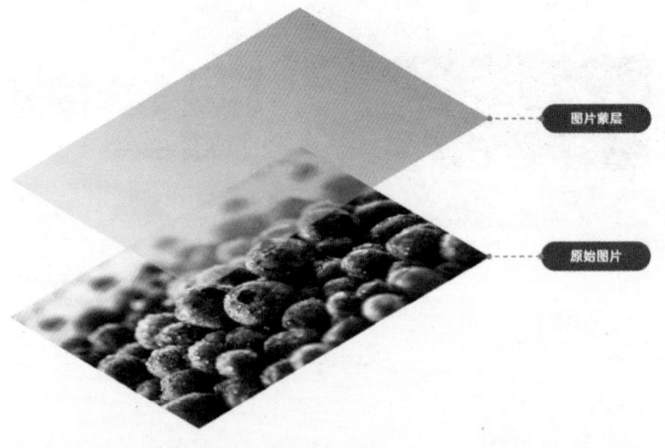

图 1.3.54

如果需要对蒙层进行调整，可以直接双击打开属性面板，在右侧可以调整颜色、透明度、位置等（图 1.3.55）。

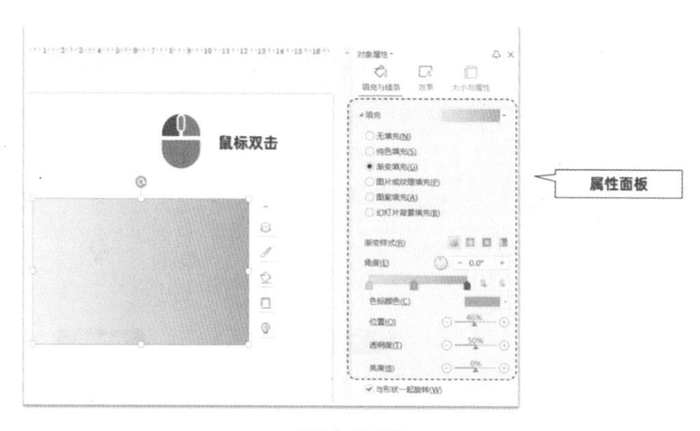

图 1.3.55

1.3.6.3　一键图片创意裁剪

在进行图片创意裁剪时，一般需要使用合并形状（也叫布尔运算）功能，从创意裁剪素材到制作过程很多，而现在使用 WPS Office 2019 的“创意裁剪”功能，可以一键搞定。

依次选中图片，单击“图片处理”→“创意裁剪”（图 1.3.56）。

图 1.3.56

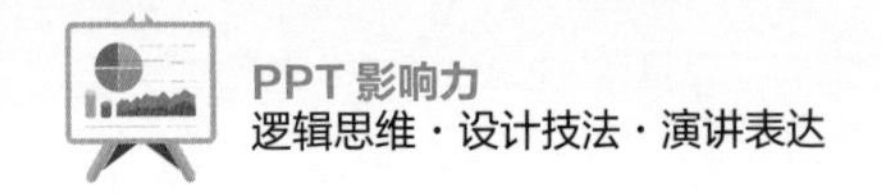

页面下方提供了 6 种创意裁剪和免费专享的类型：经典图形、几何、人像、节日、笔刷和数字字母（图 1.3.57）。

图 1.3.57

找到需要的效果，单击即可一键完成（图 1.3.58）。

如果还想对创意裁剪的图片进行调节，可以选中图片，单击软件右侧栏中最下方的“智能特性”按钮。

图 1.3.58

图 1.3.59

在页面右侧会弹出“智能特性”的面板，可以在面板中进行更多细节的调整和设置，如替换图片、调整裁剪区域、更换裁剪样式等（图 1.3.60）。

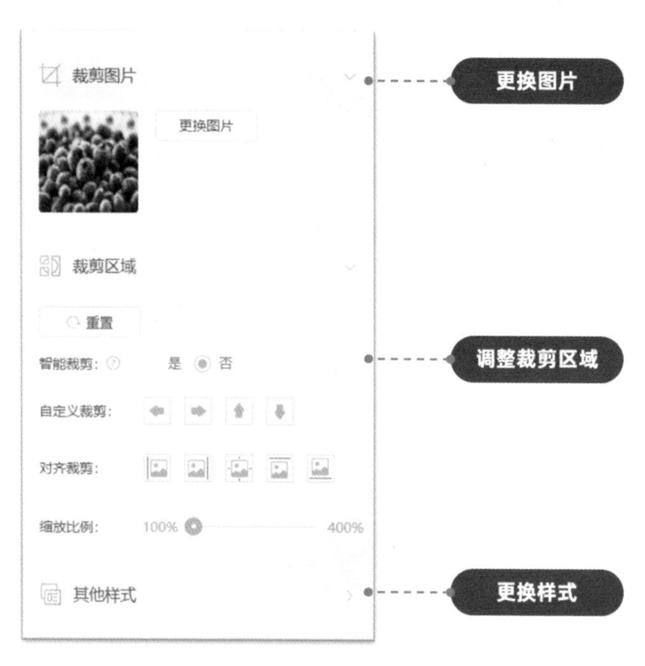

图 1.3.60

1.3.6.4 一键局部突出

幻灯片中的某个部分需要“特写”或者“强调”时，很多人习惯用红框，这样不仅达不到效果，而且还影响视觉体验，不妨试试 WPS Office 2019 的“局部突出”功能（图 1.3.61）。

> **提示：** 案例页面可以单击“开始”→“新建幻灯片”→“特效”→“局部突出”下载使用。

图 1.3.61

图 1.3.62 中的效果都是使用“局部突出”功能一键完成的。

之所以有这种放大的效果，其实是 WPS Office 2019 自动添加了放大的图和放大镜装饰叠在一起，给人营造局部放大的效果（图 1.3.63）。

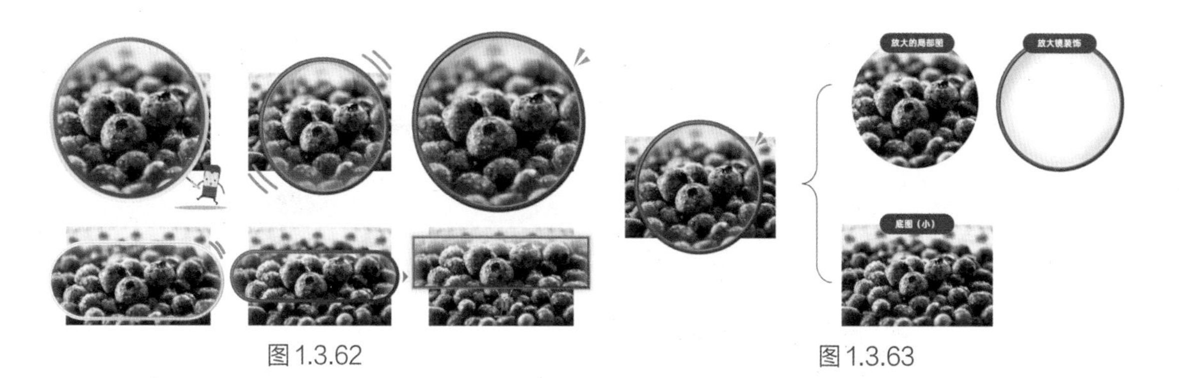

图 1.3.62　　图 1.3.63

如果需要局部放大的区域（比如缩放），可以单击页面右上角的“局部突出”按钮，然后用鼠标拖动调整“倍率”即可，最高支持放大到 400%（图 1.3.64）。

图 1.3.64

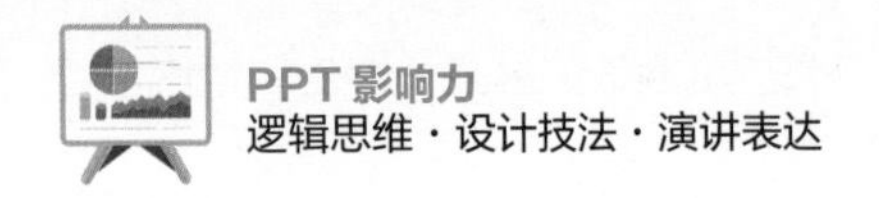

图 1.3.65 是使用图片局部放大的一些案例页面，在需要突出细节或者重点内容时，非常适用。

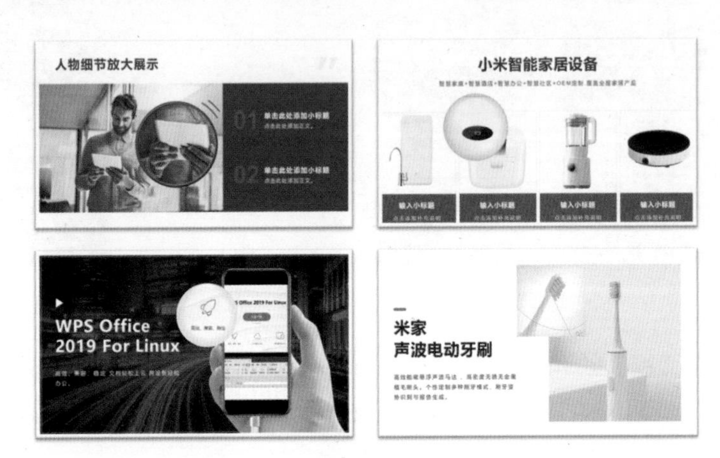

图 1.3.65

还可以单击“更多设置”打开“稻壳智能特性”，可以给放大效果添加专属的动画效果（图 1.3.66）。

放大专属动画

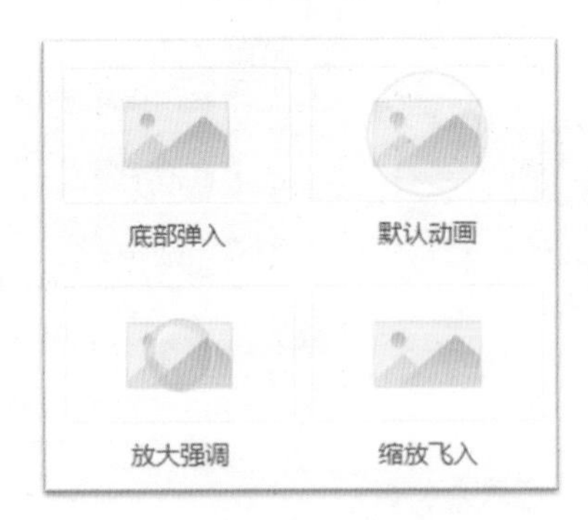

图 1.3.66

不要以为这个只能用在图片上，其实表格需要局部突出显示时也可以用上。

如图 1.3.67 所示页面中的表格，需要突出第 8 行的数据，只需要单击表格右上方的“表格美化”→“突出重点”，选择需要的样式，然后在下方选择需要强调突出的行或者列。也可以单击页面下方的“更多设置”进行调节（图 1.3.67、图 1.3.68）。

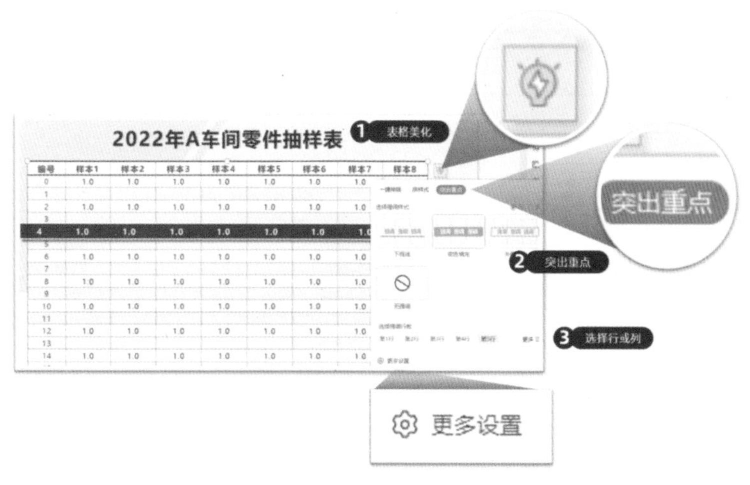

2022年A车间零件抽样表
1 表格美化
突出重点
2 突出重点
3 选择行或列
更多设置

图 1.3.67

行强调样式
列强调样式
行强调
无强调
下框线
底色填充
外侧描边
列强调
无强调
悬浮
底色填充
外侧描边

图 1.3.68

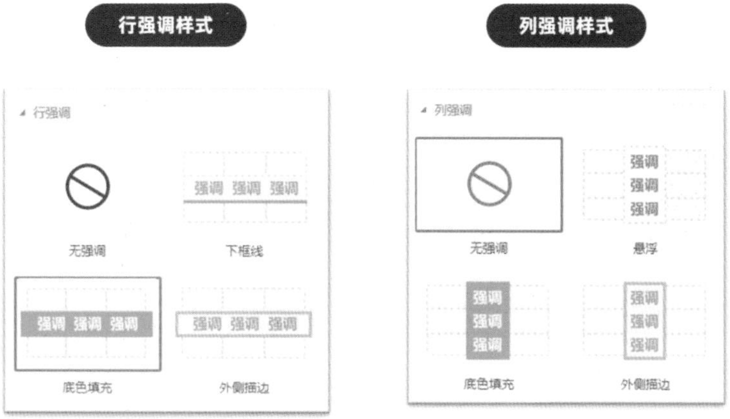

通过这种方式，表格中的重点就变得一目了然了（图 1.3.69、图 1.3.70）。

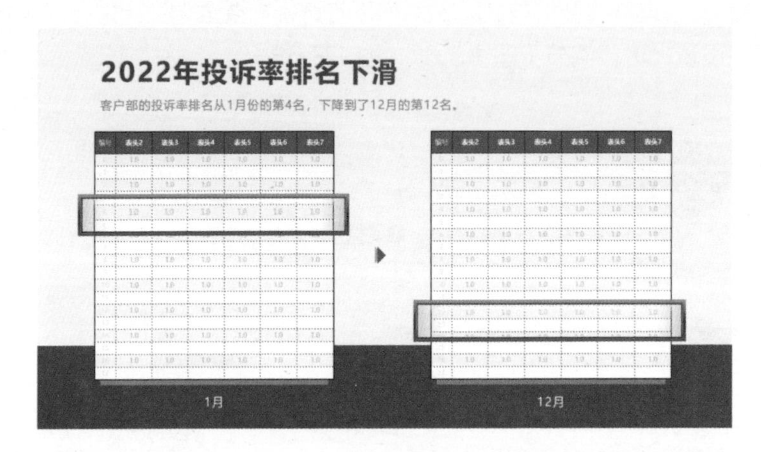

图 1.3.69

小米手机参数对比

型号	小米11	小米MIX 2	小米Note 3
标准容量	8GB+256GB	8GB+64GB	4G+64G
处理器	骁龙 888	骁龙 835	骁龙 660
屏幕尺寸	6.81英寸	5.99英寸	5.5英寸
重量	196g	185g	163g
主相机	1亿	1200万	1600万
电池容量	4600mAh(typ)	3400mAh(typ)	3500mAh(typ)
价格	4299元	2599元	1799元

图 1.3.70

提示： * 部分效果，仅会员可用。

Chapter 02

效率篇

提升“效能爆发力”

动手制作，效率先行。借助规范的流程和高效的软件设置，从流程规范、高效设置、一键转换三方面，让你的 PPT 的制作效率大大提高。

2.1　流程规范：PPT 的规范制作流程与误区

2.1.1　不要踩坑，这些误区要避开

很多人接到 PPT 任务，往往习惯性地打开计算机就开始制作，结果发现大脑一片空白，就和图 2.1.1 中的空白页面一样，没有头绪，不知道该从何下手。

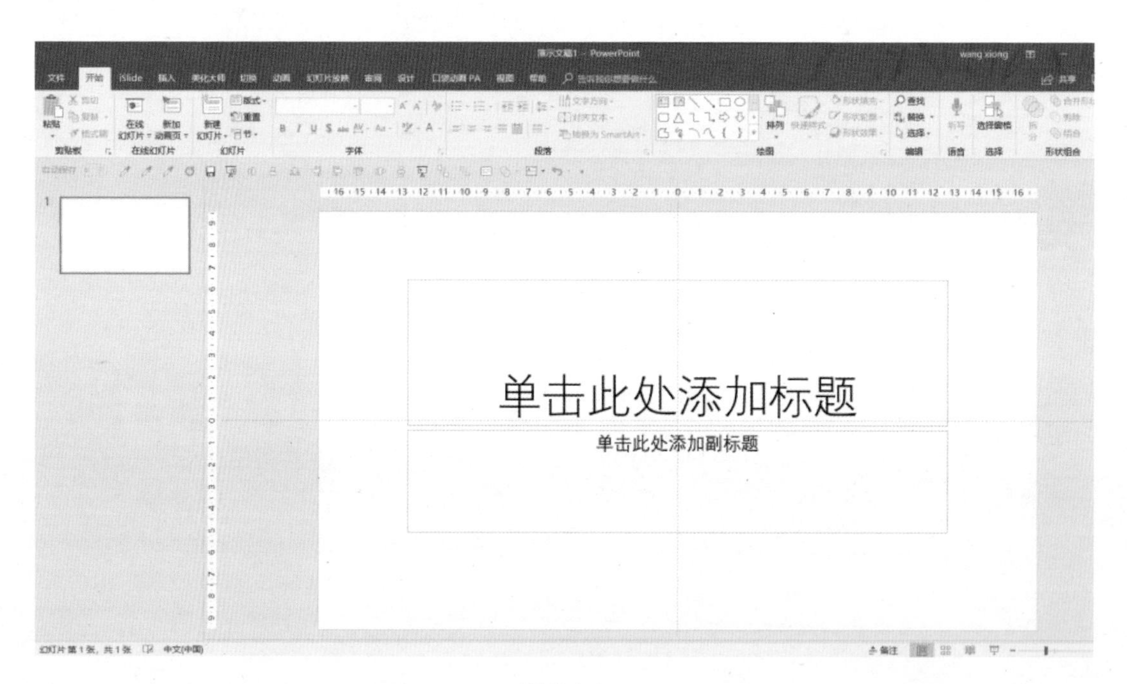

图 2.1.1

也有人会从网上下载 PPT 模板（图 2.1.2），然后一边构思，一边往里面填充内容。这样不仅效率低下，而且容易出现推翻重来的情形，这也是很多人做 PPT 的误区。

图 2.1.2

2.1.2 围绕需求和场景，做到胸有成竹

最稳妥的方式，是先搞清楚具体使用场景和需求，首先整理好逻辑框架，然后再进行 PPT 的设计和美化。其中最重要的是 3 个方面：听众、信息和时长（图 2.1.3）。

- 听众：因为不同的听众所处的角度和思维方式是完全不一样的，所以制作时需要站在对方的角度思考问题。
- 信息：要重点呈现听众想听的信息，而不是只讲演讲者想表达的，也就是在“我想说”和“你想听”之间找一个平衡点。
- 时长：根据演讲时长制作适量的 PPT，剩余时间过多或者超时都是直接的减分项，应当避免。

如果听众是领导或者客户，那么他们比较关心的是，项目（方案等）的结果、收益或者特色亮点等信息。

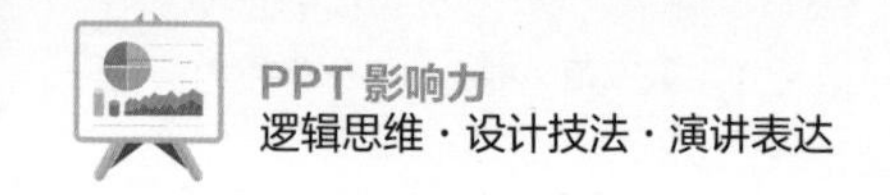

如果听众是同事，可能更加关心 PPT 内容与他们有什么关系、是需要他们协助还是告知，如果和他们有关系，最好能单独列出来。

如果听众是下属，他们会更需要领导的明确指示，具体需要做什么、要求和标准是什么，以及最后的时间期限等（图 2.1.4）。

图 2.1.3　　图 2.1.4

2.1.3 谋定而后动，统一规范与流程

好的 PPT 需要确定五大维度：主题、风格、颜色、字体、版式（图 2.1.5）。

最重要的是一定要注意统一性，这是最基本的原则。

建议大家在没有整理好需求和内容之前，不要着急打开 PPT，方向错了，如果停下来就是进步（图 2.1.6）。

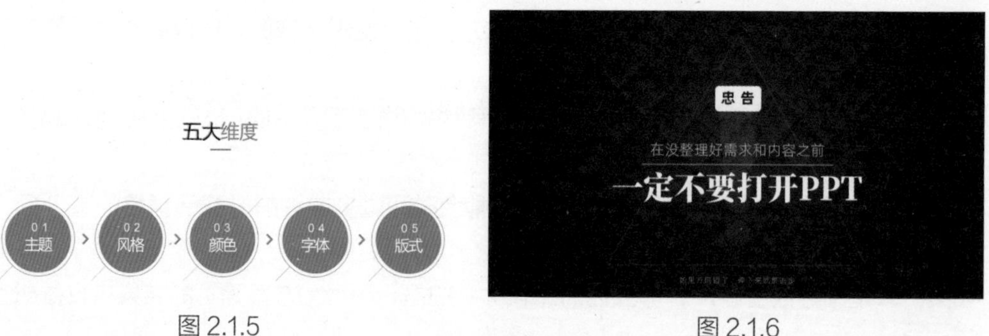

图 2.1.5　　图 2.1.6

比较推荐的时间配比如图 2.1.7 所示，其中构思逻辑是非常重要的环节，多花一点时间也是非常值得的。

图 2.1.7

2.1.4 整体布局，合理安排所用类别与结构

从使用场景的角度讲，PPT 主要分为以观众看为主的“阅读型 PPT”和给观众讲为主的“演讲型 PPT”。它们最大的区别在于前者一般没有演讲者，以观众看为主，所以内容和信息会比较丰富；而后者则主要配合演讲者的演讲，用来呈现演讲的重要信息，内容和信息都是提炼和处理过的（图 2.1.8）。

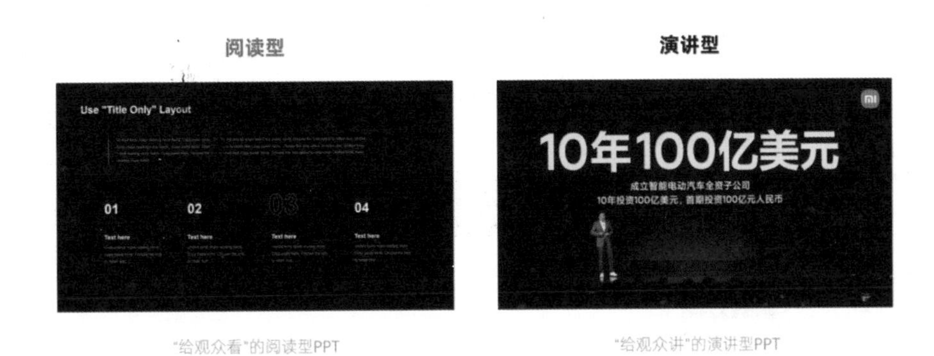

图 2.1.8

一份完整的 PPT 的结构主要包括封面页、目录页、章节页、内容页、结尾页（图 2.1.9）。

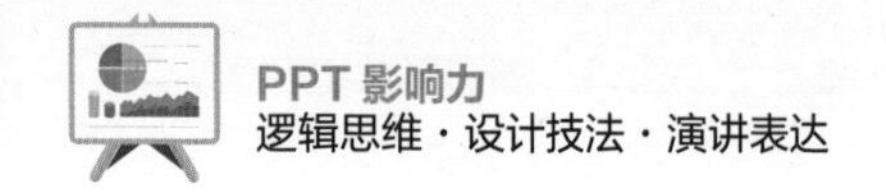

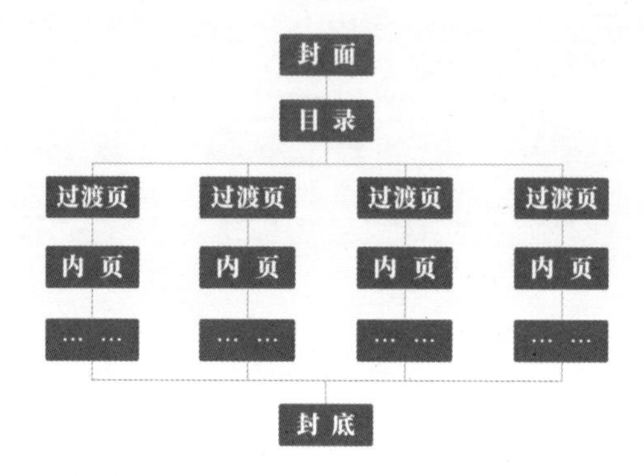

图 2.1.9

所以在页面管理时，也建议按照这个结构搭配“节”的功能来分组（图 2.1.10）。

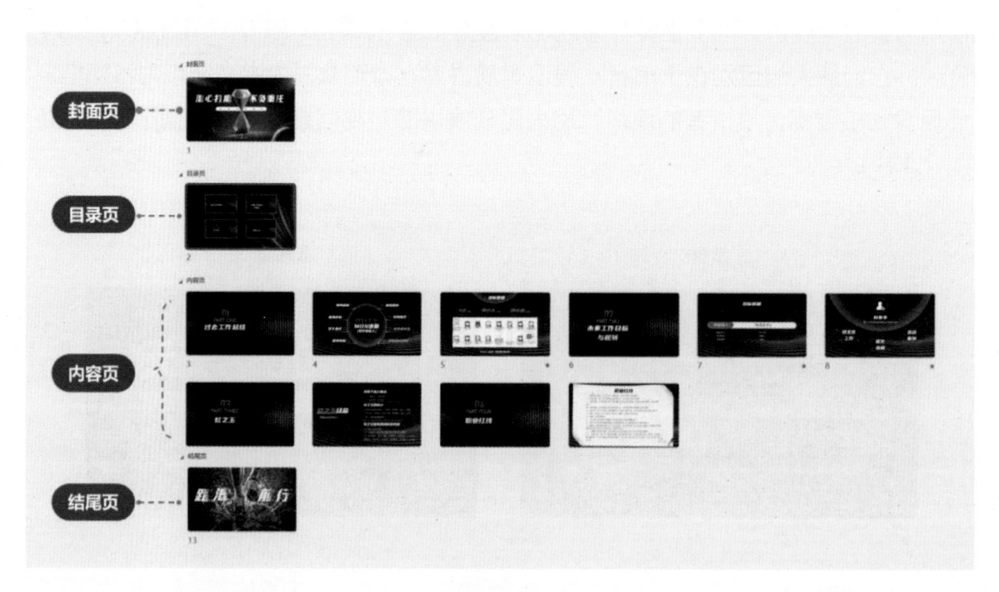

图 2.1.10

节是可以折叠的，用光标拖动整个节可调整顺序（图 2.1.11）。

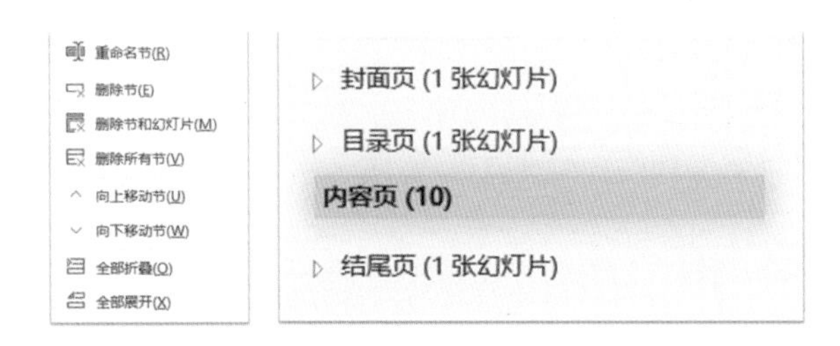

图 2.1.11

2.2　高效设置：高手都必会的效率操作技巧 

要想做出好的 PPT，就必须熟悉制作 PPT 的软件工具，并需要进行必要的高效设置。下面推荐几个非常实用的、可提高制作效率的设置。

2.2.1　快速访问工具栏：常用的功能都在这里

如果你使用的 Microsoft PowerPoint，可以将自己常用的功能，如取色器、对齐、调整层级命令等，添加到“快速访问工具栏”(图 2.2.1)，使用过程中可快速调用。

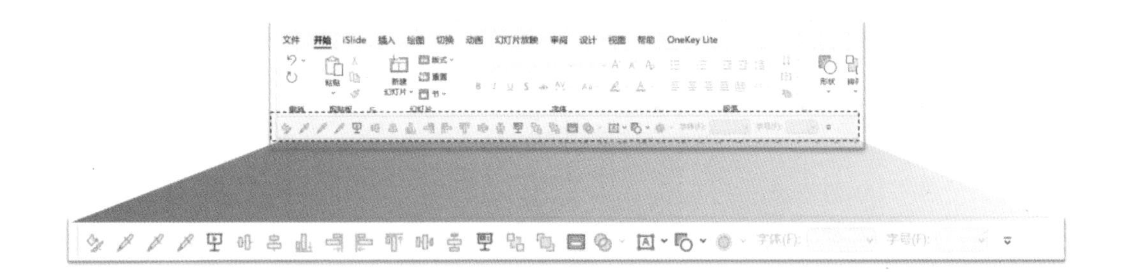

图 2.2.1

2.2.1.1 逐个添加

在上方功能区的功能命令上右击，在弹出的快捷菜单中选择“添加到快速访问工具栏”命令（图 2.2.2）。

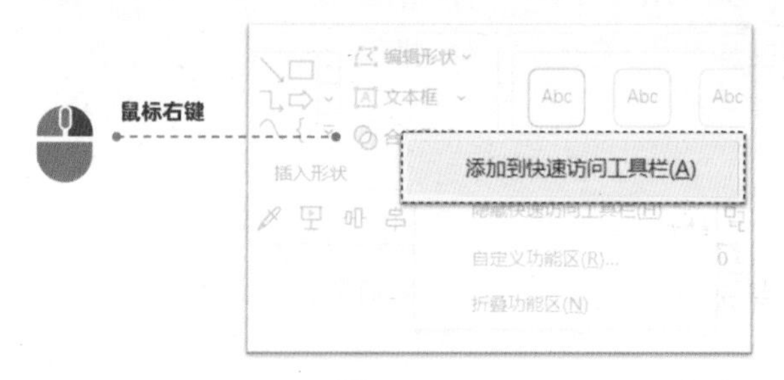

图 2.2.2

2.2.1.2 批量添加

如果要批量添加，可以执行“文件”→“选项”→“快速访问工具栏”→“导入 / 导出”→“导入自定义文件”菜单命令，选择外部设置文件，即可完成导入（图 2.2.3）。

图 2.2.3

可以通过单击快速访问工具栏最右侧的小三角按钮，在展开的列表中选择“在功能区下方显示”选项（图 2.2.4）即可将快速访问工具栏置于功能区下方。

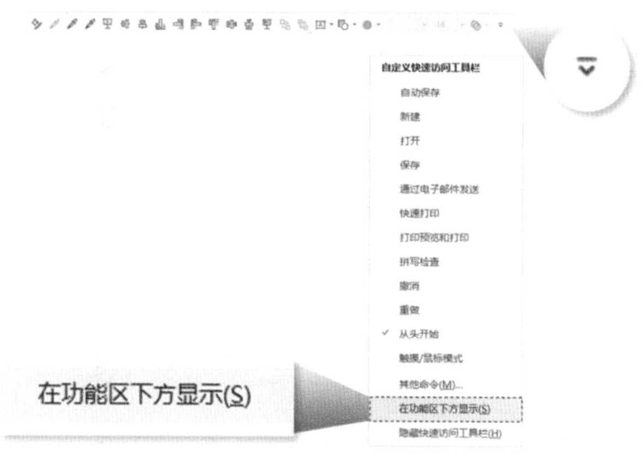

图 2.2.4

一般推荐放置常用的命令，数量不宜过多。

2.2.2 PowerPoint 选项：专属配制随心调

“PowerPoint 选项”是对 PowerPoint 软件进行设置的对话框，其中“保存”菜单可以设置文件自动保存的间隔、路径，以及字体嵌入等（图 2.2.5）。

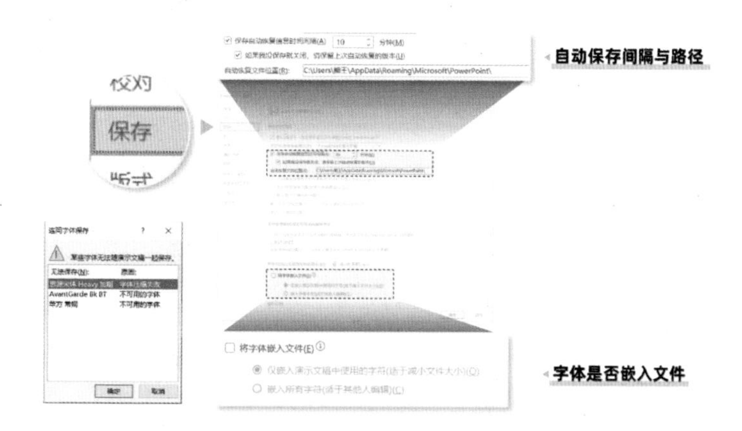

图 2.2.5

需要强调一下，有些字体是不能被嵌入文件的，当保存文件出现了“连同字体保存”的警告提示对话框时，则需要取消勾选“将字体嵌入文件”复选框。

在“高级”菜单下，最多可撤销次数默认是 20 次，建议调整到最大 150 次，可以获得更多的撤销次数。

同时勾选“不压缩文件中的图像”复选框，以便插入高清大图时不会模糊（图 2.2.6）。

图 2.2.6

2.2.3 高效快捷键：快得不止一点点

PowerPoint 软件中有很多的快捷键（图 2.2.7），不需要全部记住，只需要重点记住最常用的即可。最好的记忆方法，就是多用，习惯成自然。

其中，Shift、Ctrl、Alt 属于辅助键，需要搭配其他键或者鼠标（图 2.2.8）。

按住 Ctrl 键拖动光标，可以复制元素；拖动形状的调节柄，可以对称缩放。

按住 Shift 键单击多个元素，可以多选元素；拖动形状的调节柄，可以等比例缩放；按住 Shift 键拖动，可以保持形状水平或垂直移动。

按住 Alt 键可以在有吸附效果时实现对齐微调。

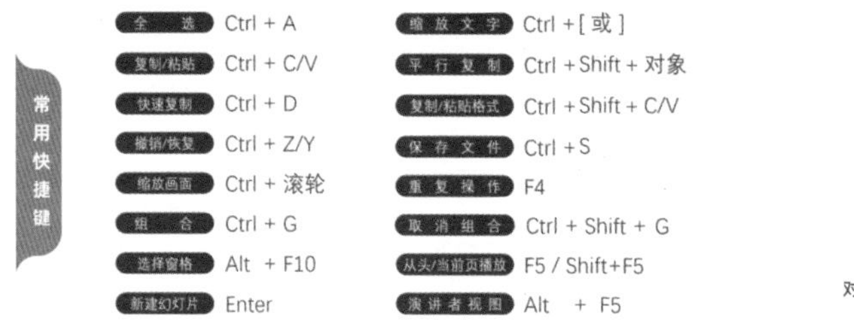

图 2.2.7

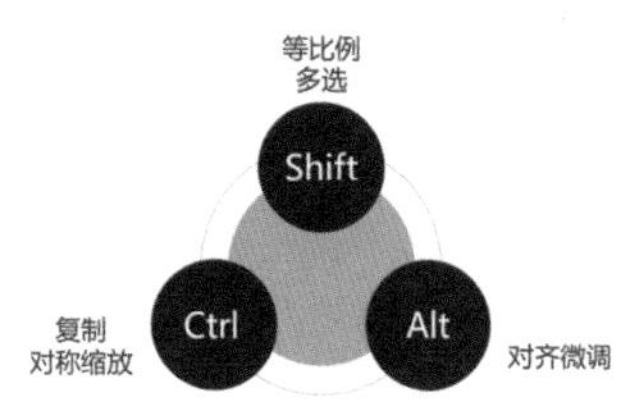

图 2.2.8

2.2.4 参考线：设计的参考和依据之一

专业的 PPT 设计需要用参考线来规范设计，一般推荐上下各两根，左右各一根，参考线封闭的区域为版心，PPT 的主要内容放置在版心，版心外可以放置辅助信息，如页码、LOGO 等（图 2.2.9）。

执行“视图”→“显示”→“参考线”菜单命令可打开参考线，也可使用快捷键 Alt+F9 (图 2.2.10)。

图 2.2.9

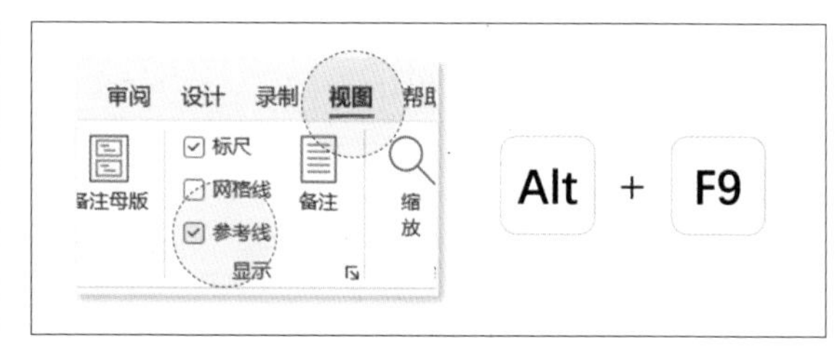

图 2.2.10

建议勾选“标尺”复选框，方便拖动光标调整参考线时能对照标尺来调整。

- 复制参考线：按住 Ctrl 键，拖动参考线。

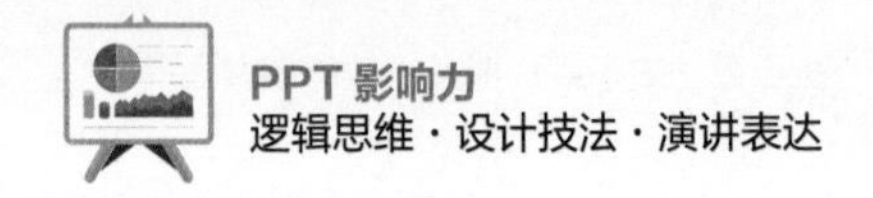

• 删除参考线：鼠标拖动参考线到画布外即可。

在参考线上右击也可以进行参考线的增删操作（图 2.2.11）。

批量完成参考线的设置和调整，可以借助插件 ISlide。执行“ISlide”→“一键优化”→“智能参考线”菜单命令，在弹出的对话框中根据需要进行调整（图 2.2.12）。

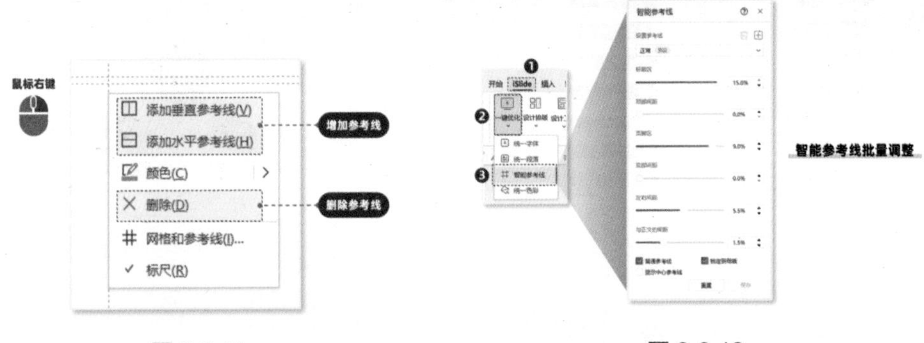

图 2.2.11　　　　图 2.2.12

2.2.5 主题设置：定制 PPT 专属皮肤

一套规范的 PPT 文件，会有一套专属的“设计标准”，方便用户的使用和统一规范，其中“主题字体”和“主题颜色”，是其中最重要的版块之一（图 2.2.13）。

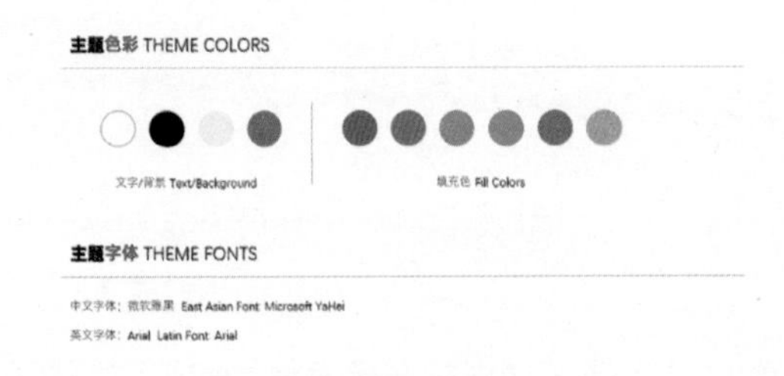

图 2.2.13

“主题色彩”体现在文字或形状的颜色设置面板的最上方。执行“设计”→“变体”→“颜色”→“自定义颜色”菜单命令，弹出“新建主题颜色”对话框，在对话框中可设置主题色。其中前 4 个对应的是“文字 / 背景”，着色 1~ 着色 6 对应的是形状及图表的颜色（图 2.2.14）。

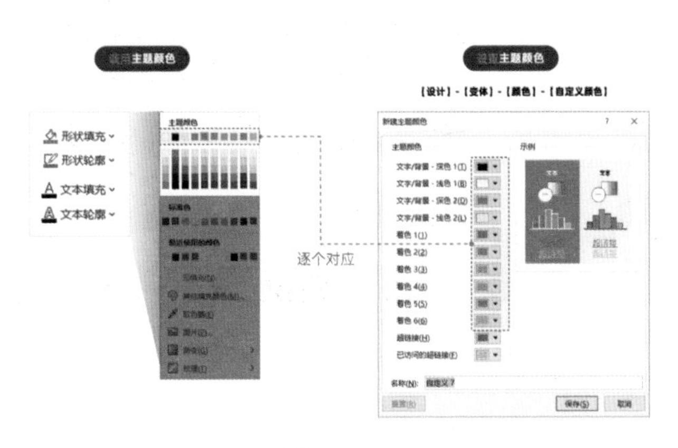

图 2.2.14

PPT 页面中，默认绘制的图形和表格会调用“着色 1”的颜色，也就是主题色中从左往右第 5 个位置的颜色。插入的表格和图表会从“着色 1”“着色 2”……依次调用（图 2.2.15）。

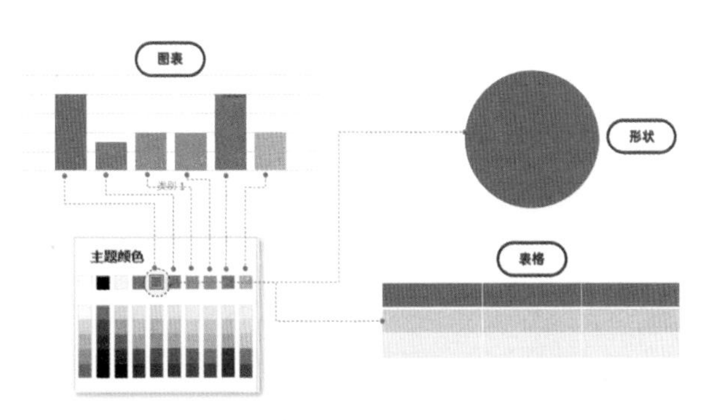

图 2.2.15

在使用了主题色的 PPT 中，可以通过调整主题色实现一键换色（图 2.2.16）。

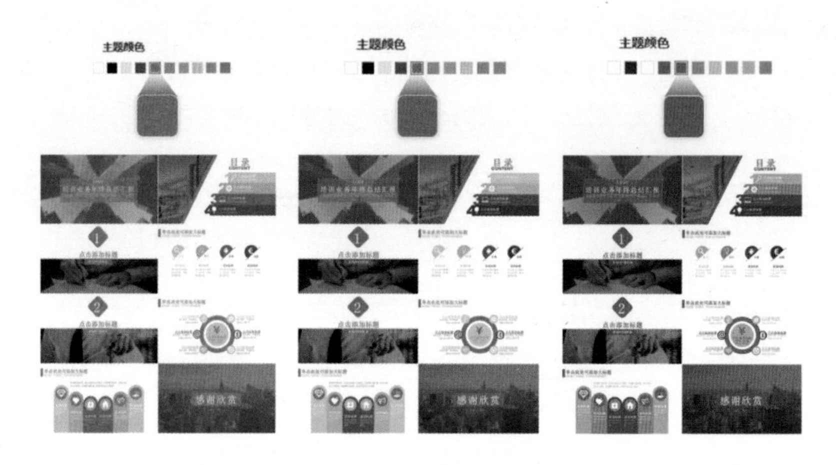

图 2.2.16

“主题字体”在字体列表的最上方，包括中英文的标题和正文，可以通过执行“设计”→“变体”→“字体”→“自定义字体”菜单命令进行设置（图 2.2.17）。

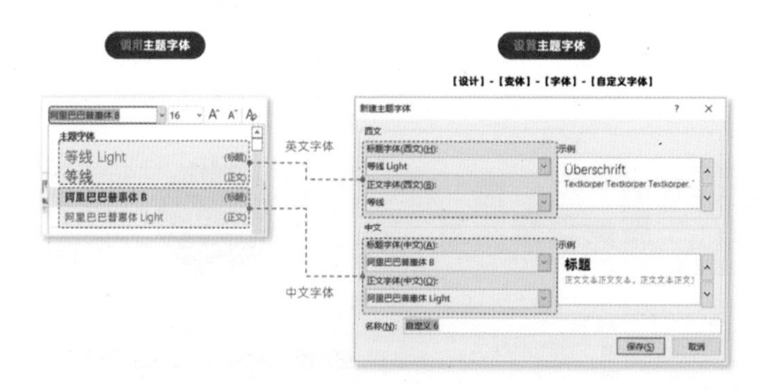

图 2.2.17

主题字体设置好以后，就可以通过改变主题字体来实现 PPT 文件的文字批量替换。

在 PPT 的标题和正文占位符中输入文字时，会自动识别文字类型（中文、英文、标题、正文）并进行字体匹配，无须手动选择（图 2.2.18）。

自动识别

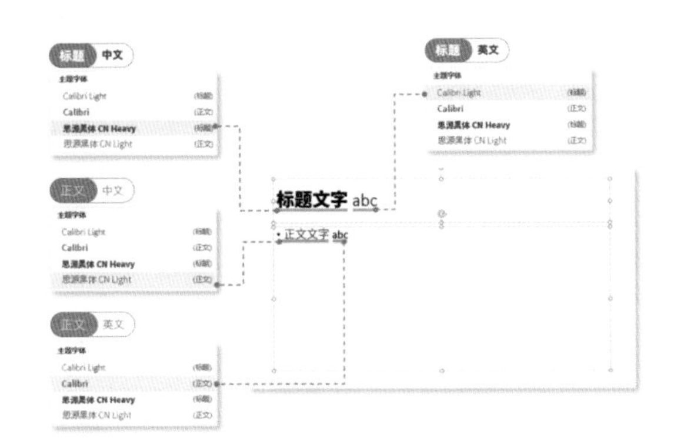

图 2.2.18

2.2.6 默认设置：摆脱系统默认样式限制

在 PPT 制作过程中，可以将需要统一的样式全部设置为“默认形式”，当需要插入相关元素的时候，就是设置过的形式，从而大大提高效率。

最常用的默认设置包括：设置为默认文本、设置为默认线条、设置为默认形状。

操作的方法是设置好目标形式以后，右击，在弹出的快捷菜单中选择设置为默认的功能即可（图 2.2.19）。

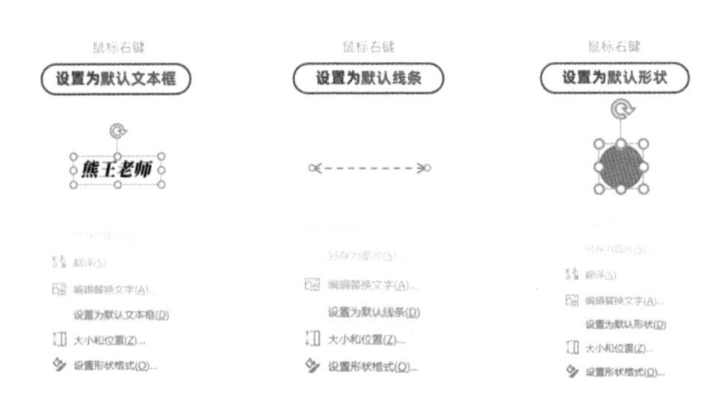

图 2.2.19

2.3 一键转换：Word 文档一键转 PPT 文件

很多人习惯先将内容在 Word 中编辑好，或者素材内容就是一份 Word 文档。在做 PPT 时，习惯性地“复制粘贴”“复制粘贴”……（图 2.3.1）。

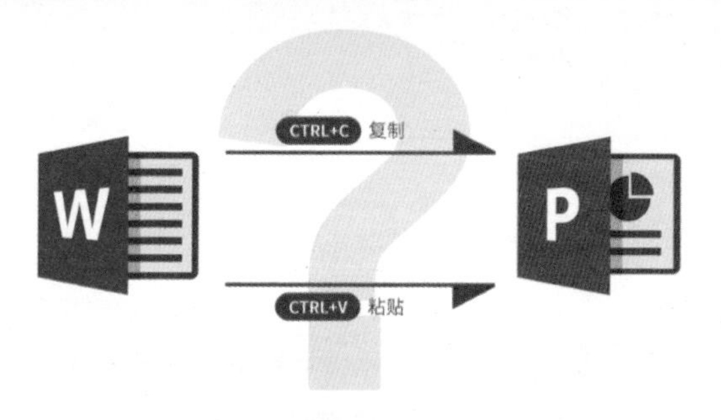

图 2.3.1

如果是短文档还好，要是几十页甚至上百页的 Word 文档（图 2.3.2），这种方法就非常痛苦了。

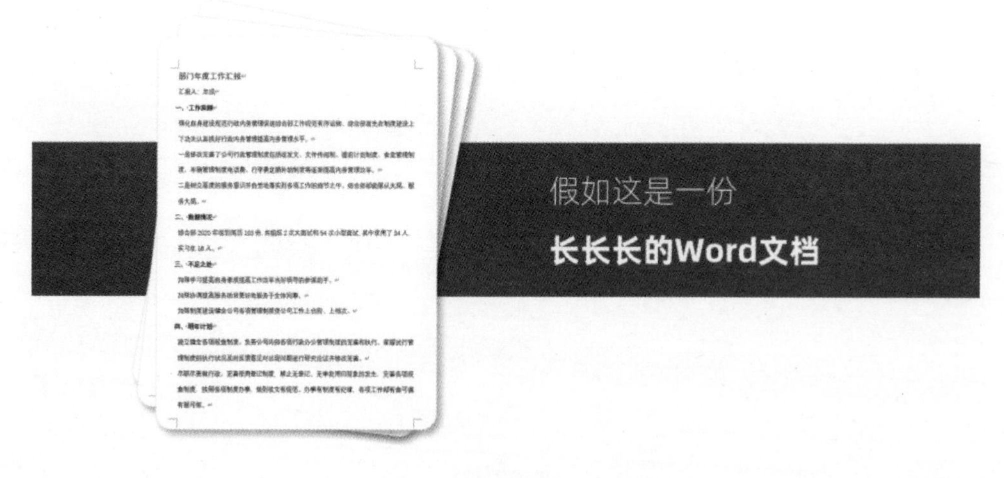

图 2.3.2

其实 Word 和 PPT 内部是有“通道”的，要想实现一键转换，就必须知道这个“通道”的入口。

这个“通道”就是 Word 文档里面的“发送到 Microsoft Powerpoint”和 Powerpoint 里面的“幻灯片（从大纲）”（图 2.3.3）。

图 2.3.3

2.3.1 设：设置软件相应命令

依次单击“文件”→“选项”→“快速访问工具栏”→“不在功能区的命令”→“发送到 Microsoft Powerpoint”→“添加”→“确定”（图 2.3.4）。

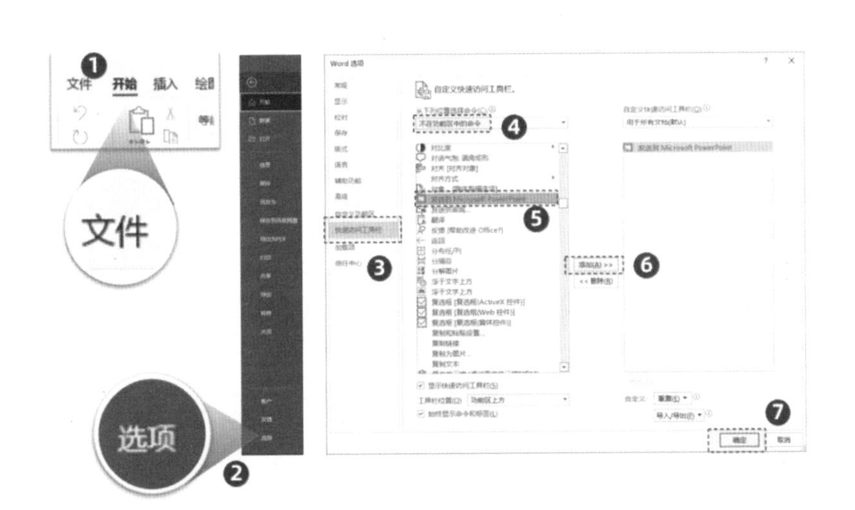

图 2.3.4

将“发送到 Microsoft Powerpoint”功能添加到快速访问工具栏中（图 2.3.5）。

图 2.3.5

2.3.2 送：设置文字层级，发送到 PPT

设置方法和 1.2 节一样，调整好“1 级”和“2 级”文字。然后单击“发送到 Microsoft-PowerPoint”按钮（图 2.3.6）。

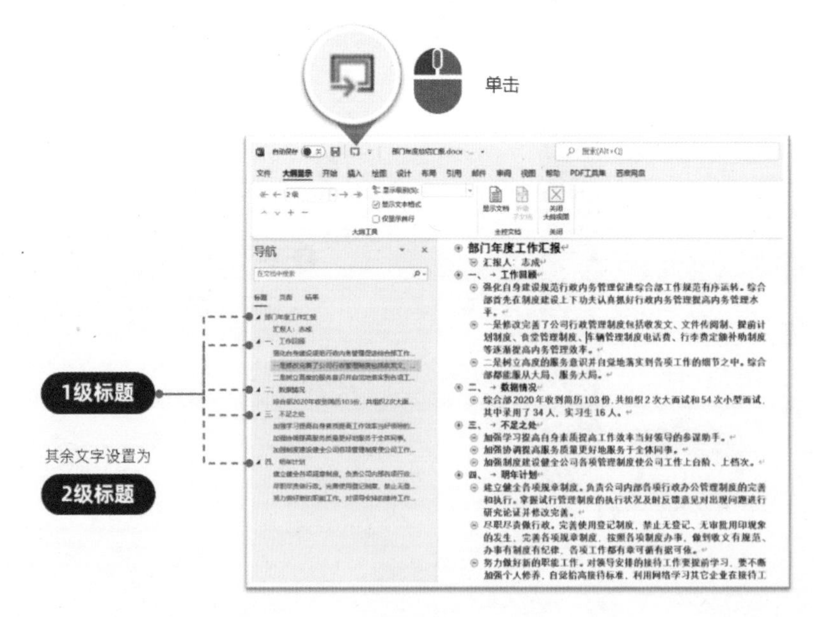

图 2.3.6

然后就会启动 PPT 并加载 Word 中的文字内容（图 2.3.7）。

图 2.3.7

除此以外，还可以使用第 2 种通道，新建空白的 PPT，执行“开始”→“新建幻灯片”→“幻灯片（从大纲）”命令，然后单击设置好层级的 Word 文档（图 2.3.8）。

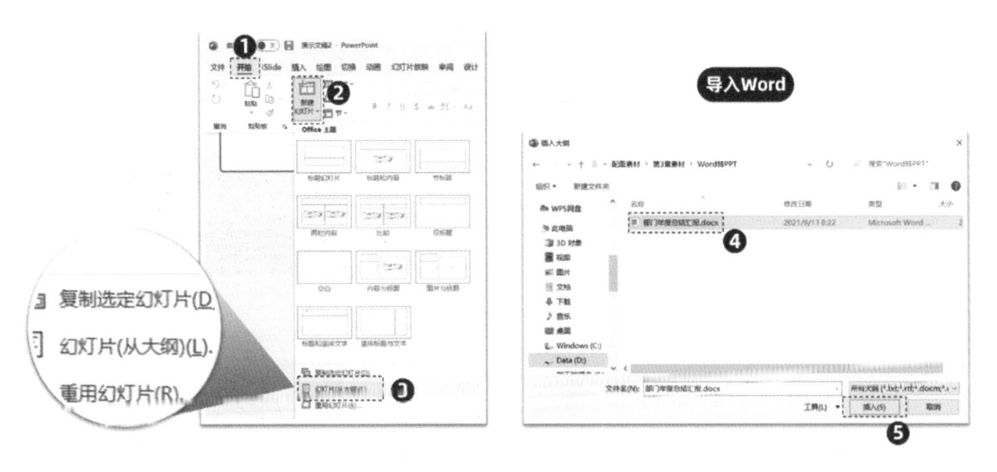

图 2.3.8

最终转换的结果是一样的。

然后对这个“朴素”的 PPT 进行快速美化，可以套用 PPT 自带的主题样式。

执行“设计”菜单命令，再单击“主题”组右侧下拉按钮，就可以展开自带的主题库（图 2.3.9）。

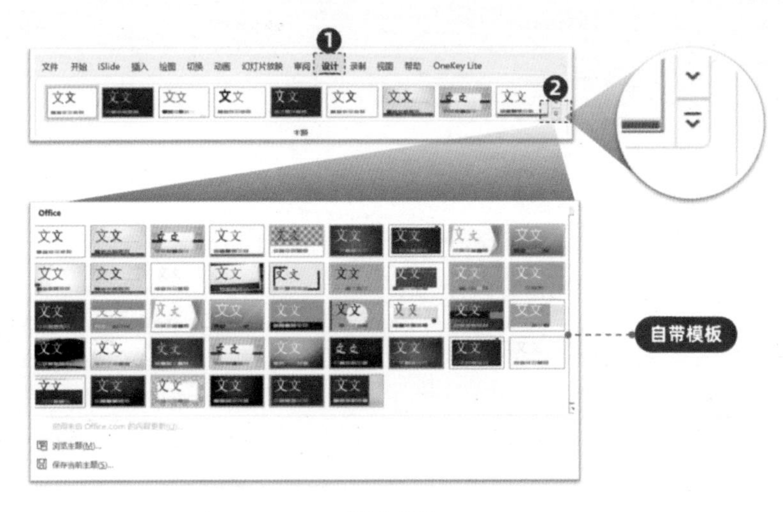

图 2.3.9

单击即可生成套用的效果，若采用不同的主题，文字等细节需要稍微调整（图 2.3.10）。

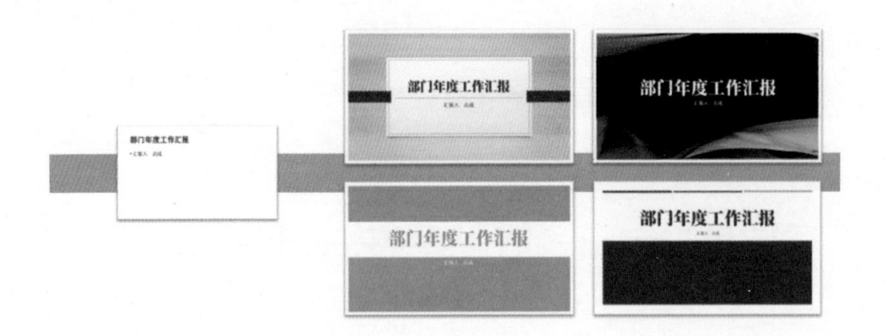

图 2.3.10

不同的页面需要使用不同的版式，例如封面页，可以在左侧预览图中右击，在弹出的快捷菜单中选择“标题幻灯片”的版式，即可完成版式切换（图 2.3.11）。

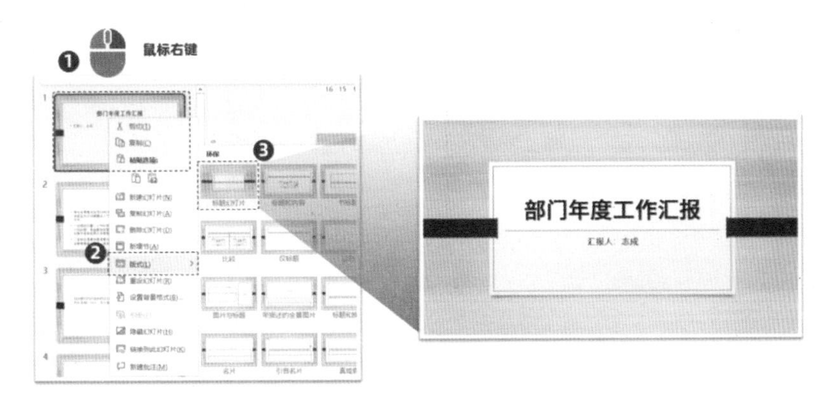

图 2.3.11

2.3.3 套：套用公司指定的 PPT 模板

2.1.3 如果公司有规定的 PPT 模板，则可以执行“设计”→“浏览主题”菜单命令导入（图 2.3.12）。

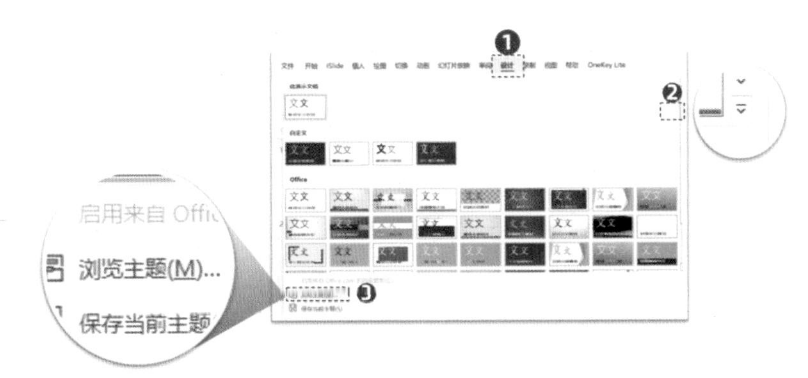

图 2.3.12

在弹出的对话框中选择需要导入的公司 PPT 模板（图 2.3.13）。

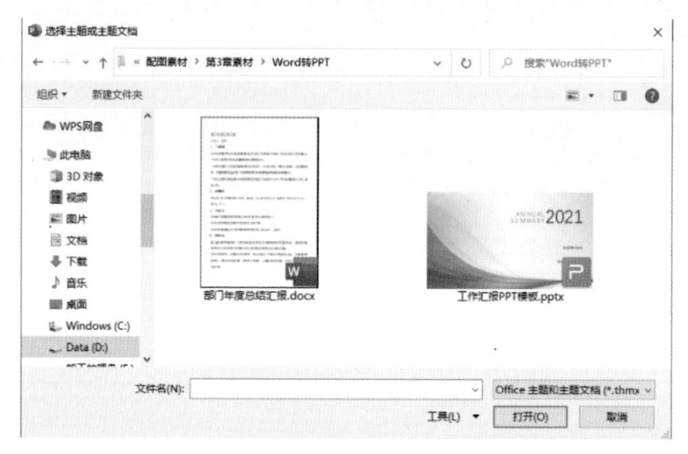

图 2.3.13

导入后匹配各个页面，包括封面、目录、章节页、内页、结尾页等。
没有的页面可以执行“开始”→“新建幻灯片”菜单命令导入（图 2.3.14）。

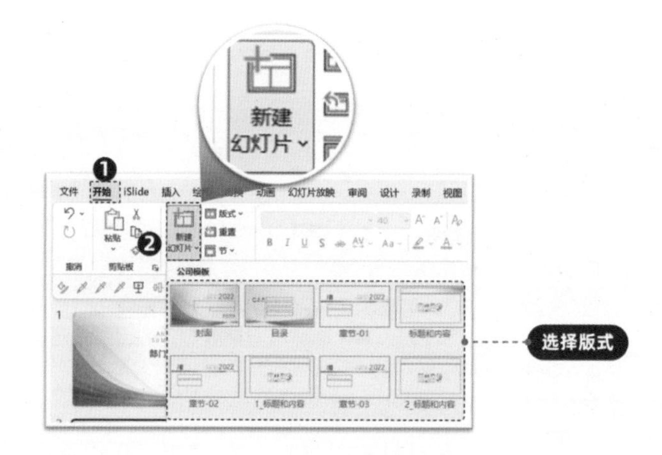

图 2.3.14

匹配好以后再补充上必要的文字（图 2.3.15）。

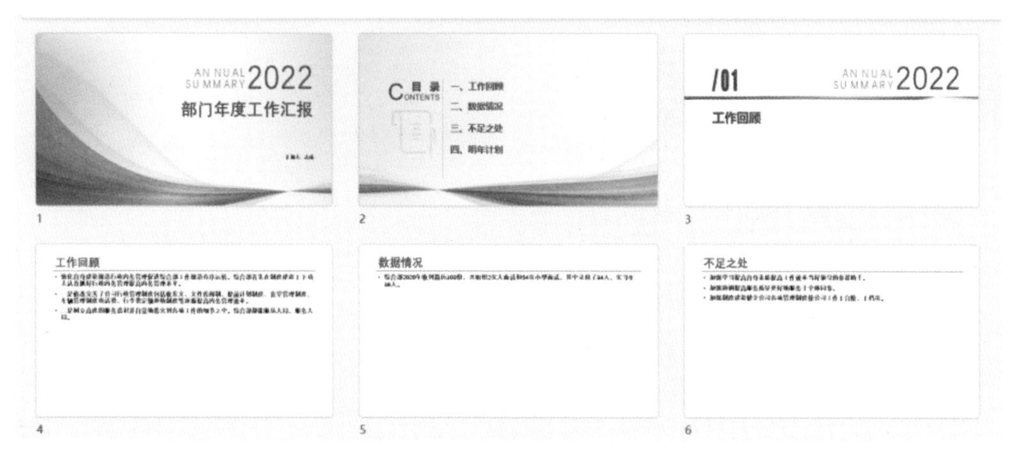

图 2.3.15

2.3.4 调：调整内页版式和细节

内页的版式需要根据文字的逻辑关系进行调整。

文字层级低一级的可以按 Tab 键降级（图 2.3.16）。

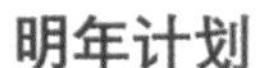

图 2.3.16

然后在文字上右击，在弹出的快捷菜单中选择“转换为 SmartArt”菜单命令。

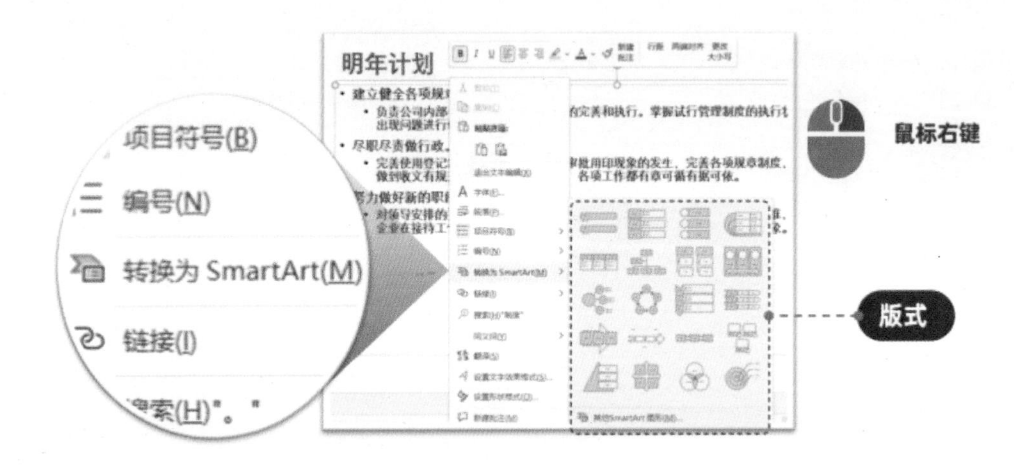

图 2.3.17

或者单击文字后，执行“开始”→“段落”→“转换为 SmartArt”菜单命令（图 2.3.18）。

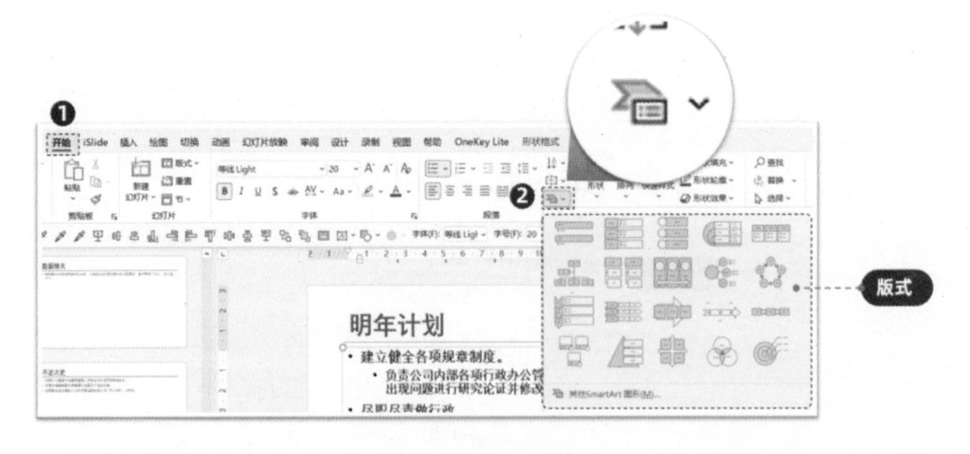

图 2.3.18

如果觉得这些版式不够用，可以单击图 2.3.18 右下方的“其他 SmartArt 图形”。

“SmartArt 图形”提供了日常使用的逻辑关系形式，如列表、流程、循环、层次结构、关系、矩阵、棱锥图、图片等（图 2.3.19）。

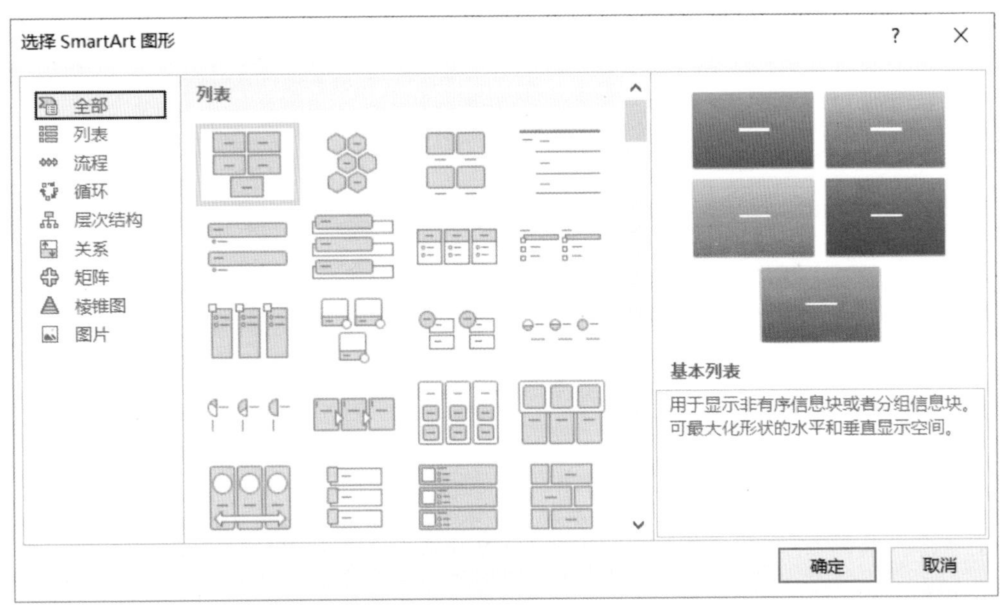

图 2.3.19

用这种方法就可以一键得到多种版式（图 2.3.20）。

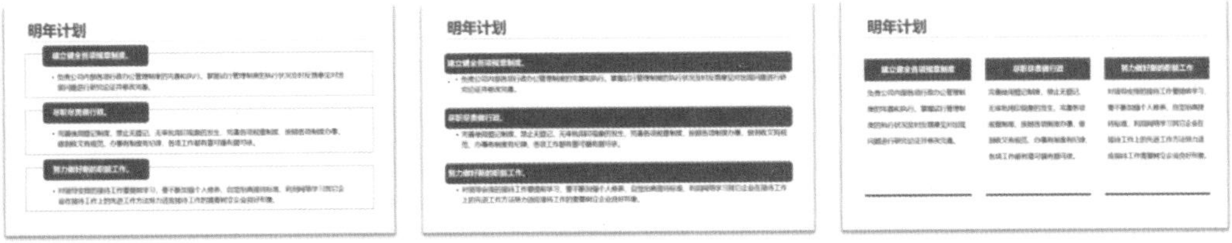

图 2.3.20

可以看一下前后的对比（图 2.3.21），效率高了不止一点点。

图 2.3.21

Chapter 03

设计篇

打造“视觉表现力”

“人靠衣装，PPT 靠设计装”。

好的 PPT 一定能让原本很好的内容变得更好，从而达到演示的目的。如果说逻辑和内容是骨架和血肉，那么设计就是给 PPT 梳妆打扮，毕竟大家都喜欢好看的东西。本章将详细讲述如何打造“视觉表现力”。

3.1 彻底弄懂“幻灯片母版”

读者动手操作时可能会发现，用案例 PPT 模板可以实现一键转换，但是用自己的就不行。

3.1.1 高手必会的“幻灯片母版”

这是因为一键转换的功能在幻灯片母版中进行设置。执行“视图”→“幻灯片母版”菜单命令即可进入（图 3.1.1）。

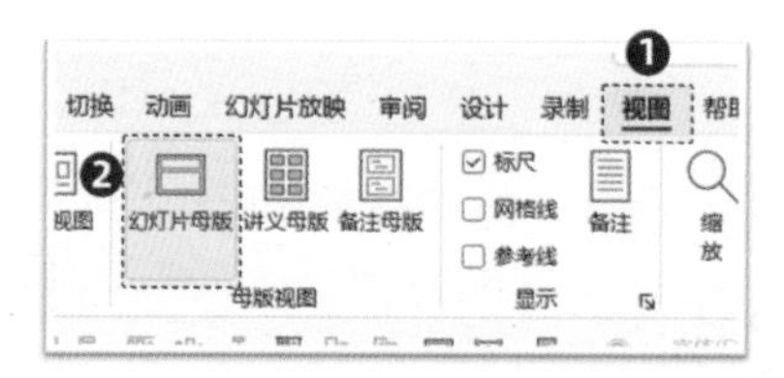

图 3.1.1

最顶端的是“主题页”，下方连接的是和它关联的“版式页”（图 3.1.2）。

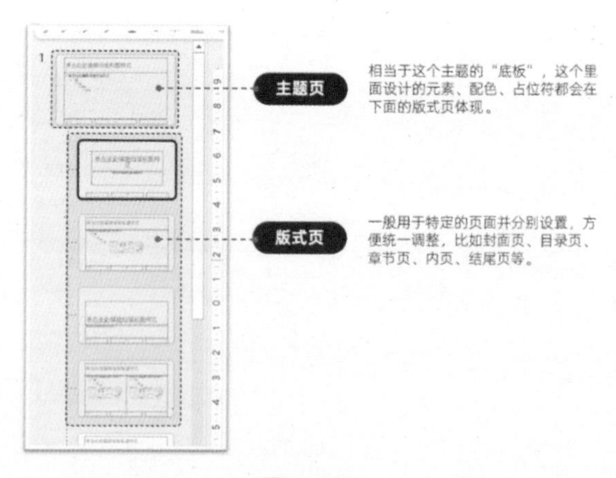

图 3.1.2

所以需要把统一设计的部分设置在“主题页”中，如文字字号、字体、大小、颜色位置、形状等（图 3.1.3）。

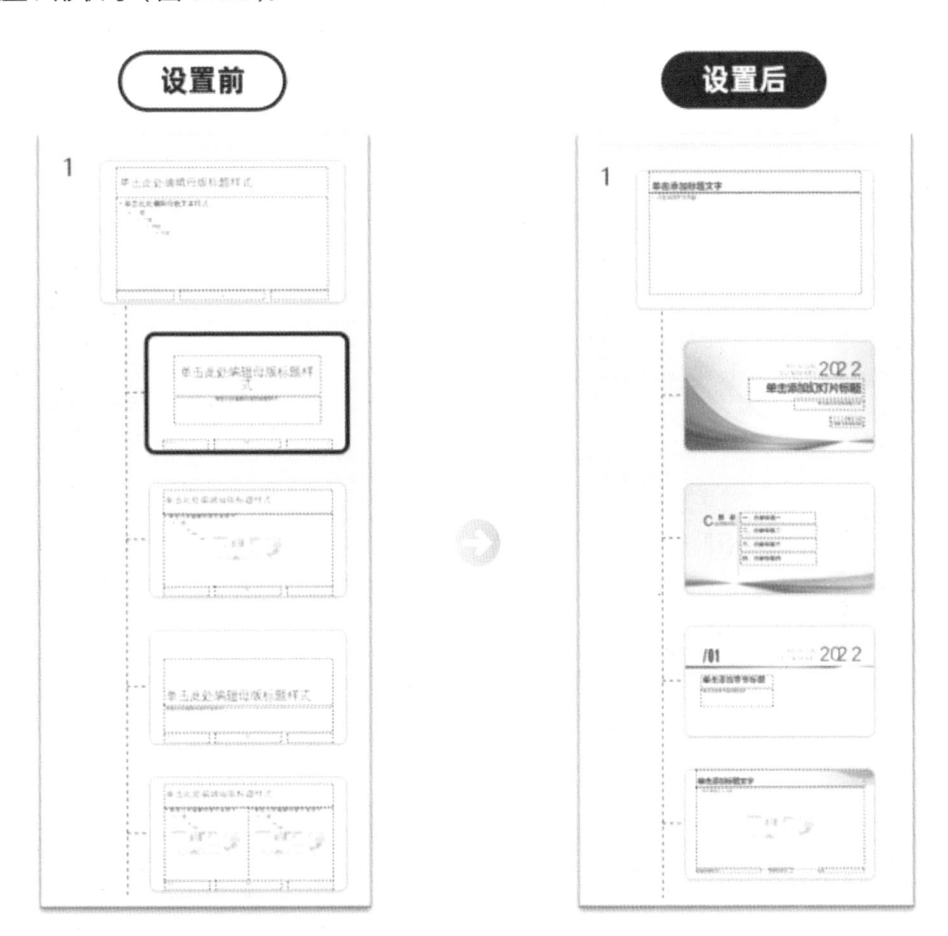

图 3.1.3

如果“版式页”的某些页面不需要同步“主题页”中的形式，可以单击该页后，勾选上方的“隐藏背景图形”复选框，则这一页版式页就不会受主题页的影响，可以单独设置，一般用在非内页版式中，内页版式不勾选（图 3.1.4）。

图 3.1.4

知道了这一点，就可以批量完成很多重复性的操作，如批量增加 LOGO，如果全部页面都需要加 LOGO，就可以放到主题页中。如果某个版式（例如内页）需要统一 LOGO，则可以把它放在相应的内页对应的版式中。

设置好以后，单击“关闭幻灯片母版”，就能在对应的页面上批量显示 LOGO 了（图 3.1.5）。

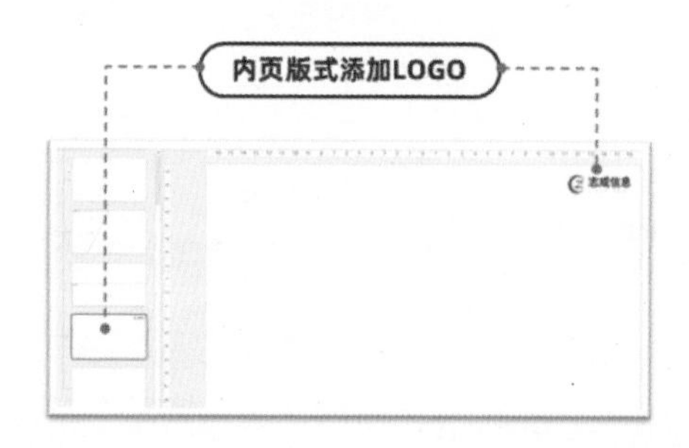

图 3.1.5

3.1.2 专业级定制公司 PPT 模板

一套规范的 PPT 模板包括统一的“颜色”“字体”“版式”等，这些内容都可以在“幻灯片母版”中进行设置，并保存成公司的 PPT 模板（图 3.1.6）。

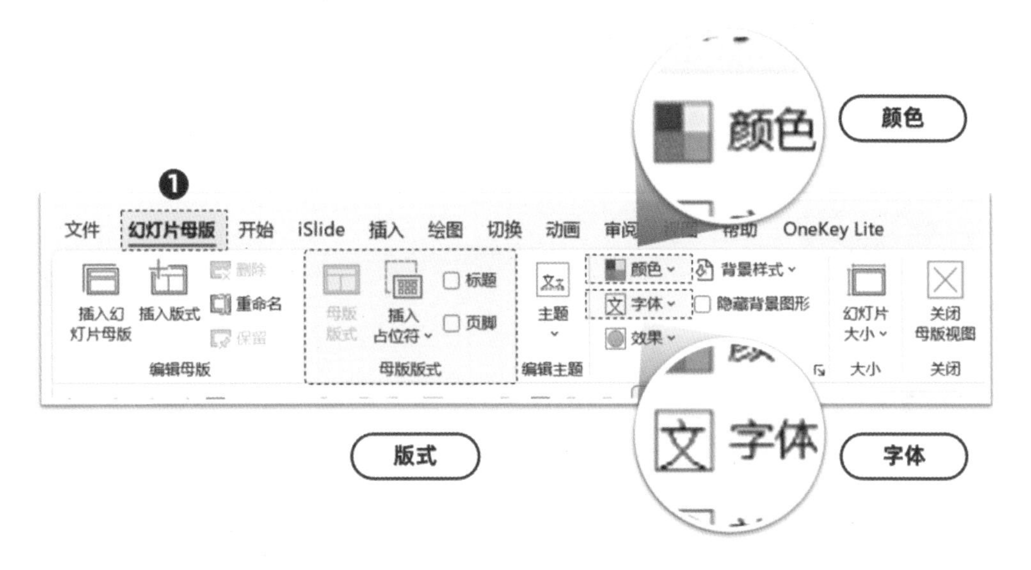

图 3.1.6

3.1.2.1 配色方案

单击“颜色”按钮，可以选择系统的配色方案，也可以单击页面下方的“自定义颜色”，在弹出的“新建主题颜色”对话框中分别设置对应的颜色（图 3.1.7）。

如果觉得逐个设置麻烦，也可以使用 iSlide 插件中的“色彩库”一键应用（图 3.1.8）。

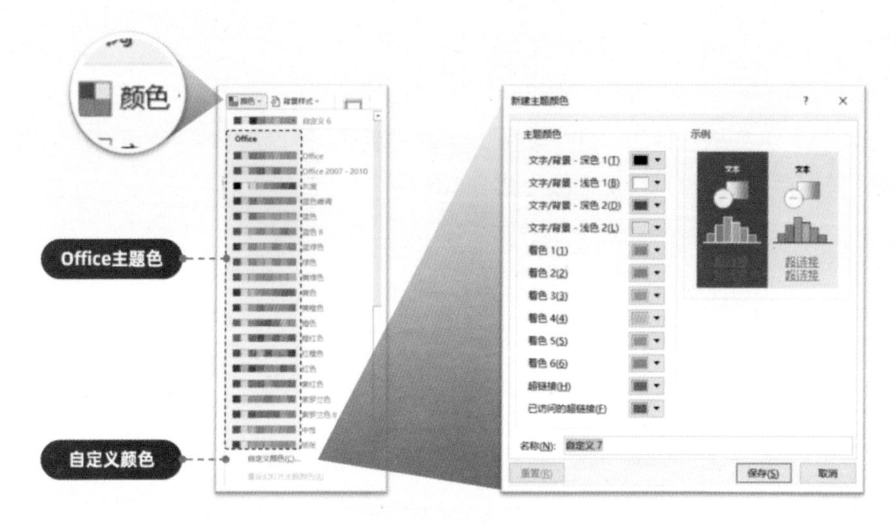
颜色
Office主题色
自定义颜色
新建主题颜色
主题颜色
示例
文字/背景 - 深色 1(T)
文字/背景 - 浅色 1(B)
文字/背景 - 深色 2(D)
文字/背景 - 浅色 2(L)
着色 1(1)
着色 2(2)
着色 3(3)
着色 4(4)
着色 5(5)
着色 6(6)
超链接(H)
已访问的超链接(F)
名称(N):
自定义 7
重置(R)
保存(S)
取消

图 3.1.7

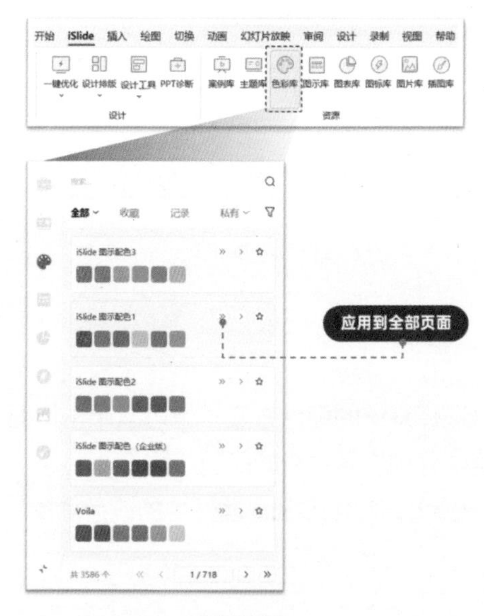
开始
iSlide
插入
绘图
切换
动画
幻灯片放映
审阅
设计
录制
视图
帮助
一键优化
设计排版
设计工具
PPT诊断
案例库
主题库
色彩库
图示库
图表库
图标库
图片库
插图库
设计
资源
全部
收藏
记录
私有
iSlide 图示配色3
iSlide 图示配色1
iSlide 图示配色2
iSlide 图示配色（企业版）
Voila
应用到全部页面
1 / 718

图 3.1.8

有关配色方法，会在后面再深入讲解。

3.1.2.2 字体方案

单击“字体”后，可以在弹出的“新建主题字体”对话框中分别设置中英文标题字体和正文字体（图 3.1.9）。

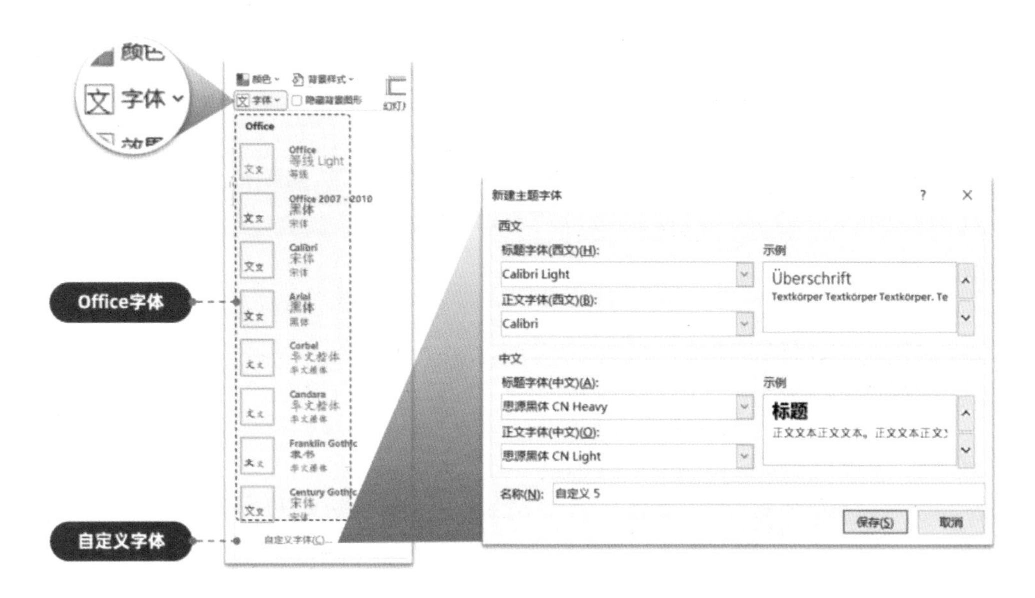

图 3.1.9

3.1.2.3 版式方案

设置内置版式的时候，必不可少的就是“占位符”了。占位符可以简单理解为占领位置的符号。占位符会保留位置、大小、样式等属性，会对内容进行自适应性匹配。

在“幻灯片母版”视图中，单击“插入占位符”即可插入，比较常用的是“内容占位符”“文本占位符”和“图片占位符”（图 3.1.10）。

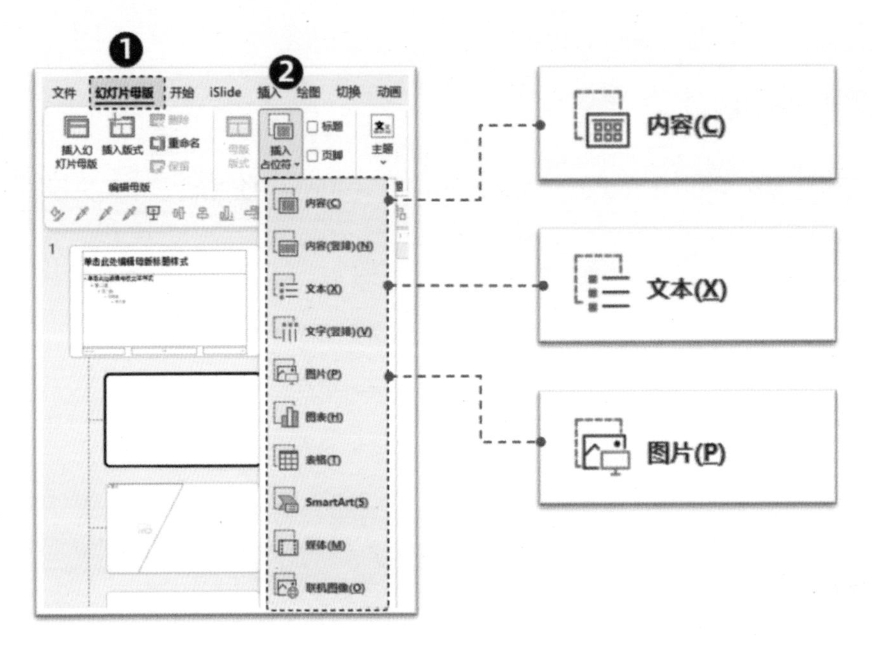

图 3.1.10

（1）内容占位符。

单击页面中的“新建表格”、“图表”、“SmartArt”、“在线 3D 图形”、“本地图库”、“在线图库”、“视频”和“图标”即可新建相应的内容（图 3.1.11）。

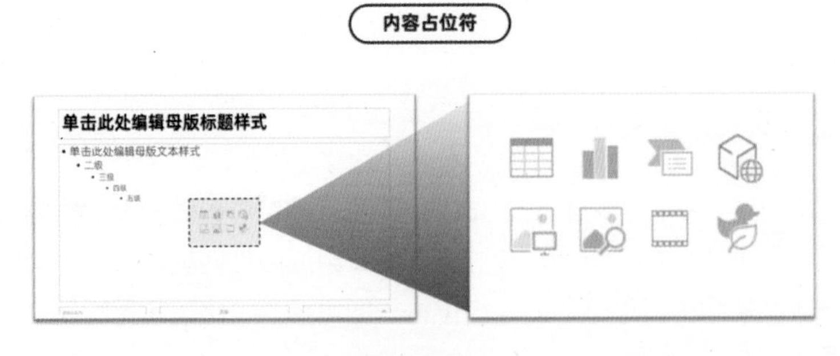

图 3.1.11

（2）文本占位符。

支持设置文本字体、位置、颜色、大小、缩进量与项目符号（或编号）等（图 3.1.12）。

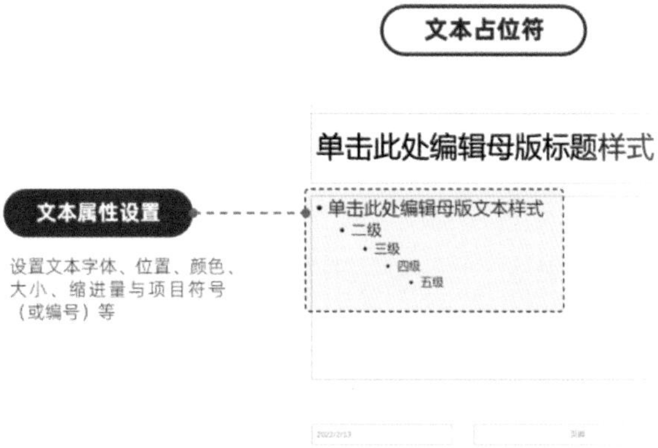

图 3.1.12

（3）图片占位符。

可以设置放置图片的位置、大小、形状等。设置好以后，返回普通视图，单击导入图片后，会根据图片占位符自动匹配图片的相应属性（图 3.1.13）。

图 3.1.13

3.2 图文页面快速美化神技能

谈到 PPT 的页面美化，很多人经常会不知所措，殊不知在 PPT 里面已经内置了排版神器，本节主要介绍两种：表格和 SmartArt。

3.2.1 表格快速排版法

PPT 中的表格既可以作为数据表格，也可以用来做 PPT 图文排版。

例如，在 PPT 页面中绘制 2 行 4 列的表格（图 3.2.1）。

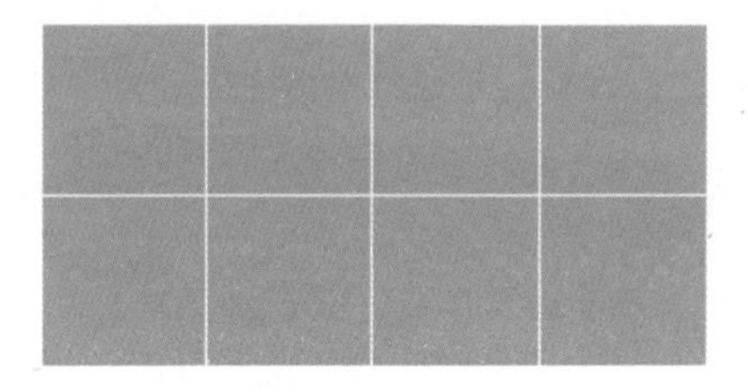

图 3.2.1

然后把图片直接填充进每个单元格中，并添加上文字，即可得到如图 3.2.2 所示的页面。

图 3.2.2

使用表格排版最大的好处就是简单、方便，不用裁剪和对齐，直接填充图片即可。

在表格上右击，在弹出的快捷菜单中执行“设置形状格式”菜单命令，弹出属性面板，单击“图片或纹理填充”，然后单击图片来源，即可完成导入（图 3.2.3）。

图 3.2.3

再例如，绘制一个九宫格的表格，左侧放置文字，构成基本的页面版式（图 3.2.4）。

然后填充图片并替换文字，得到新的页面（图 3.2.5）。

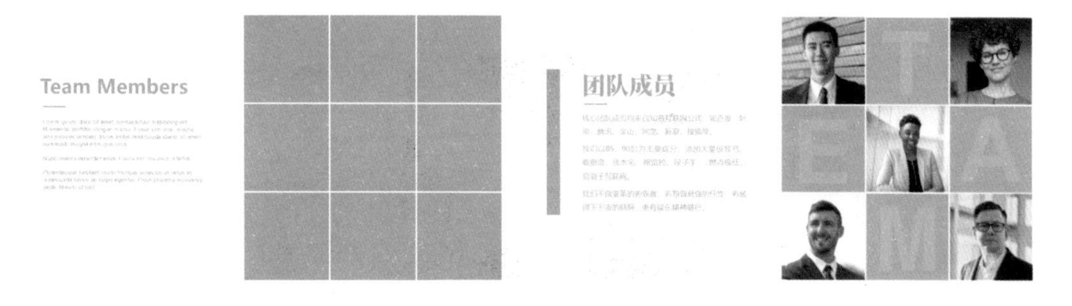

图 3.2.4　　　　图 3.2.5

当然，表格排版还可以多一些变化，例如使用“合并单元格”，将小单元格合并成大单元格（图 3.2.6）。

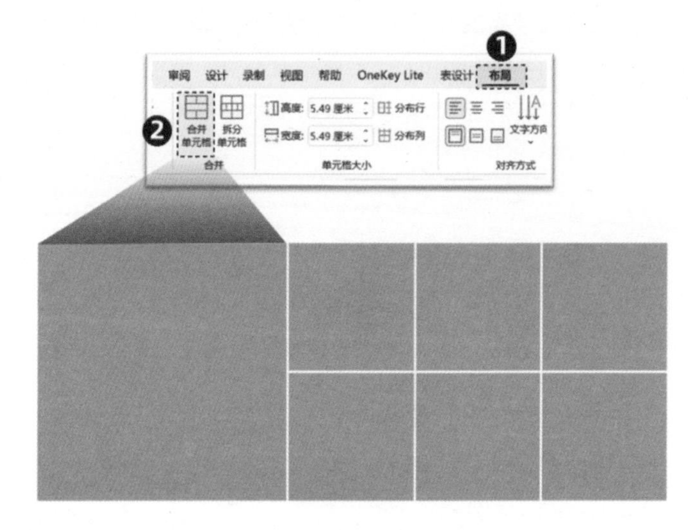

图 3.2.6

使用同样的方法导入图片，可以得到大小不一、排版整齐的页面（图 3.2.7）。

图 3.2.7

基于这种方法，可以把更多的小单元格进行合并，形成更多的大小对比的单元格。然后给单元格补充上图片，并加上文字（图 3.2.8、图 3.2.9）。

表格页面

图 3.2.8

表格页面

排版页面

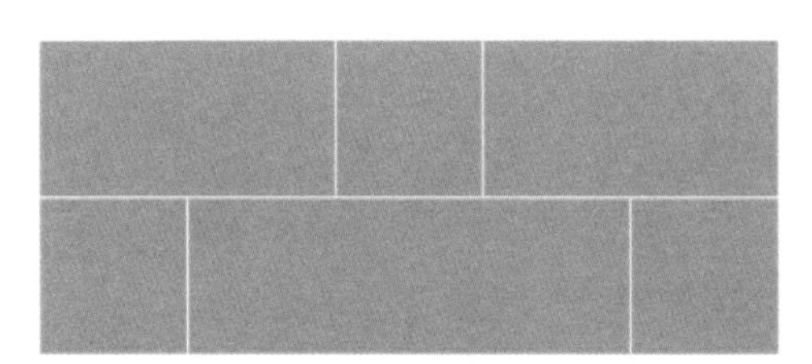

舒适的工作环境

图 3.2.9

表格不仅可以处理多张图片的排版，也可以处理单张图片的。例如图 3.2.10 中的页面效果就是用表格完成的。

图 3.2.10

先将图片裁剪为 16:9 的比例，铺满画布。然后绘制一个和图片等大的 4 行 7 列的表格，并对多个表格进行合并，得到图 3.2.11 所示的形式。

图 3.2.11

使用取色器拾取图片的紫色，并搭配白色填充在表格上，适当调整透明度（图 3.2.12）。

图 3.2.12

再将该表格和图片叠加，并添加标题文字（图 3.2.13）。

图 3.2.13

3.2.2 SmartArt 排版法

对于逻辑清晰、设计要求不是特别高的页面，使用 SmartArt 排版会非常简单方便。

3.2.2.1 多图排版

例如，团队成员图片比较多，使用 SmartArt 就可以一键完成排版。

选中所有图片，单击页面上方的“图片格式”→“图片版式”，选择其中一个版式即可（图 3.2.14）。

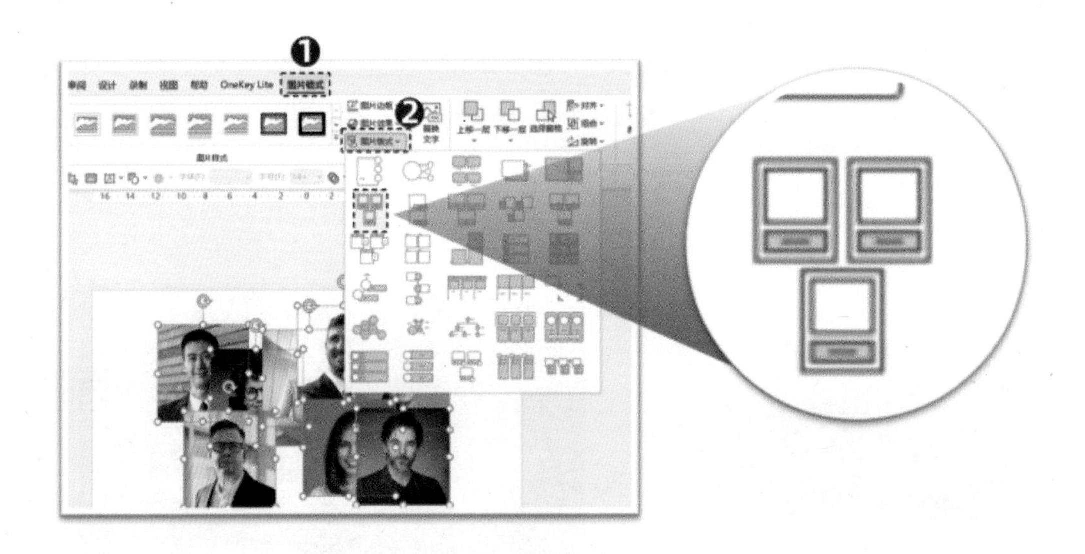

图 3.2.14

可以一键把杂乱的图片变成图 3.2.15 所示的形式。

再补充上相关的文字和背景装饰，就轻松完成了页面的排版（图 3.2.16）。

图 3.2.15　　　　图 3.2.16

如果需要更换版式，也非常简单，选中 SmartArt 图形以后，单击页面上方的“SmartArt 设计”，在“版式”组中选择需要替换的版式，例如替换为图 3.2.17 所示的版式。

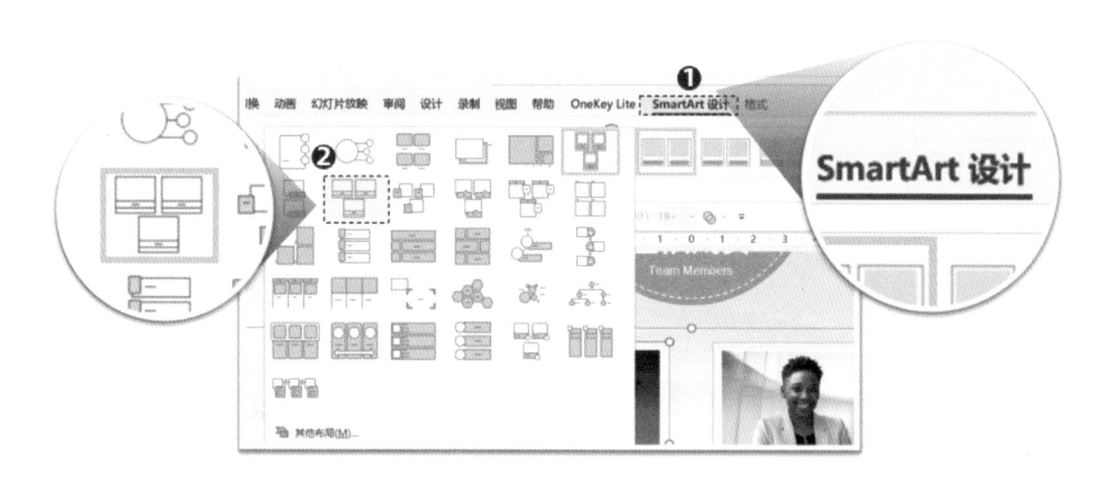

图 3.2.17

再调整装饰，就可以轻松变换页面的形式（图 3.2.18）。

基于这种方法，可以多更换几种版式，比较效果（图 3.2.19、图 3.2.20）。

图 3.2.18

图 3.2.19

图 3.2.20

除了完成常用的多图排版，特定的页面也能使用 SmartArt 完成，如“封面”“目录”“组织结构图”和“时间轴”等。

3.2.2.2 封面页面

对于“六边形群集”，不只可以做封面，微调一下作为内页也会有不错的效果（图 3.2.21、图 3.2.22）。

图 3.2.21

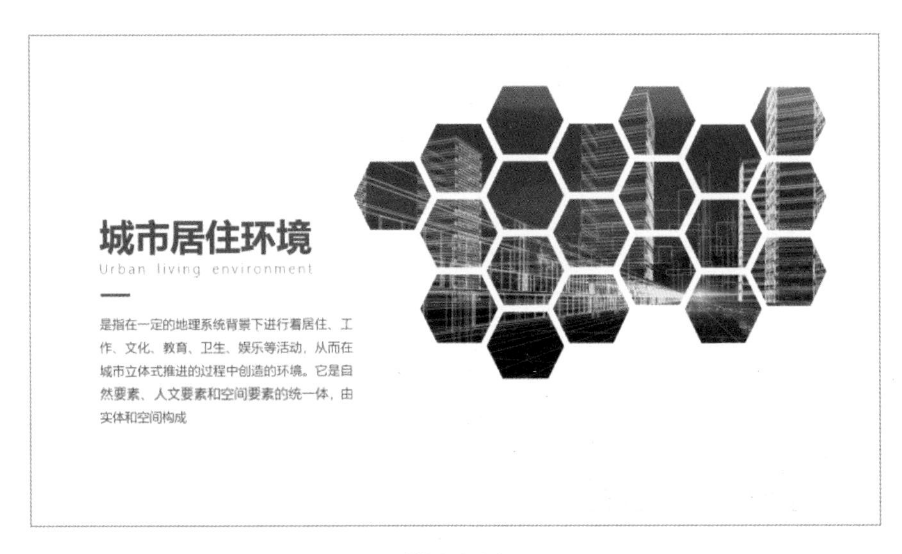

图 3.2.22

要想实现这种图片填充效果，只需要右击后在弹出的快捷菜单中执行“取消组合”菜单命令两次（图 3.2.23）。

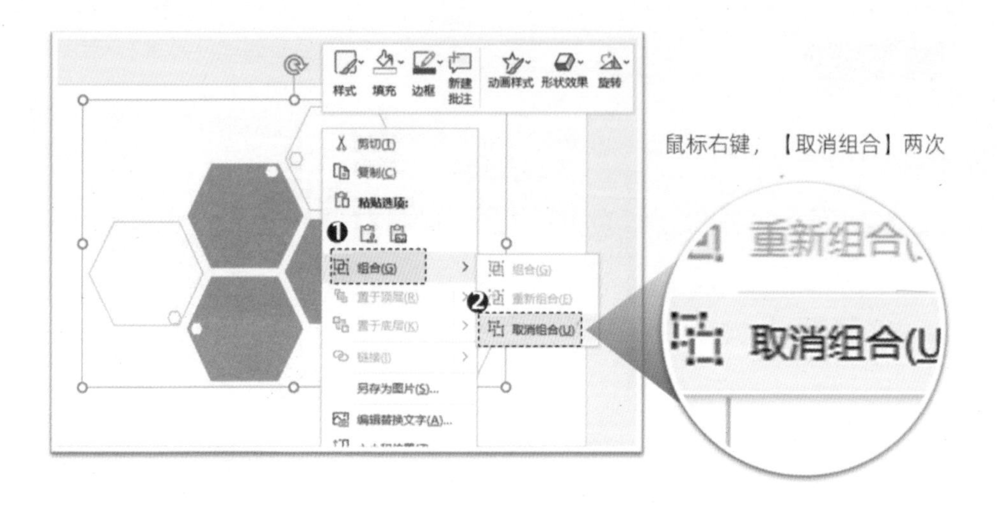

图 3.2.23

删除多余的小多边形，再组合（使用快捷键 Ctrl+G）一次，然后在“格式属性”面板中选择“图片或纹理填充”即可（图 3.2.24）。

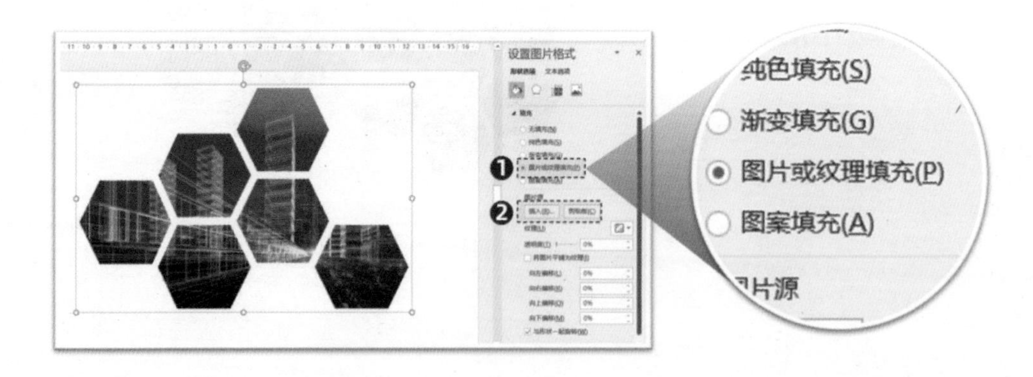

图 3.2.24

3.2.2.3 目录页面

目录页面如图 3.2.25 所示。

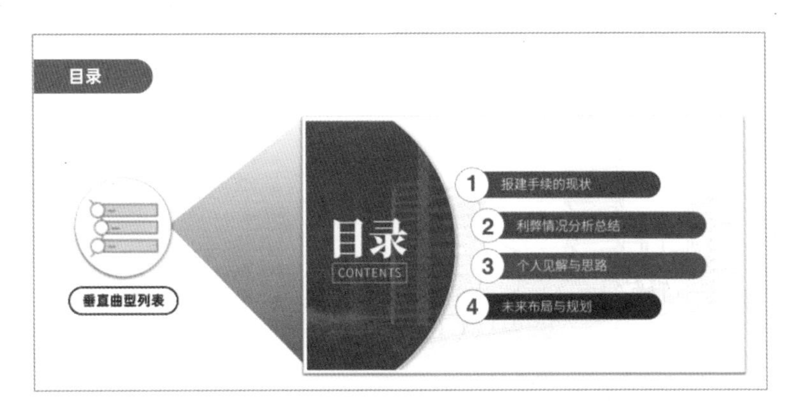

图 3.2.25

“垂直曲型列表”一般做目录居多，做并列关系的内页也可以（图 3.2.26）。

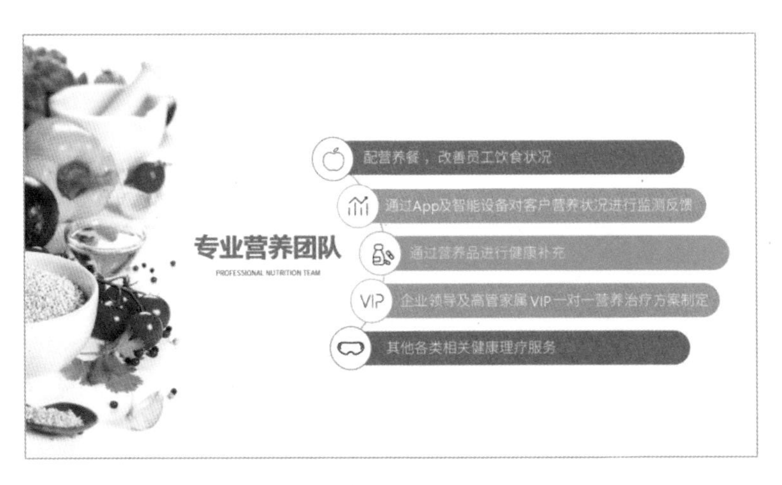

图 3.2.26

3.2.2.4 组织结构图

组织结构图如图 3.2.27 所示。

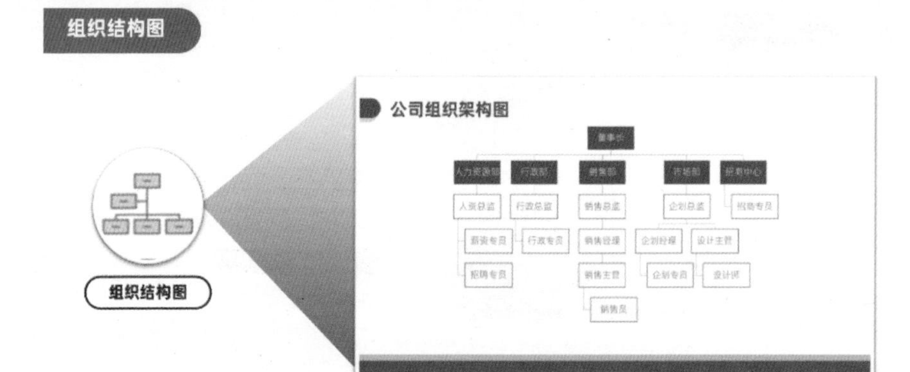

图 3.2.27

如果需要在组织结构图中添加助理，可以单击页面上方的“董事长”→“SmartArt 设计”→“添加形状”→“添加助理”进行添加（图 3.2.28）。

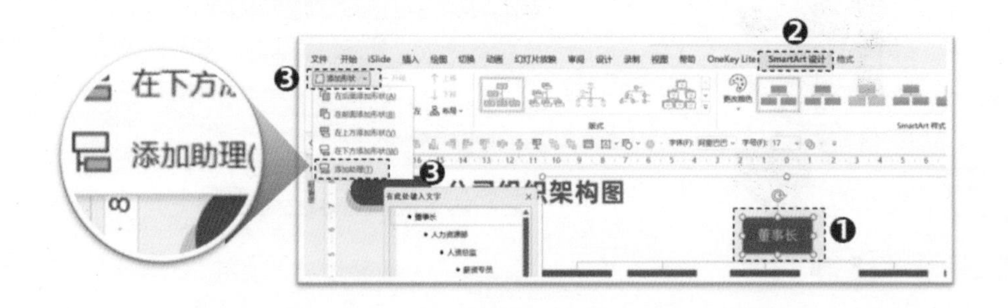

图 3.2.28

在董事长下方就会多出一个横向的形状，补充上文字即可（图 3.2.29）。

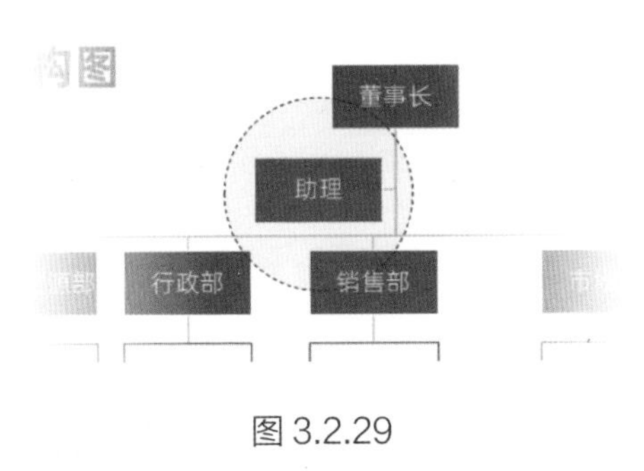

图 3.2.29

如果需要调整形式，可以选中形状后，单击页面上方的“SmartArt 设计”→“布局”→“标准”，即可把子版块均匀排布（图 3.2.30）。

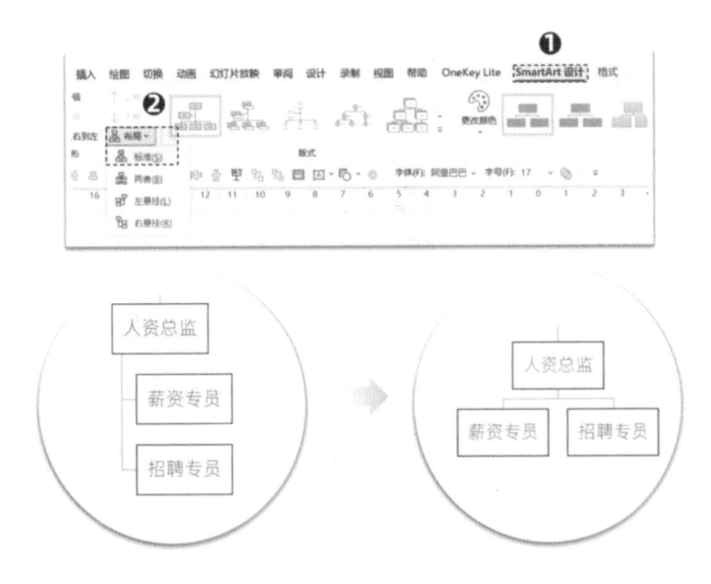

图 3.2.30

还可以替换为带图片的版式“圆形图片层次结构”(图 3.2.31)。

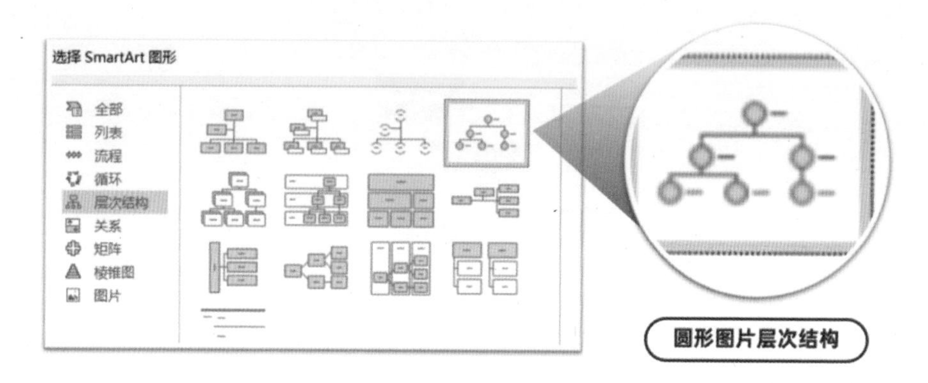

图 3.2.31

更换以后再填充图片即可(图 3.2.32)。

图 3.2.32

3.2.2.5 时间轴页面

“SmartArt 图形”中的“流程”版块很多可以作为时间轴使用（图 3.2.33）。

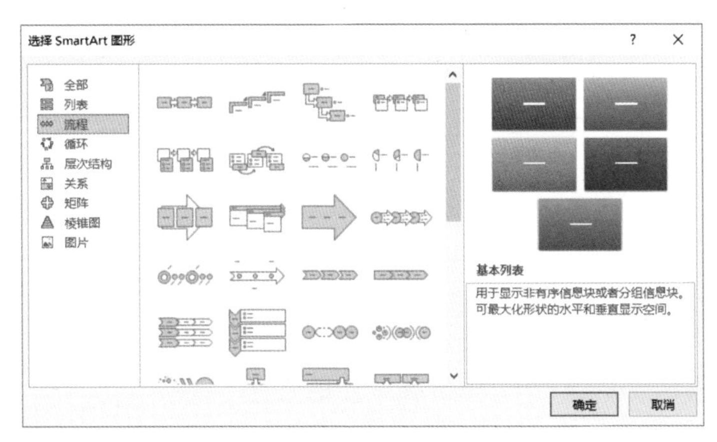

图 3.2.33

先按 Tab 键控制文字的层级（图 3.2.34），然后将文字转为 SmartArt 图形，选择流程图形“基本日程表”（图 3.2.35）。

图 3.2.34

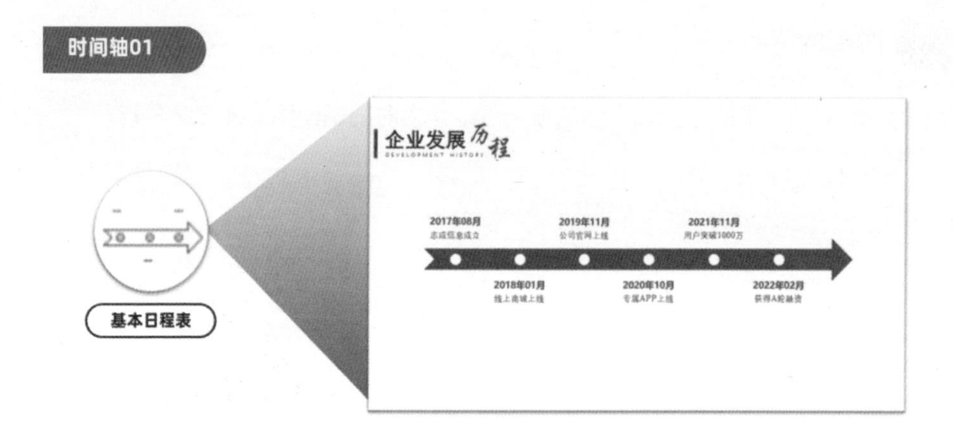

图 3.2.35

还可以为图片添加蒙版作为背景装饰（图 3.2.36）。

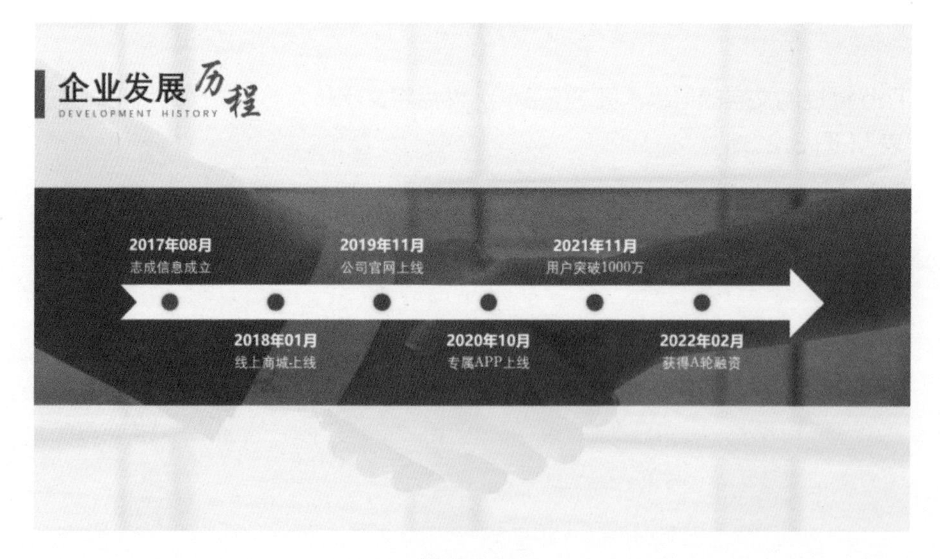

图 3.2.36

“向上箭头”和“基本 V 型流程”的版式图形，搭配图片装饰作为时间轴页面是非常不错的（图 3.2.37、图 3.2.38）。

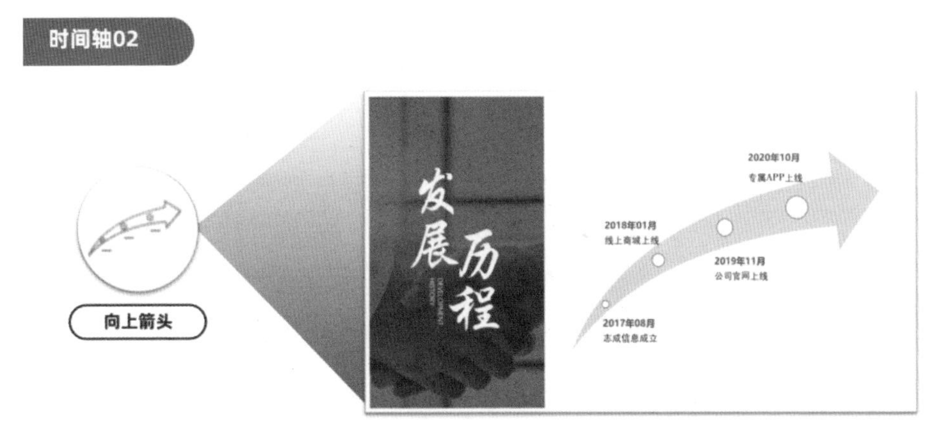

图 3.2.37

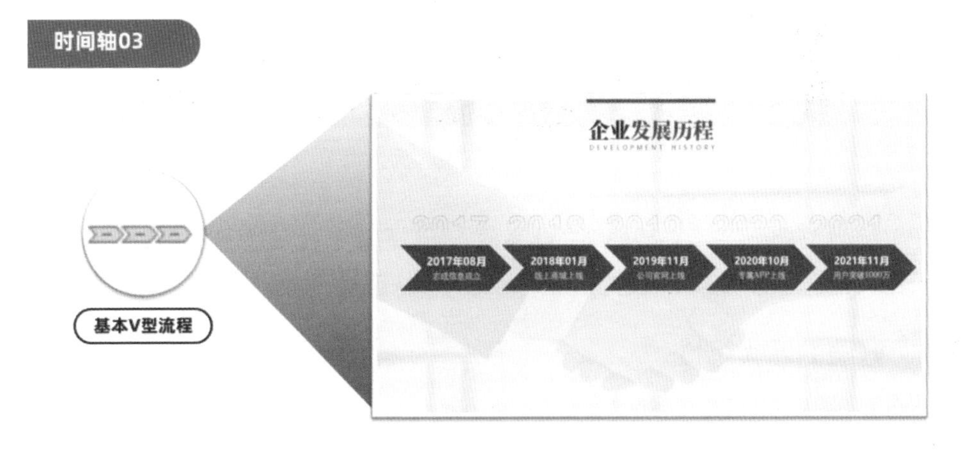

图 3.2.38

3.3 玩转图片，让 PPT 满满高级感

人都是视觉动物，喜欢看赏心悦目的场景和画面，而且图片传递信息的效率远远大于文字，好的图片不仅能提高视觉冲击力和表现力，更便于观众理解，所以有句话叫“一图胜千言”（图 3.3.1）。

图 3.3.1

相较于 Word 文档，PPT 更强调视觉化表达，所以配图，尤其是配好图就显得非常重要了。下面介绍几种选图的标准和找图的方法，帮助大家快速找到优质的 PPT 配图。

3.3.1 好图的四大标准

在给 PPT 配图的过程中，很多人经常犯一些错误，如图文不相关、图片水印、图片模糊、图片变形等（图 3.3.2）。

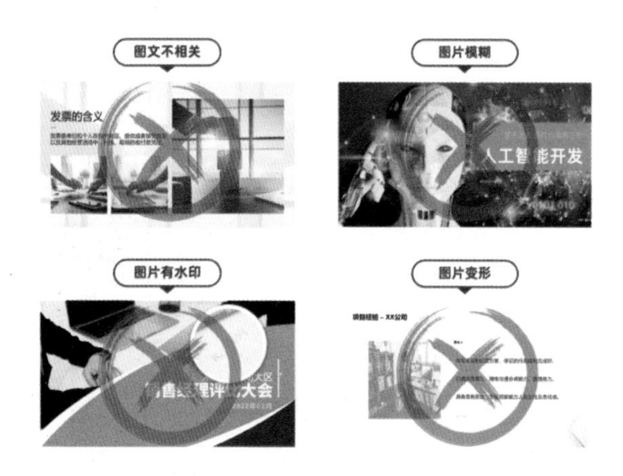

图 3.3.2

所以选图要避开这些“坑”，可以遵循以下 4 个选图准则。

3.3.1.1 紧扣主题

紧扣主题可以理解为“图文匹配”，图片在 PPT 中的主要作用是“帮助理解”和“烘托氛围”，所以配图一定要和主题内容有关联。

例如，图 3.3.3 中的封面文案，就可以从主标题的“勇闯”和副标题的“应届生”两个核心词来找图。

勇闯

登山、冲浪、蹦极、跳伞、探险……

应届生

抛学（硕/博）士帽、大学毕业典礼、毕业证……

图 3.3.3

由“勇闯”可以联想到的场景有：登山、冲浪、蹦极、跳伞等，然后找到相关的图片（图 3.3.4）。

图 3.3.4

从中挑选一张图片，单击“图片格式”→“裁剪”→“纵横比”→“16:9”，调整裁剪区域（图 3.3.5）。

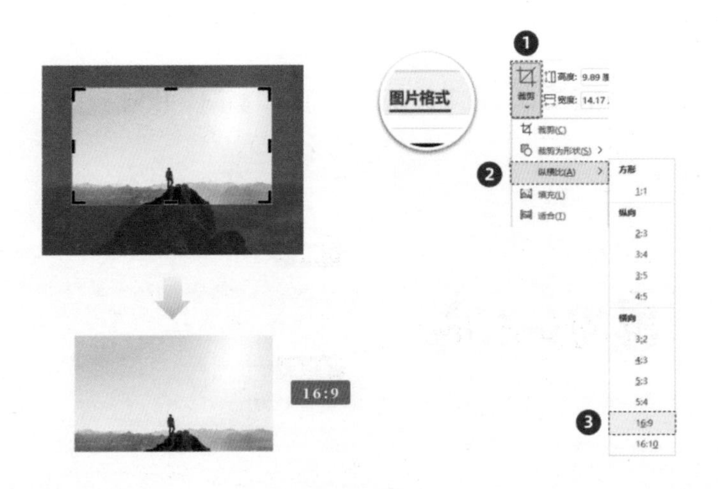

图 3.3.5

铺满画布后放上主题文字，即可得到视觉效果不错的封面页（图 3.3.6）。

再用另外一个关键词“应届生”，可以联想到的场景有：抛学（硕 / 博）士帽、大学毕业典礼、毕业证等（图 3.3.7）。

图 3.3.6

图 3.3.7

从中挑选一张，按 16:9 裁剪，然后在图片的留白区域排版页面的主题文字，即可得到如图 3.3.8 所示的页面。

图 3.3.8

3.3.1.2 高清无水印

在 PPT 中使用高清大图更能凸显“品质感”，而模糊的图片则给人“廉价感”（图 3.3.9）。

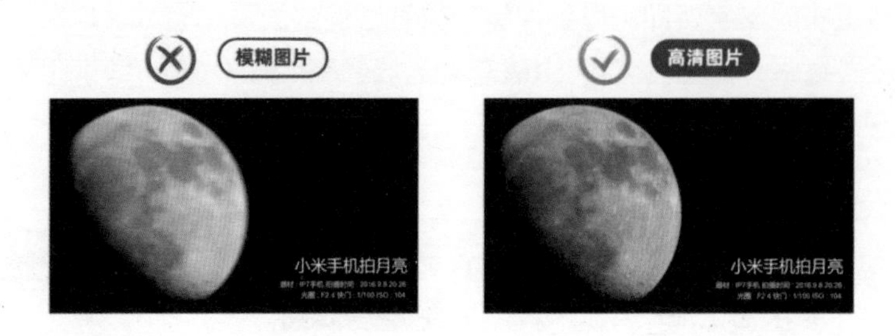

图 3.3.9

如果图片有水印，建议换图。

如果图片水印在四周，可以在图片上右击，在弹出的快捷菜单中选择“裁剪”菜单命令（图 3.3.10），然后使用黑色滑块调整裁剪区域，把水印裁剪处理掉。

图 3.3.10

3.3.1.3 重点突出

在选图时，需要选择图片信息重点更突出的，这样观众才能理解得更快，视觉效果也会更好。

图 3.3.11 所示是两个关于培训场景的图片，你觉得哪张图片重点更突出呢？

图片中讲课的人是“重点”，图 3.3.11（b）除了进行缩放拉大外，讲课的人出现在了视觉上更突出的位置。

（a）

（b）

图 3.3.11

图片中视觉更突出的位置一共有 4 个，可以按照“九宫格构图法”在页面中绘制横竖各两条线，把图片切分成 9 个相等的部分，这 4 条线会有 4 个交点，这 4 个点叫作“黄金分割点”或者“视觉兴趣点”（图 3.3.12）。

图 3.3.13 中讲课的人正好在左上角的黄金分割点的位置，所以会更突出。

图 3.3.12

图 3.3.13

3.3.1.4 构图简洁

一般而言，PPT 配图都要放上主题文字，所以图片信息不能太多太杂，最好是图片主题简洁、突出、有留白，如图 3.3.14 所示。

这些图片使用非常方便，只需要裁剪调整，然后在留白处放上文字就可以了（图 3.3.15）。

图 3.3.14

图 3.3.15

除了产品类的展示，这种大图加大字的方式，在发布会和公众演讲 PPT 中会经常使用（图 3.3.16）。

图 3.3.16

3.3.2 高手必会的图片处理方法

关于找图片的方法，可以参照本书附赠的“素材宝典”。找到图片后，一般不能直接使用，需要根据主题和要求来处理的。下面介绍几种常用的图片处理方法。

3.3.2.1 图片裁剪法

图片裁剪不仅可以去掉不需要的部分，还能对某个部分做放大特写使用。

例如，图 3.3.17 中的图片，用来做 PPT 封面，可以选取右侧留白较多的区域。

这个区域不仅有红墙蓝瓦作为前景，而且有大量的蓝色天空的留白作为文字背景，是非常不错的区域（图 3.3.17）。

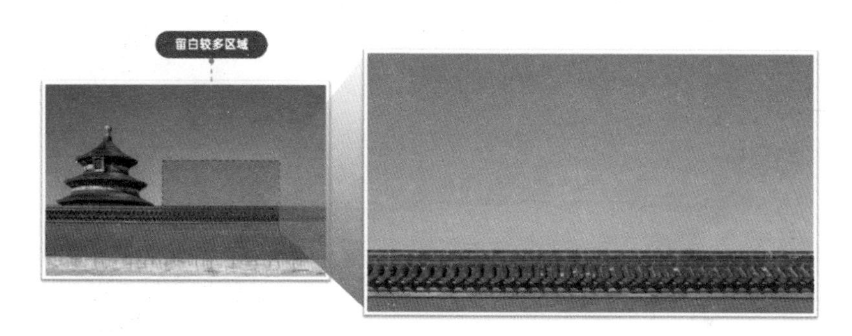

图 3.3.17

把这个区域通过裁剪铺满画布，然后放上文字与装饰的白云图片（图 3.3.18）。

再调整细节就可以得到不错的页面效果（图 3.3.19）。

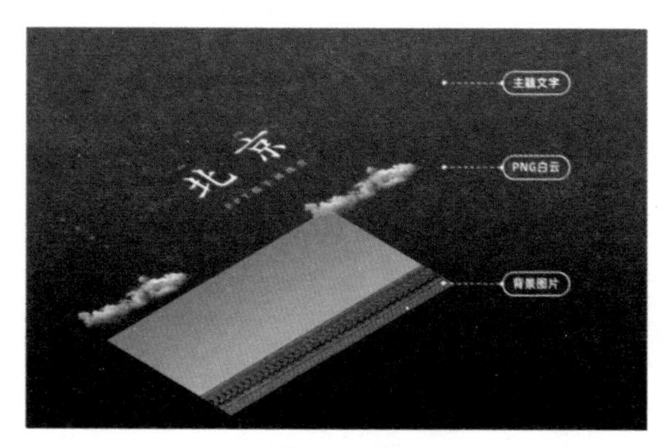

图 3.3.18

图 3.3.19

3.3.2.2 PPT 抠图法

PPT 中的很多图片需要抠图，可以选中图片后，单击“图片格式”→“删除背景”，再单击“标记要保留的区域”，并用鼠标涂鸦，调整“保留部分”（图 3.3.20）。

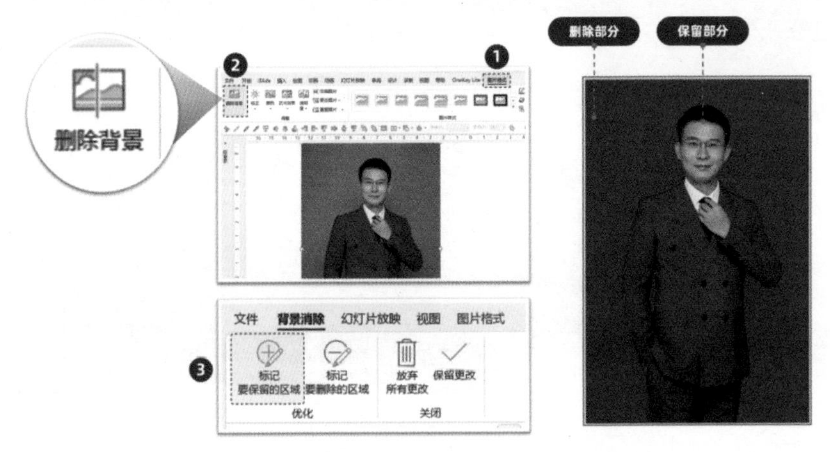

图 3.3.20

然后单击空白处就可以轻松完成抠图（图 3.3.21）。

图 3.3.21

如果背景是纯色，还可以选中图片后，单击“图片格式”→“颜色”→“设置透明色”（图 3.3.22）。

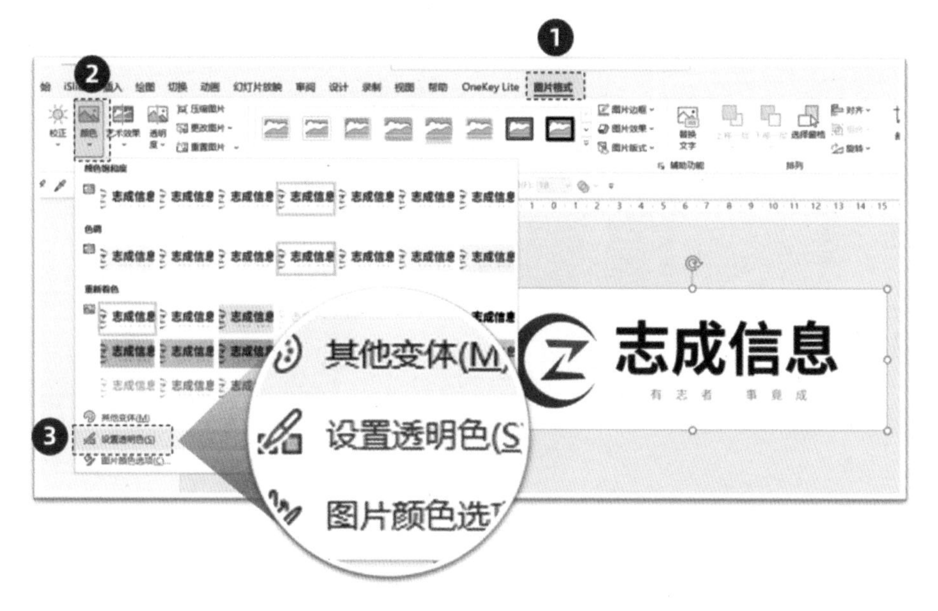

图 3.3.22

然后在背景上单击，即可去除背景（图 3.3.23）。

图 3.3.23

在 WPS Office 中的操作会略有不同，选中图片后单击“扣除背景”，即可一键自动完成抠图（图 3.3.24）。

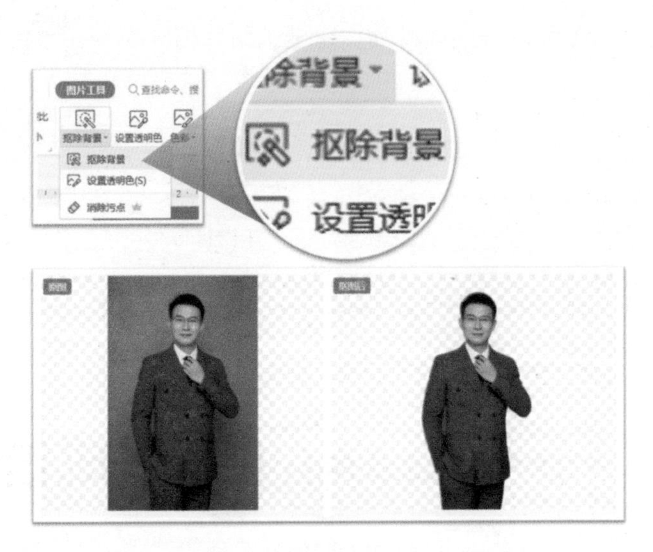

图 3.3.24

3.3.2.3 图片蒙版法

给图片添加蒙版就是添加调整透明度的形状色块，并叠放在图片上方（图 3.3.25）。

图 3.3.25

然后放上文字。这里的蒙版有两个作用：一是弱化图片，减少图片信息的干扰，更多的是烘托氛围；二是作为文字背景起反衬作用，让文字更突出（图 3.3.26）。

图 3.3.26

还可以使用“渐变”的方式把形状调整为“渐变蒙版”。用户可以在“设置形状格式”面板中调整渐变光圈的颜色、位置、透明度等（图 3.3.27）。比较常见的是调整两个方向的透明度。

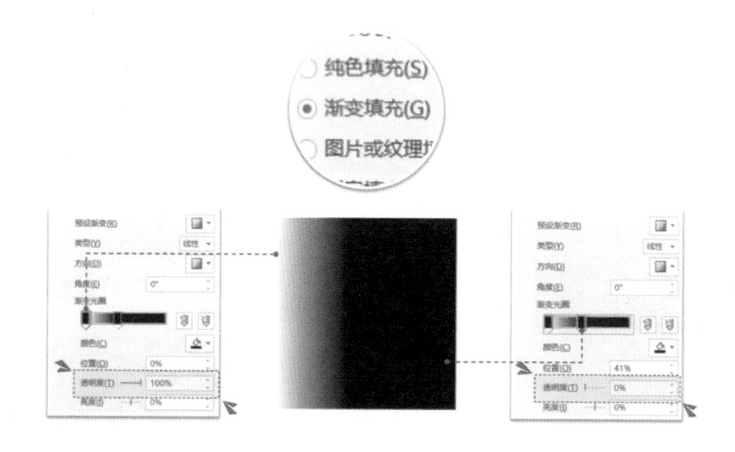

图 3.3.27

使用渐变蒙版可以弥补某些图片留白不足的问题，拓展图片留白区域（图 3.3.28）。

然后在右侧区域放文字和 LOGO，就可以成为一个不错的封面页（图 3.3.29）。

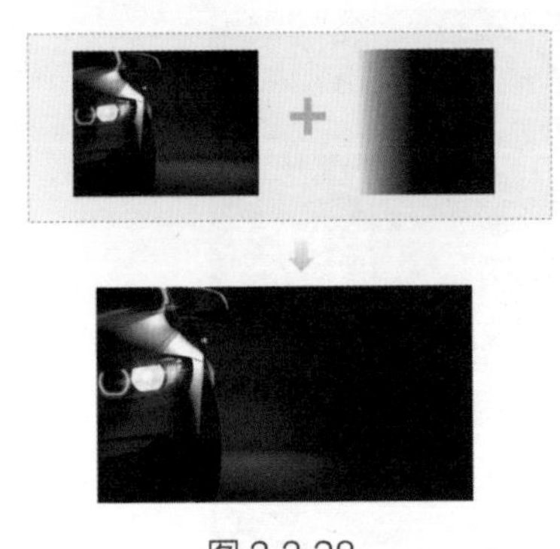

图 3.3.28

图 3.3.29

图片处理得好，甚至可以用一张图做一套 PPT。

例如，图 3.3.30 所示是一张城市图片，通过裁剪、蒙版等方法就完成了一整套 PPT 的制作（图 3.3.30）。

图 3.3.30

3.3.2.4 图框装饰法

给图片添加图框的装饰能迅速提升图片的档次。如果是手机截图，推荐使用手机框。如果是横图，可以使用电脑框或者笔记本电脑框（图 3.3.31）。

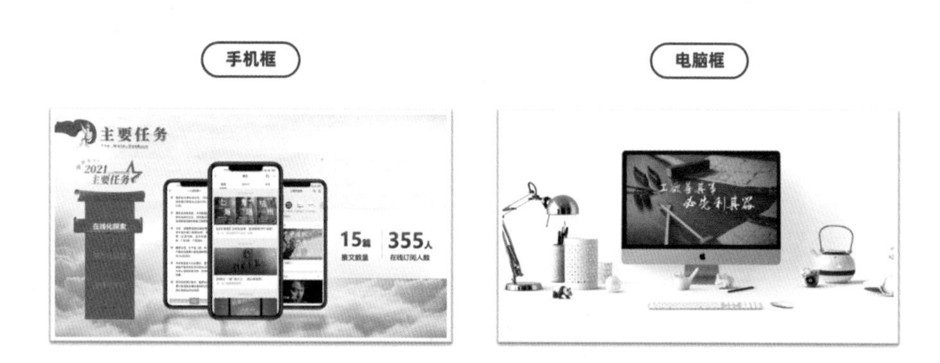

图 3.3.31

还可以把占位符设置在图框中，组成高效的占位符图框版式（图 3.3.32）。

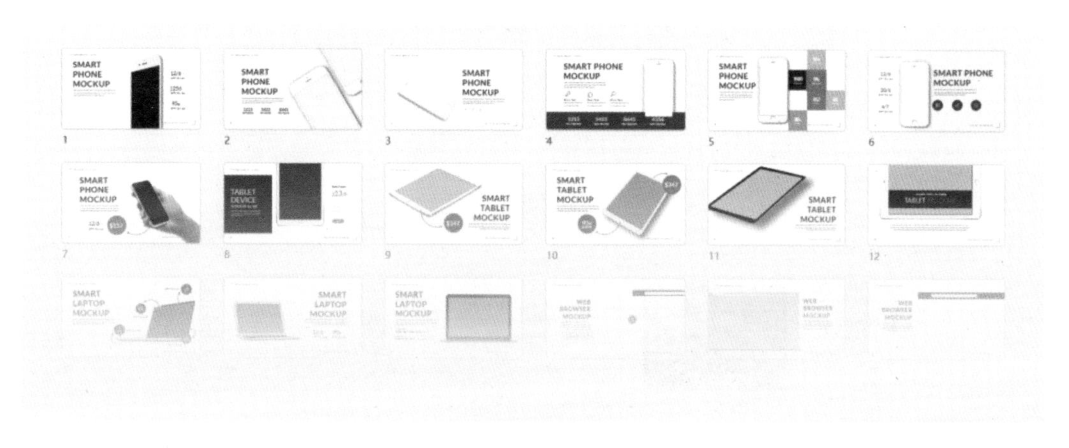

图 3.3.32

直接单击即可添加图片，而且图片是直接进入到手机框中的（图 3.3.33）。

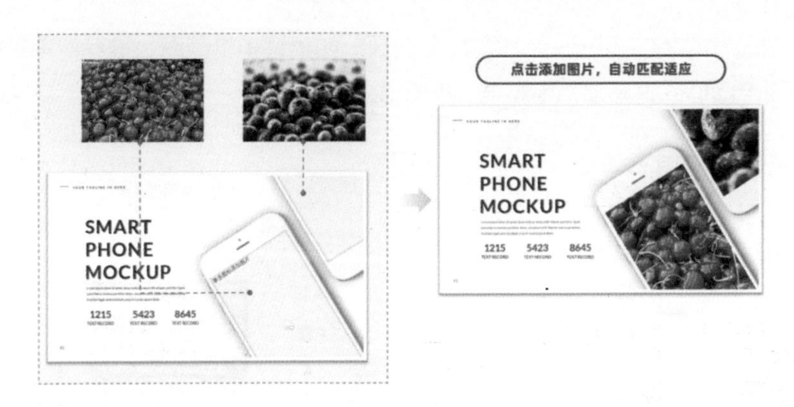

图 3.3.33

如果没有设置占位符，可以直接把图片叠放在手机框或者电脑框的屏幕区域即可。
页面中的元素层级顺序可以单击“开始”→“选择”→“选择窗格”进行调节（图 3.3.34）。

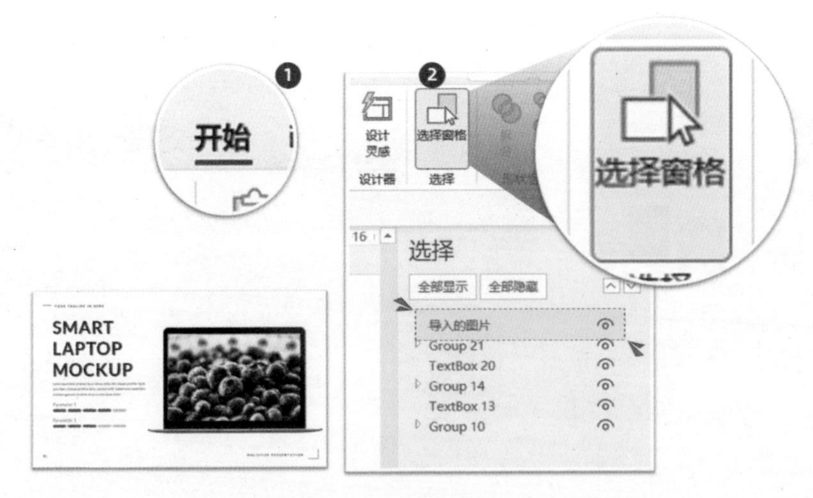

图 3.3.34

3.4 “小”字体，“大”学问

3.4.1 衬线字体与非衬线字体

不同的字体能传达完全不同的属性，在 PPT 中需要根据主题选择合适属性的字体。一般会把字体分成 2 类：衬线字和非衬线字（图 3.4.1）。

衬 线 与 非 衬 线

图 3.4.1

3.4.1.1 衬线字体

衬线字体主要的特点是起笔、末笔以及转折处一般会有明显的装饰，而且笔画是横细竖粗（图 3.4.2）。

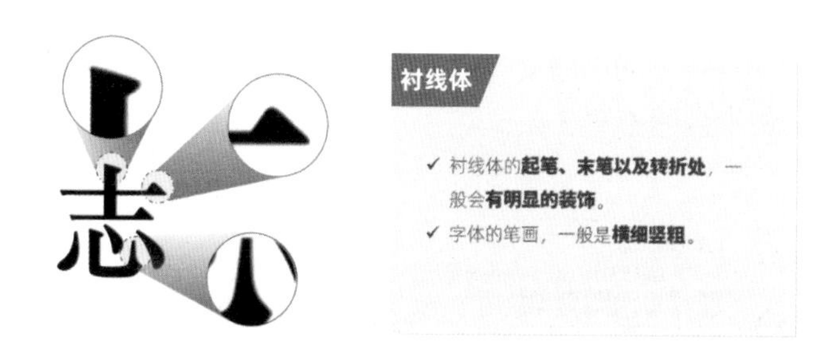

图 3.4.2

经过装饰的字体一般比较漂亮，所以需要体现“时尚感”和“文化感”时可以使用（图 3.4.3、

图 3.4.4)。

图 3.4.3

图 3.4.4

衬线字体一般推荐用在标题和小段文字中。如果用在正文中，粗的衬线字会显得很臃肿，细的会影响文字的识别，都不合适（图 3.4.5)。

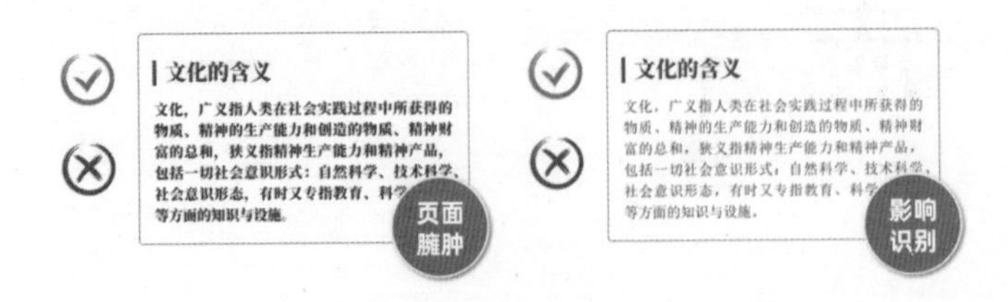

图 3.4.5

3.4.1.2 非衬线字体

非衬线字体的笔画没有转折，而且笔画粗细较为一致，也被称为等粗字体（图 3.4.6）。

图 3.4.6

没有装饰的非衬线字体显得比较简约，符合极简的审美趋势，而且在电子显示设备上的呈现效果也更好。能表现的气质主要有运动、科技、现代等（图 3.4.7、图 3.4.8）。

运动感 | 非衬线字体

图 3.4.7

科技感 | 非衬线字体

图 3.4.8

现代感 | 非衬线字体

图 3.4.9

这两类字体代表的是两个方向，如果把它们放在时间轴中，那么衬线字体体现的是历史，由此引申出高贵、优雅、艺术、复古等属性。而非衬线字体体现的是未来，由此可以引申出现代、简洁、科技、力量等（图 3.4.10）。

图 3.4.10

粗细不同的非衬线字体表现出来的属性差别也很大。

“粗壮型”的非衬线字体能表现“刚劲”“豪放”“粗犷”“霸气”“力量”“科技”等，这些可以归为男性属性。

“纤细型”的非衬线字体则能表现“优雅”“气质”“清新”“高端”等，这些可以归为女性属性（图 3.4.11）。

图 3.4.11

需要强调一点，中英文字体的属性是相似的，所以英文字体的选用也可以参照中文字体的选用方法。

3.4.2 优质字体

在选用字体时，应该遵循两大原则，一是符合主题，二是清晰易看，前者指的是按照主题选用相应属性的字体，后者指的是选用的字体一定要好识别。

结合不同的使用场景，下面推荐一些常用的优质字体。

3.4.2.1 标题字体

如果是需要衬线字体的标题，推荐采用较粗的衬线字体（图 3.4.12）。

在表现文化或者文艺气息很强的页面中，推荐如图 3.4.13 所示的衬线字体。

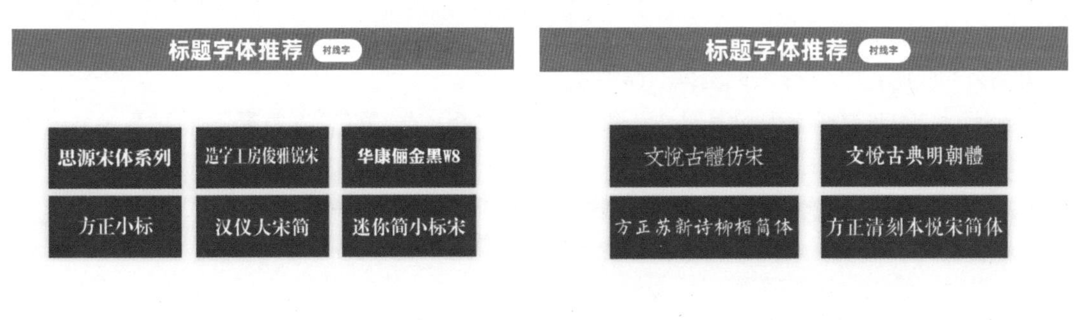

图 3.4.12　　图 3.4.13

字体应用在相应属性的页面中的效果也是非常不错的（图 3.4.14）。

较粗的非衬线字体也很适合做标题，非常醒目（图 3.4.15）。

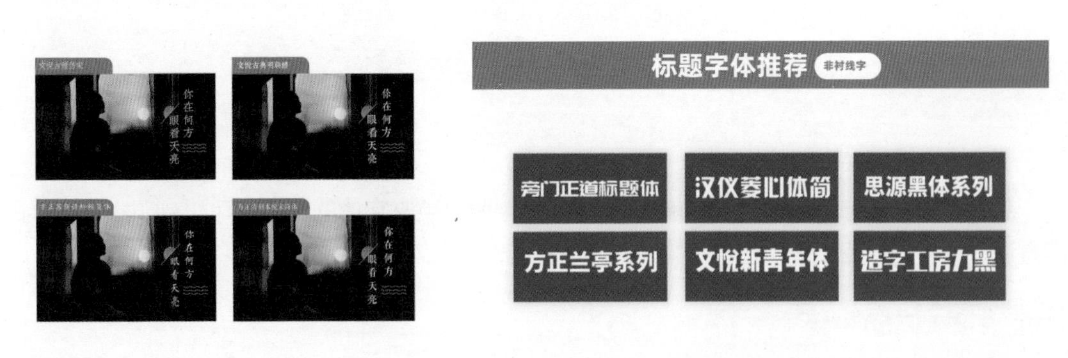

图 3.4.14　　图 3.4.15

3.4.2.2 正文字体

PPT 中的正文一般文字比较多，所以识别度非常关键，一般选清晰易看而且在投影等显示设备上呈现效果好的非衬线字体，笔画方面选择纤细型（图 3.4.16）。

英文字体如果是作为封面文字或者标题文字，一般推荐采用厚重且粗壮的非衬线字体，这样显示效果好而且醒目突出。

而作为正文部分的英文，则需要简洁、美观、识别度高。推荐采用图 3.4.17 中的英文字体。

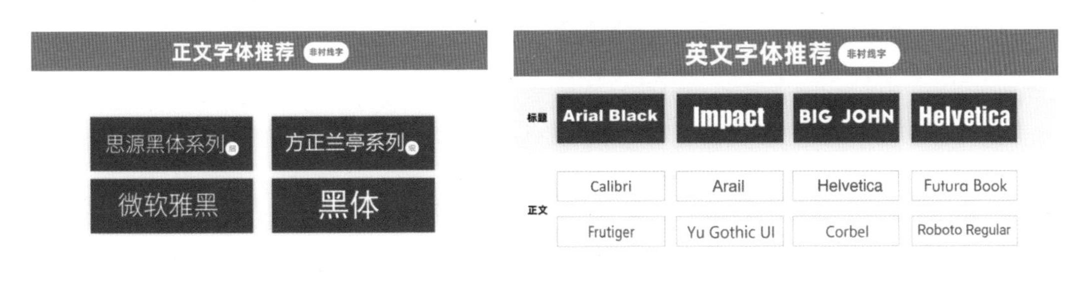

图 3.4.16　　图 3.4.17

3.4.2.3 书法字体

当页面中需要表现大气、历史、文化、气势等属性时，建议采用书法字。

例如，图 3.4.18 中的两个页面进行对比，就能发现书法字传达出的“气势”。

图 3.4.18

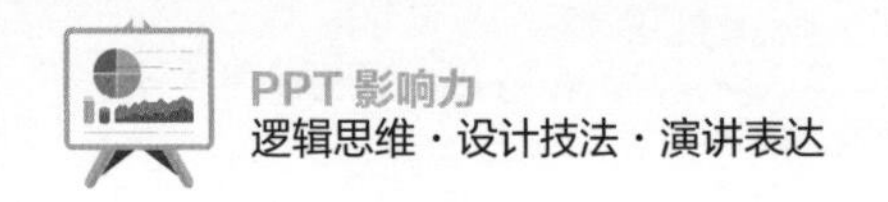

书法字体在发布会以及文化类的 PPT 页面中比较常见（图 3.4.19）。

图 3.4.19

书法字在选用时除了美观以外，最重要的就是识别度，下面推荐几种常用的书法字体（图 3.4.20）。

图 3.4.20

3.4.3 字体获取与管理

如果想要获取优质的字体，又不想一个个下载安装，推荐安装字体管理软件来管理和使用字体。

3.4.3.1 iFonts

下载安装好软件以后，直接打开 PPT，选中需要替换字体的文本，单击即可生成替换字体效果，无须下载和安装字体（图 3.4.21）。

图 3.4.21

3.4.3.2 字由

操作和使用方法类似，单击文字后再单击由客户端选择的字体，即可生成替换字体效果（图 3.4.22）。

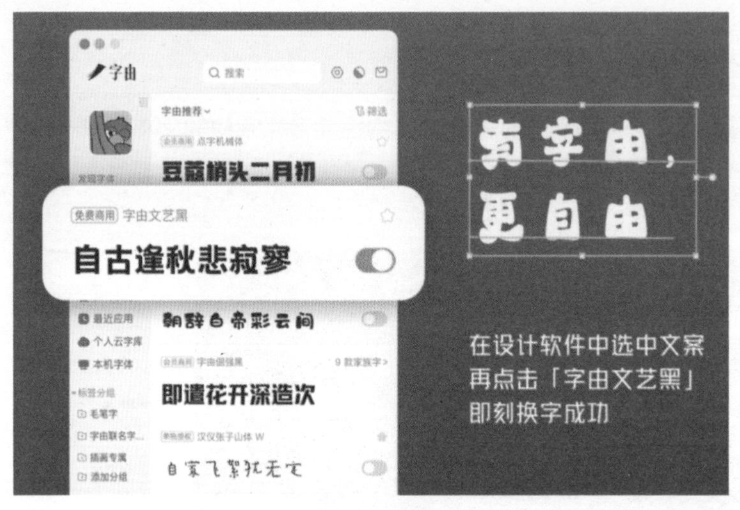

图 3.4.22

3.4.4 字体版权与安装

在商用场合使用字体时，一定要注意字体的版权。如果使用了版权字体，就有侵权的风险。例如我们熟知的“微软雅黑”就是版权字体，商用需要购买授权（图 3.4.23）。

图 3.4.23

可免费使用的商用字体在前面推荐的字体管理工具中可以筛选，同时也可以在专门的免费可商用字体网站下载。

例如，“猫啃网”网站中收录了 453 款免费可商用中文字体，可免费下载（图 3.4.24）。

图 3.4.24

单击图 3.4.24 页面上方的“免费英文”可以找到很多免费可商用的英文字体，在网页的左侧可以筛选英文字体的样式、风格等属性（图 3.4.25）。

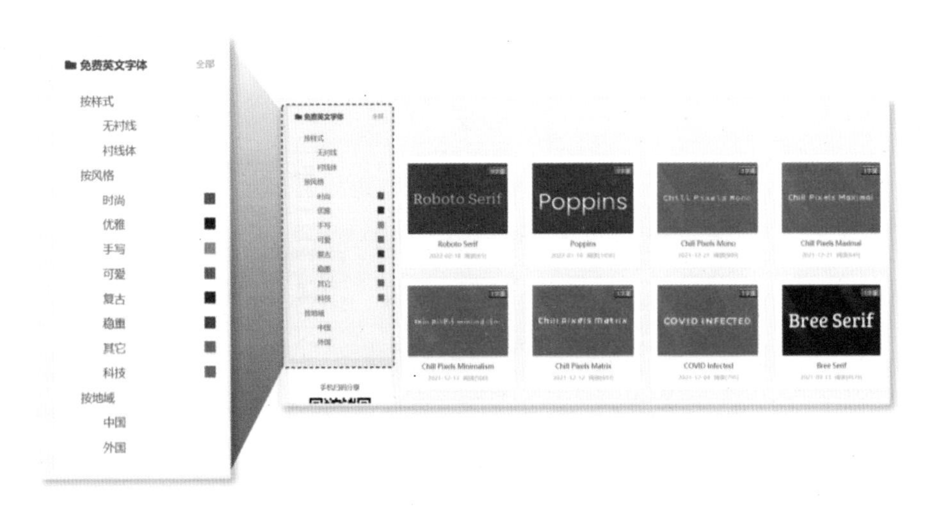

图 3.4.25

提示：关注公众号“熊王”，并回复“字体”，即可获取免费可商用字体安装包合集。

下载字体安装包并解压后，如果是单独安装，可以直接双击字体安装包；如果是批量安装，可以批量选中后右击，在弹出的快捷菜单中选择“安装”菜单命令（图 3.4.26、图 3.4.27）。

图 3.4.26

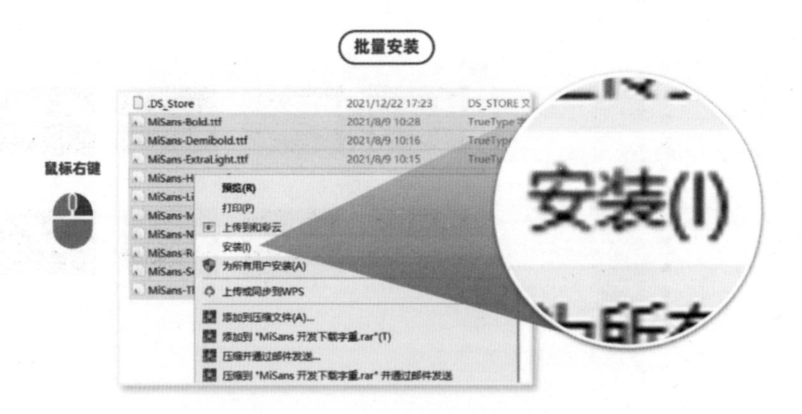

图 3.4.27

3.4.5 PPT 文档一键批量替换字体

当需要将整个 PPT 中的字体进行替换时，可以依次单击“开始”→“替换”→“替换字体”（图 3.4.28）。

图 3.4.28

在弹出的“替换字体”对话框中，选择需要替换的字体和替换为的字体，单击“替换”按钮即可完成整个 PPT 文档的字体替换（图 3.4.29）。

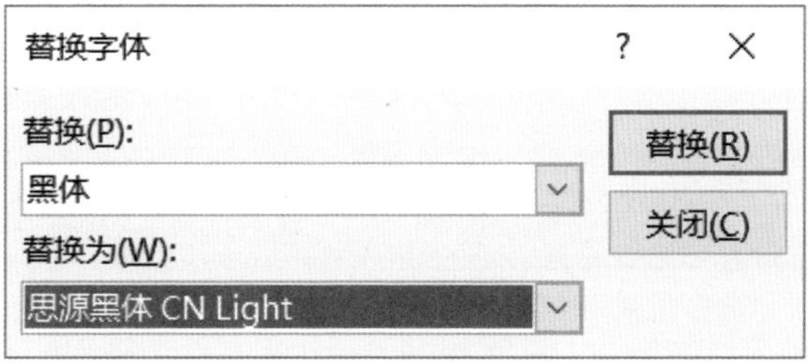

替换字体　?　×
替换(P):
黑体
替换为(W):
思源黑体 CN Light
替换(R)
关闭(C)

图 3.4.29

如果觉得挨个替换字体麻烦，还可以使用 iSlide 插件批量强制替换。单击“iSlide”→“一键优化”→“统一字体”，在弹出的“统一字体”对话框中设置好统一的中英文字体，单击“应用”按钮，即可完成整体批量替换（图 3.4.30）。

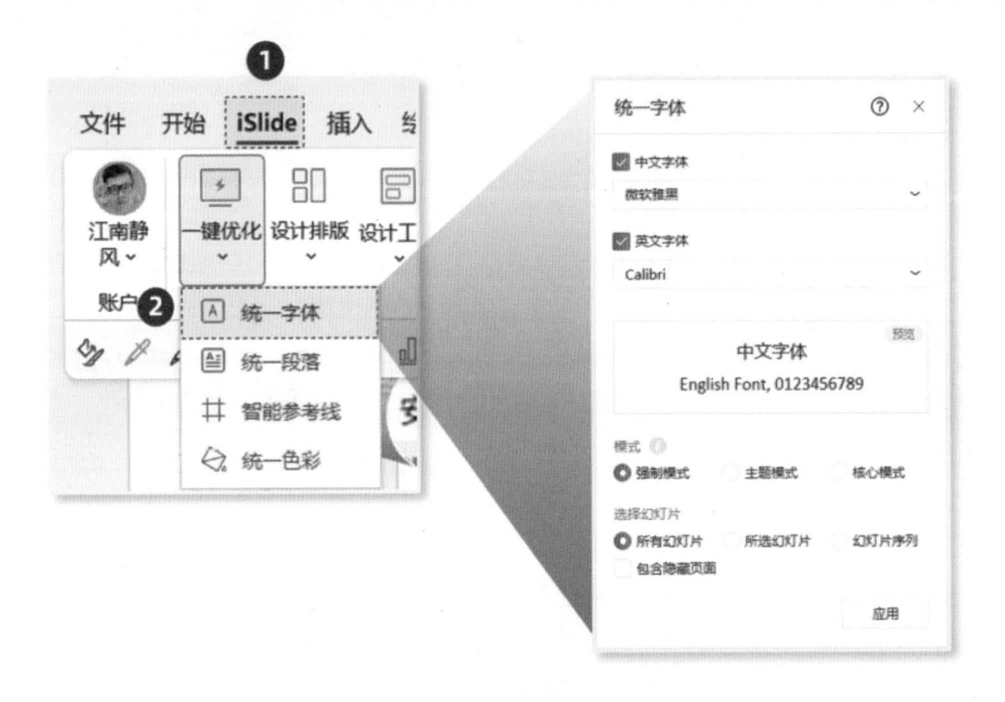

图 3.4.30

3.5 形状多面手，让 PPT 创意十足

PPT 中的“形状”很容易被忽视，其实用好了，也能成为 PPT 设计的利器。

插入形状的方式，一般是通过单击“开始”→“绘图”或者单击“插入”→“形状”来完成（图 3.5.1）。

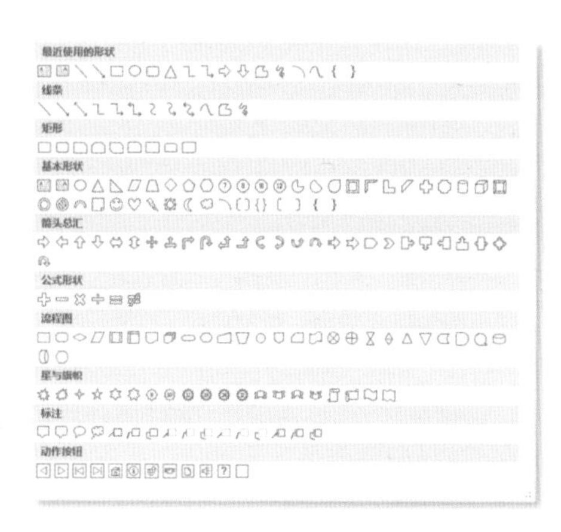

❶ 开始-形状

❷ 插入-形状

图 3.5.1

3.5.1 “形状控点”与“编辑顶点”

单击插入的形状后，大部分（非全部）会有一个黄色的点，这个点是形状控点（图 3.5.2），可以通过拖动光标来改变形状（有限范围）。

其他的常用图形也可以通过“形状控点”来实现调整（图 3.5.3）。

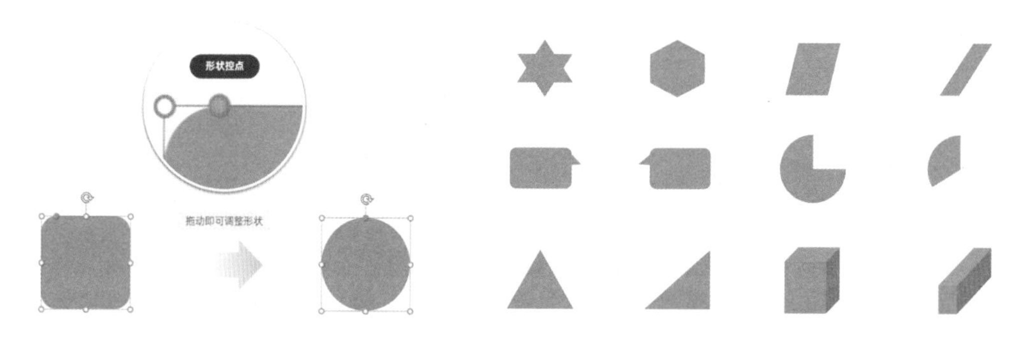

图 3.5.2

图 3.5.3（部分展示）

如果需要更多的调整，可以在形状上右击，在弹出的快捷菜单中执行“编辑顶点”菜单命令，即可开启“编辑顶点”的模式（图 3.5.4）。

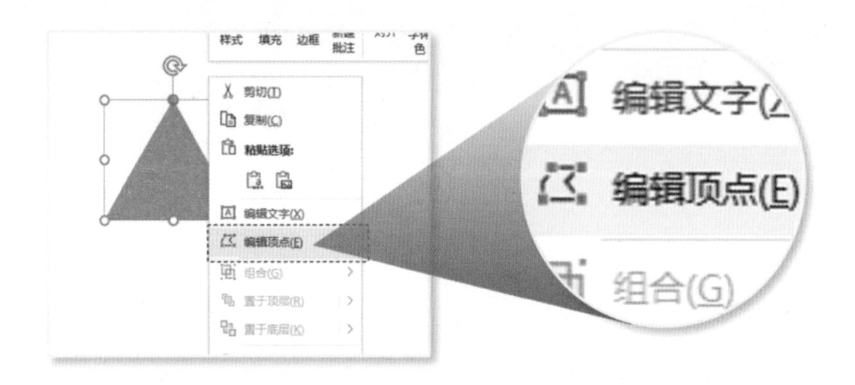

图 3.5.4

在“编辑顶点”模式下，除了所有顶点均可拖动外，还可以继续在顶点上右击，通过弹出的快捷菜单命令改变顶点的类型，主要包括角部顶点、直线点、平滑顶点（图 3.5.5）。

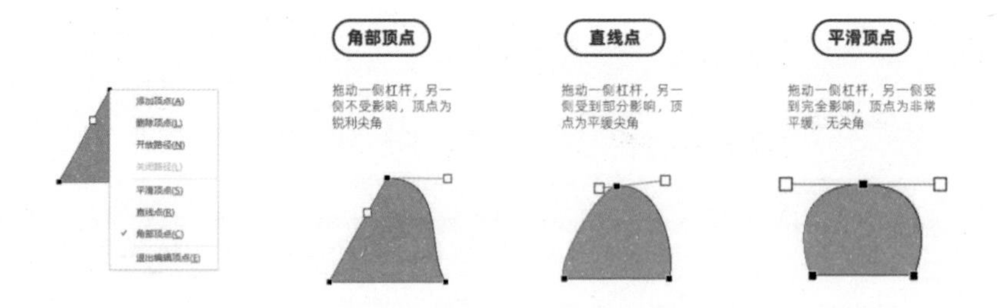

图 3.5.5

在可编辑顶点上右击，在弹出的快捷菜单中可选择增删顶点，在形状的轮廓上右击选择增加顶点或者删除线段（图 3.5.6）。

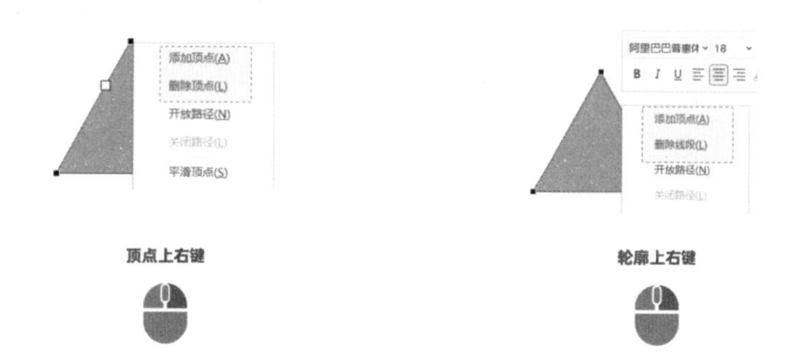

图 3.5.6

还可以使用“编辑顶点”的功能增加形状的编辑性，并在封面设计中进行运用，如蒙版的形式（图 3.5.7）。

图 3.5.7

还可以使用“平滑顶点”的功能调整曲线，并做成封面的装饰（图 3.5.8）。

图 3.5.8

3.5.2 合并形状——形状 72 变

选中 2 个以上形状（也可以是图片）后，可以进行 “合并形状”（也被称为布尔运算）的处理。主要包括五种运算命令：联合、拆分、相交、组合、剪除（图 3.5.9）。

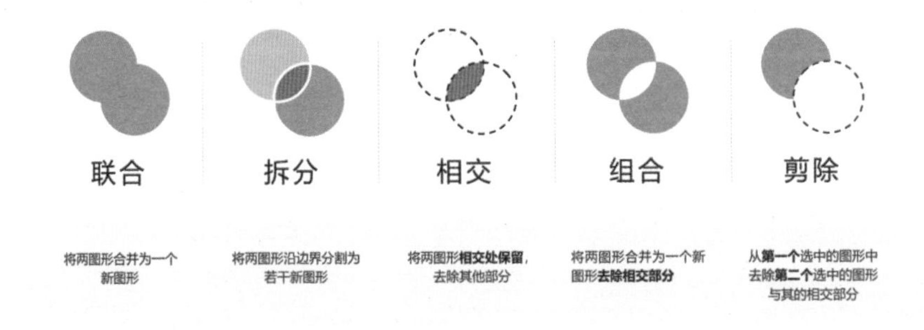

图 3.5.9

需要强调一下，合并形状最终得到的图形采用的是先选中图形的样式。

将这五种命令搭配使用，可以得到多种图形的变换形式。例如用多个圆形，在进行“联合”和“剪除” 处理以后，就可以得到一个简单的天气小图标（图 3.5.10）。

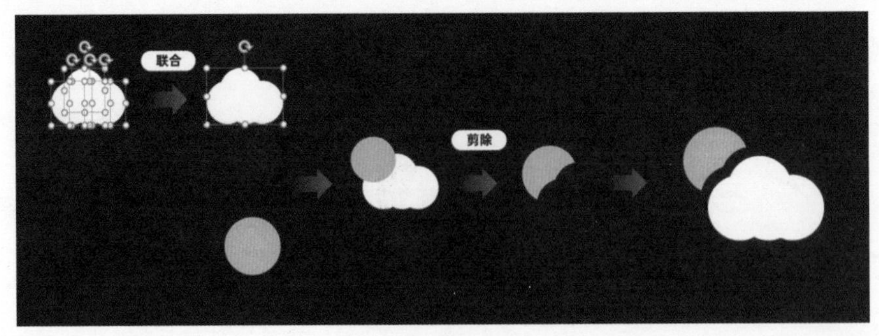

图 3.5.10

图片和形状可以进行“相交”，得到图形大小的图片形式。

先选中图片，再按住 Shift 键选中形状，单击“形状格式”→“合并形状”→“相交”，就可以完成图片的圆形裁剪（图 3.5.11）。

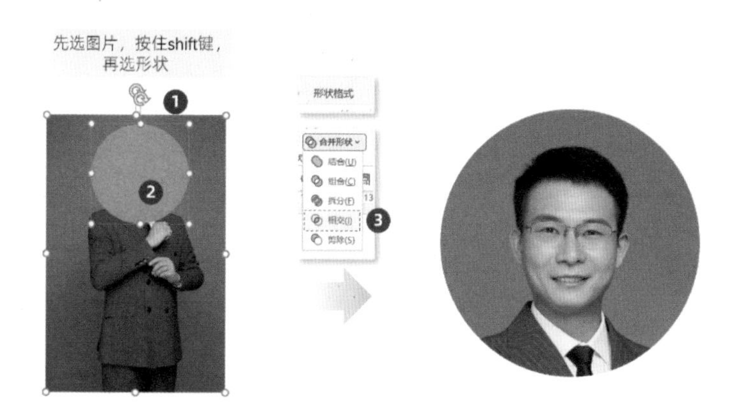

图 3.5.11

在进行了“相交”处理后，依然可以通过鼠标右键快捷菜单中的“裁剪”命令来拖动图片调整裁剪的区域（图 3.5.12）。

图 3.5.12

3.5.3 创意文字设计

3.5.3.1 创意文字 01：文字 + 图片

将图片和文字进行“相交”处理，得到图片形式的文字效果。

将需要进行处理的文字和图片叠放，然后先选中图片，再选中文字，单击“形状格式”→“合并形状”→“相交”，可以得到金色的文字效果（图 3.5.13）。

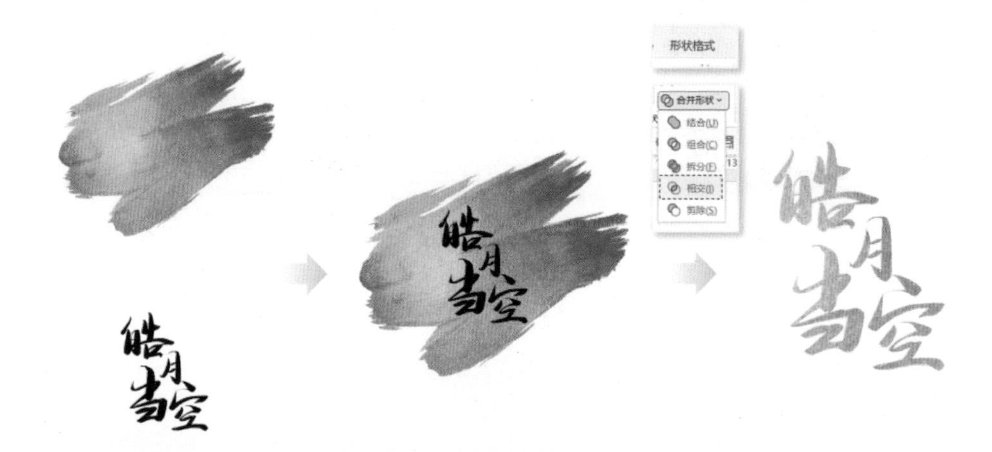

图 3.5.13

再给文字效果添加背景和装饰就是一页不错的页面（图 3.5.14）。

图 3.5.14

3.5.3.2 创意文字 01：文字 + 图标

借助“合并形状”的功能，可以对文字进行创意设计，例如，利用“拆分”功能把笔画拆分以后用相应的图标替代，形成创意文字效果（图 3.5.15）。

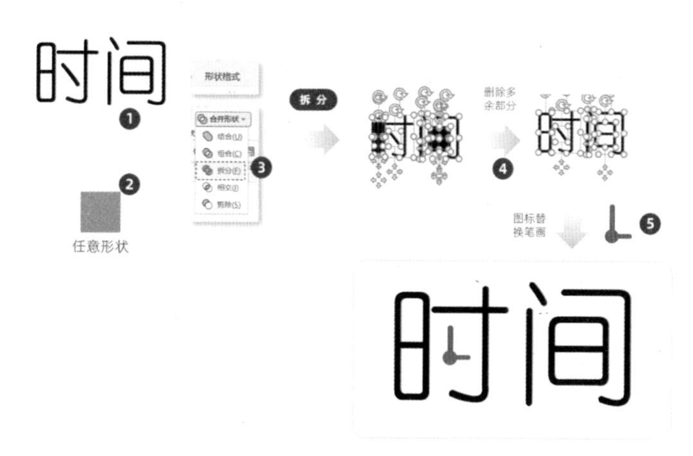

图 3.5.15

按照类似的方法，很多文字都可以和相关的图标进行处理，共同组成创意文字（图 3.5.16）。

能量　播放
信息　对话

图 3.5.16

3.5.3.3 创意文字 02：图文穿插效果

当图片中有明显边界时，可以搭配“合并形状”功能做出如图 3.5.17 所示的图文穿插效果。

图 3.5.17（@ 滴滴快车）

如图 3.5.18 所示，案例中的“15TH”感觉被高山遮挡，给人穿插在山后的视觉，制作步骤如下。

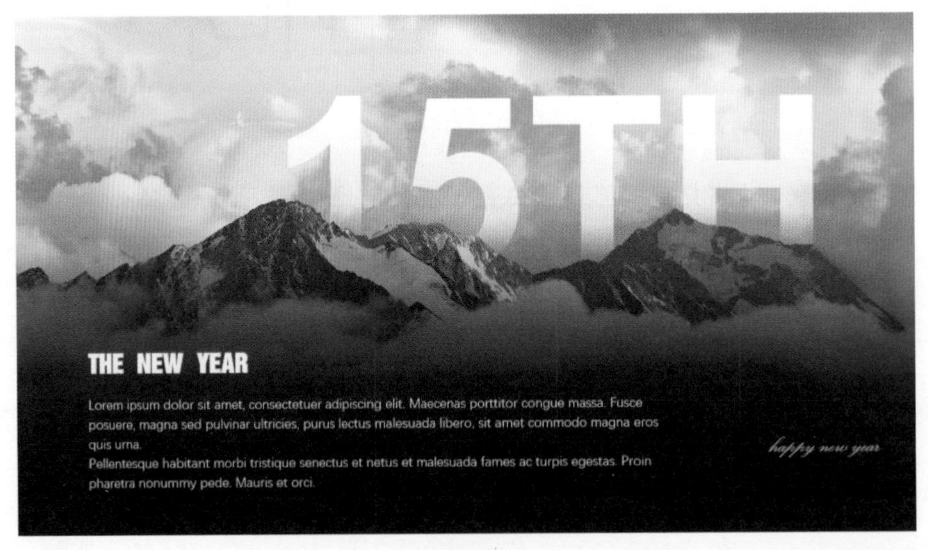

图 3.5.18

先将图片铺满整个画布，放好文字后，再将文字透明度降低，方便透过文字看到后面山的边界（图 3.5.19）。

图 3.5.19

单击“插入”→“形状”中“线条”中的“任意多边形”工具，沿着山的边界绘制闭合多边形（图 3.5.20）。

图 3.5.20

选中文字和形状，单击“形状格式”→“合并形状”→“拆分”，并删除多余部分（图 3.5.21）。

图 3.5.21

最后把文字调整为垂直方向（90°）的渐变，下方透明度高一些即可（图 3.5.22）。

图 3.5.22

3.5.3.4 创意文字 03：文字创意变形

可编辑的文本框在进行了“合并形状”处理后，就会变成不可编辑的形状。
右击，在弹出的快捷菜单中选择“编辑顶点”命令，文字会出现很多的可编辑顶点（图 3.5.23）。

图 3.5.23

用鼠标调整可编辑顶点，即可改变文字的图形，得到新的文字（图 3.5.24）。

再调整颜色并放到背景中，就可以完成一个不错的 PPT 封面（图 3.5.25）。

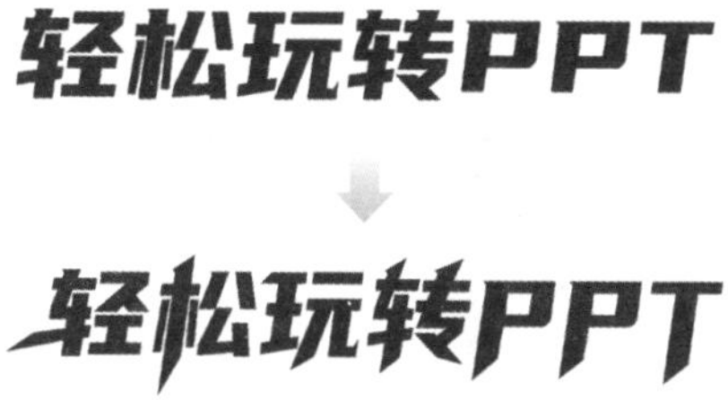

轻松玩转PPT

轻松玩转PPT

图 3.5.24

图 3.5.25

3.5.4 图标——可视化利器

纯文字的理解成本高，而图标作为一种特殊图形，可以表达特定含义，提高信息传递的效率（图 3.5.26）。

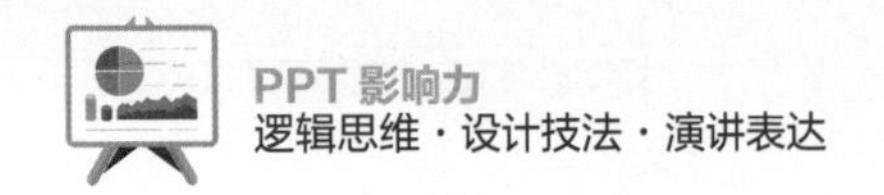

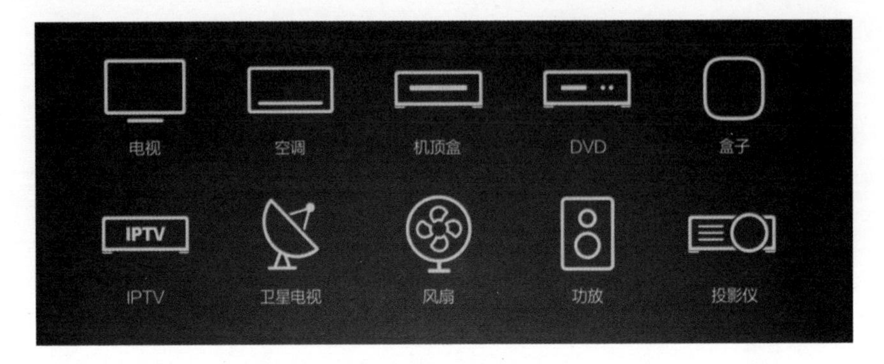

图 3.5.26

在很多品牌的官网和发布会中会大量运用图标（图 3.5.27）。

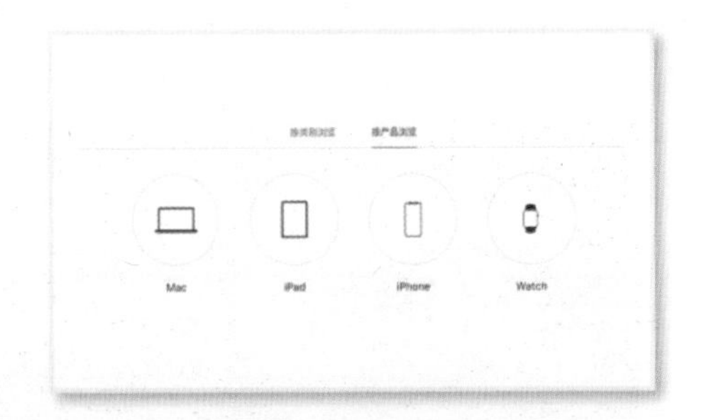

（a）苹果官网

（b）小米官网

图 3.5.27

图标在使用过程中，需要注意统一性，即一个页面中的图标风格保持统一。

PPT 中最常用的图标主要是线性图标和面性图标（图 3.5.28）。

线性图标偏向线条的勾勒，显得非常简约与精悍，属于极简的设计风格。

面性图标则偏重色块的填充，显得更加厚重与饱满。

图 3.5.28

在一个页面中使用多个图标时，就需要保持统一，不要混搭（图 3.5.29）。

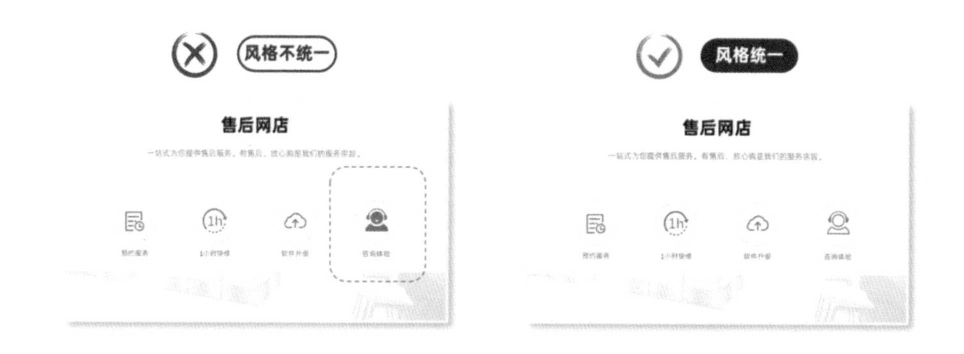

图 3.5.29

其他类型的图标还包括扁平化图标和拟物图标。用户可以结合场合和需要选择不同类型的图标，但一定要注意保持统一（图 3.5.30）。

一般而言，图标指代的范围比较广泛，这使得图标具有了易用性，在不同场合的类似属性都可以使用。但如果需要指代得更加精确，则可以利用图标组合来进行拓展。

例如，“货车”图标，就可以使用多种图标组合后衍生出更多具体的含义，如“停车场”“物流时效”“货车电量”“货车修理”等（图 3.5.31）。

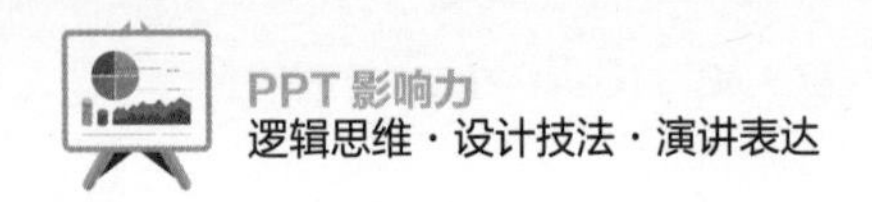

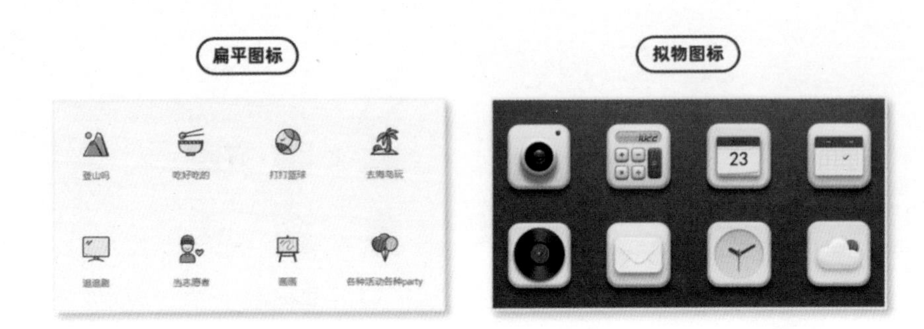

图 3.5.30

图 3.5.31

3.6 数据呈现：表格、图表美化与创意设计

3.6.1 Excel 与 PPT 实现实时联动

在工作中，数据处理往往都是使用 Excel，而汇报演示一般都是用 PPT（图 3.6.1）。于是经常需要把 Excel 中的数据表格搬进 PPT，但是如果用复制粘贴或者截图等方法，就不便于后期的修改调整。

那如何才能既发挥 Excel 数据处理的优势，又能更好地在 PPT 中呈现呢，更重要的是怎么才能实现两者的实时联动呢?

图 3.6.1

在复制 Excel 中的表格数据之前，建议先把数据进行初级的呈现与处理，如排序和显示数据条等，因为有些数据处理的功能在 Excel 中很容易实现，而 PPT 中不方便直接实现。

在 Excel 中，选中数据单元格，单击“开始”→“条件格式”→“数据条”，选择一个需要的样式（图 3.6.2）。

图 3.6.2

单击任意一个数据单元格，按 Ctrl+A 组合键则会向四周扩散，选中整个连续的数据区域。然后按 Ctrl+C 组合键，可以把表格文件复制到剪贴板。打开 PPT 的空白页面，单击“开始”→“粘贴”→“选择性粘贴”→“粘贴链接”即可将 Excel 表格以链接形式粘贴到 PPT 中（图 3.6.3）。

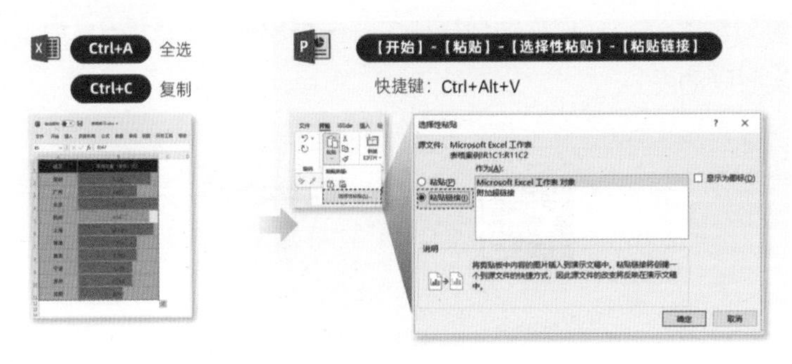

图 3.6.3

当 Excel 中的表格数据发生变化时，PPT 中的表格也会自动同步更新。采用这种方法最大的优势是既可以使用 Excel 数据处理的强大功能，又能在 PPT 中实时同步更新，强强联合，发挥两个软件各自的强项（图 3.6.4）。

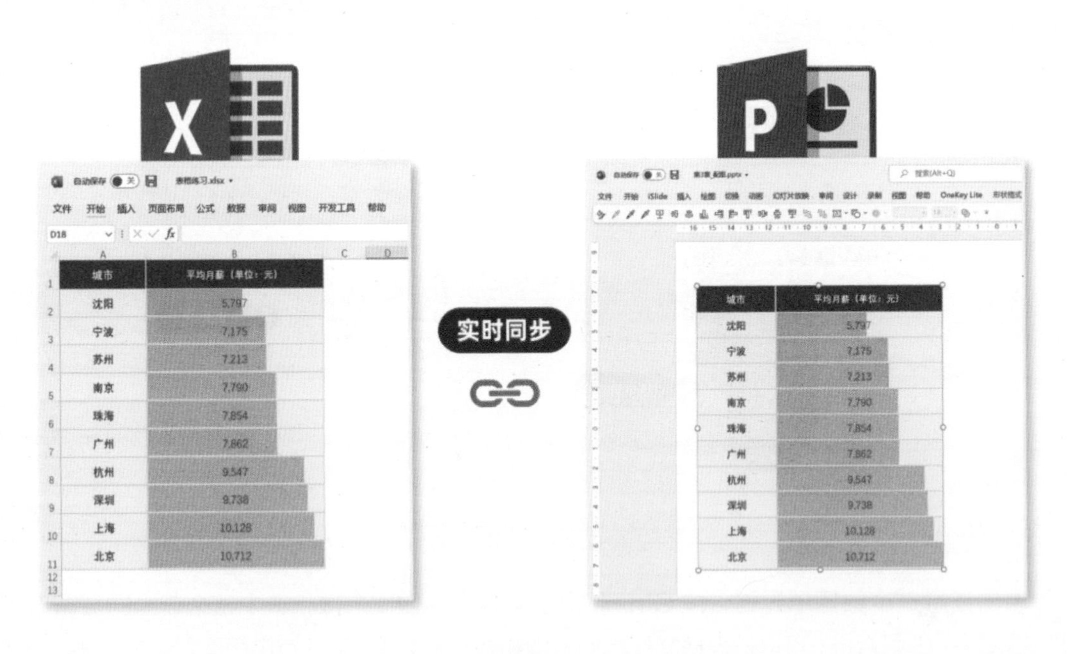

图 3.6.4

当 PPT 中的表格需要修改时，需要转到 Excel 中操作，可以直接打开关联的 Excel 文件，或者在 PPT 的表格区域直接双击，也可以跳转到关联的 Excel 文件。

因为两个文件是链接关联的，所以当位置发生移动时，需要两个文件都同步移动，否则可能会出现链接中断，推荐打包放置在一个文件夹下，移动时整个文件夹一起移动，否则会容易报错（图 3.6.5）。

Excel文件和PPT文件放在同一文件目录下

图 3.6.5

3.6.2 表格基础美化三步法

很多人容易忽视 PPT 中的表格，随手做出来的表格形式视觉效果差（图 3.6.6）。

小米手机参数对比

制作前

型号	小米11	小米MIX 4	红米Note 11 5G
价格	8GB+256GB / 4299元	8GB+256GB / 4499元	8G+256G / 1699元
处理器	骁龙 888	骁龙 888	天玑810
屏幕尺寸	6.81英寸	6.67英寸	6.6英寸
重量	196g	225g	195g
主相机	1亿	1亿	5000万
电池容量	4600mAh(typ)	4500mAh(typ)	5000mAh(typ)

图 3.6.6

而表格的基础美化可以从表格的组成结构入手，主要包括底纹、文本、边框（图 3.6.7）。

标题1	标题2	标题3	标题4
正文1	正文2	正文3	正文4
……	……	……	……

底纹
文本
边框

图 3.6.7

其中边框要注意横向和纵向的间距均等，避免间距忽大忽小，同时粗细和颜色适中（图 3.6.8）。

间距均等，粗细颜色适中

边
框

型号	小米11	小米MIX 4	红米Note 11 5G
价格	8GB+256GB / 4299元	8GB+256GB / 4499元	8G+256G / 1699元
处理器	骁龙 888	骁龙 888	天玑810
屏幕尺寸	6.81英寸	6.67英寸	6.6英寸
重量	196g	225g	195g
主相机	1亿	1亿	5000万
电池容量	4600mAh(typ)	4500mAh(typ)	5000mAh(typ)

纵向间距
横向间距

图 3.6.8

表格的文本需要调整好对齐方式，因为表格的默认对齐方式是左上对齐，在文字不多的情况下，会显得不平衡，所以一般建议采用水平居中和垂直居中的对齐方式（图 3.6.9）。

大小适中，调整对齐

文本

型号	小米11	小米MIX 4	红米Note 11 5G
价格	8GB+256GB / 4299元	8GB+256GB / 4499元	8G+256G / 1699元
处理器	骁龙 888	骁龙 888	天玑810
屏幕尺寸	6.81英寸	6.67英寸	6.6英寸
重量	196g	225g	195g
主相机	1亿	1亿	5000万
电池容量	4600mAh(typ)	4500mAh(typ)	5000mAh(typ)

（默认对齐方式）

型号	小米11	小米MIX 4	红米Note 11 5G
价格	8GB+256GB / 4299元	8GB+256GB / 4499元	8G+256G / 1699元
处理器	骁龙 888	骁龙 888	天玑810
屏幕尺寸	6.81英寸	6.67英寸	6.6英寸
重量	196g	225g	195g
主相机	1亿	1亿	5000万
电池容量	4600mAh(typ)	4500mAh(typ)	5000mAh(typ)

（调整对齐方式）

图 3.6.9

底纹一般根据背景选择，浅色背景下标题栏建议选深色，深色背景下的标题栏则建议使用浅色。其主要目的是让标题在相应背景下更突出，从而形成标题与正文的层次差异（图 3.6.10）。

标题与正文的层次差异

底纹

标题栏建议深色

型号	小米11	小米MIX 4	红米Note 11 5G
价格	8GB+256GB / 4299元	8GB+256GB / 4499元	8G+256G / 1699元
处理器	骁龙 888	骁龙 888	天玑810
屏幕尺寸	6.81英寸	6.67英寸	6.6英寸
重量	196g	225g	195g
主相机	1亿	1亿	5000万
电池容量	4600mAh(typ)	4500mAh(typ)	5000mAh(typ)

浅色背景

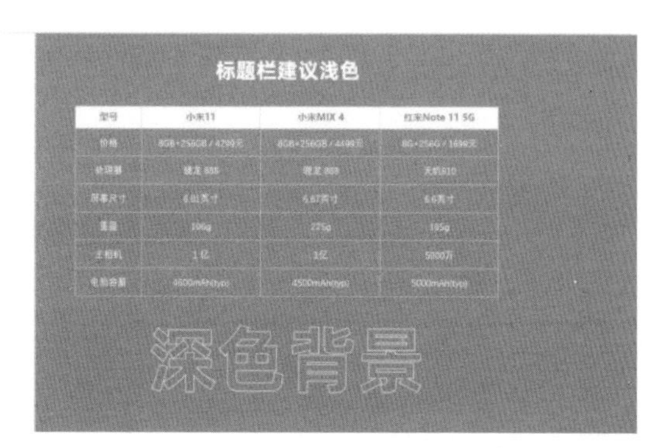

型号	小米11	小米MIX 4	红米Note 11 5G
价格	8GB+256GB / 4299元	8GB+256GB / 4499元	8G+256G / 1699元
处理器	骁龙 888	骁龙 888	天玑810
屏幕尺寸	6.81英寸	6.67英寸	6.6英寸
重量	196g	225g	195g
主相机	1亿	1亿	5000万
电池容量	4600mAh(typ)	4500mAh(typ)	5000mAh(typ)

图 3.6.10

表格在使用颜色时，优先考虑整套 PPT 的主题色或者公司的 LOGO 色（图 3.6.11）。

颜色风格的统一

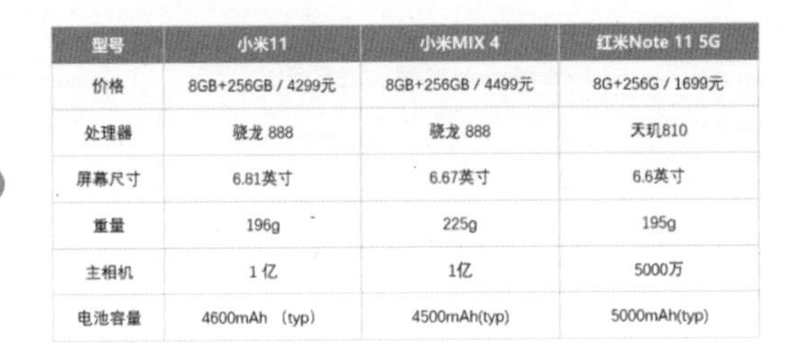

型号	小米11	小米MIX 4	红米Note 11 5G
价格	8GB+256GB / 4299元	8GB+256GB / 4499元	8G+256G / 1699元
处理器	骁龙 888	骁龙 888	天玑810
屏幕尺寸	6.81英寸	6.67英寸	6.6英寸
重量	196g	225g	195g
主相机	1亿	1亿	5000万
电池容量	4600mAh （typ）	4500mAh(typ)	5000mAh(typ)

图 3.6.11

3.6.3 表格高级美化法

当表格完成基础美化后，还可以结合具体需求进行高级美化，可以围绕辅助装饰、多表管理展开。

3.6.3.1 辅助装饰

重点数据需要突出，不一定非要标红，可以采用多种方法，如添加手绘线框进行强调（图 3.6.12）。

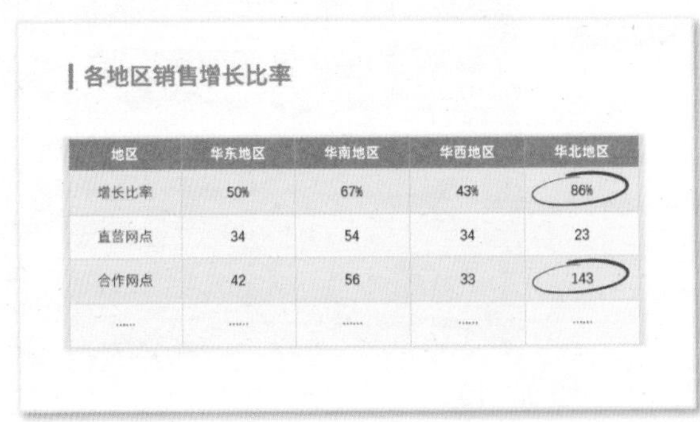

各地区销售增长比率

地区	华东地区	华南地区	华西地区	华北地区
增长比率	50%	67%	43%	86%
直营网点	34	54	34	23
合作网点	42	56	33	143
……	……	……	……	……

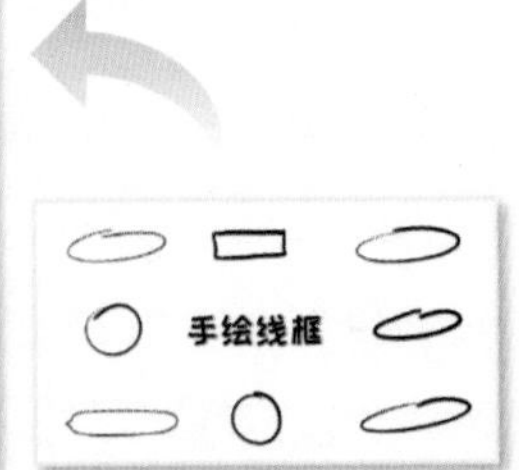

图 3.6.12

还可以添加向上或者向下的箭头表示增长或下跌（图 3.6.13）。

第一季度业绩表

姓名	负责区域	销售情况
小张	市南区	10,934,593 ↓
小王	市北区	8,098,989 ↑
小李	市东区	5,676,543 ↑
小华	市西区	6,670,989 ↓
……	……	……

第一季度综合排行榜

姓名	负责区域	负责品类	销售情况	客户评分
小张	市南区	箱包	10,934,593 ↓	★★★★★
小王	市北区	女装	8,098,989 ↑	★★★★★
小李	市东区	食品	5,676,543 ↑	★★★☆☆
小华	市西区	3C产品	6,670,989 ↓	★★☆☆☆
……	……	……	……	……

图 3.6.13

表格也可以去掉竖线，横线部分可以全部采用细线，标题栏的上、下边框以及整个表格的下边框采用粗线的方式，让表格显得更加简洁（图 3.6.14）。

小米手机参数对比

型号	小米11	小米MIX 4	红米Note 11 5G
[illegible]	[illegible]	[illegible]	[illegible]
价格	4299元	4499元	1799元

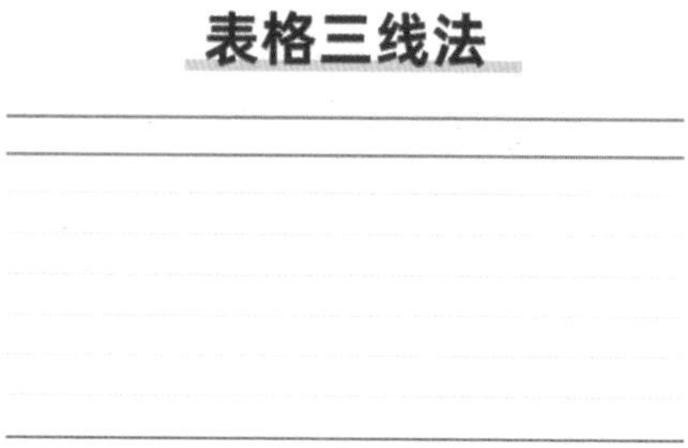

表格三线法

图 3.6.14

一般背景可以选择和表格内容紧扣的图片，再添加蒙版来装饰。

例如，表格的内容是手机，就可以采用手机图片当背景装饰（图 3.6.15）。

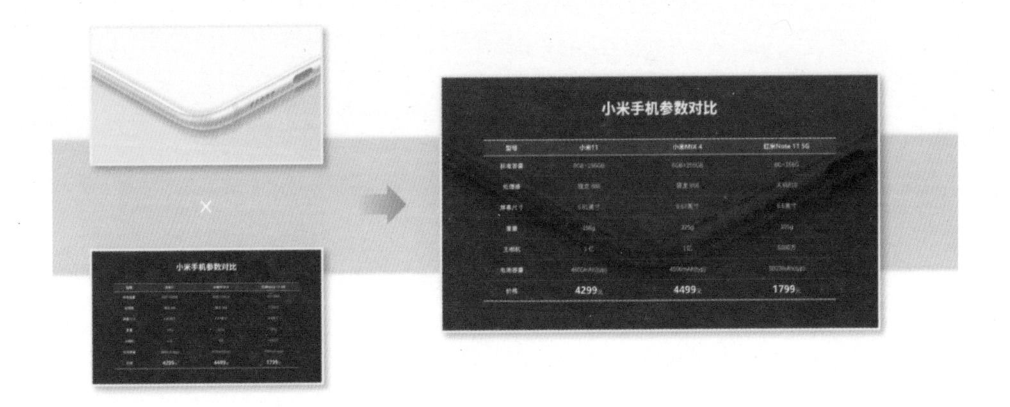

图 3.6.15

某列或行数据需要强调的话，也可以用颜色以及大小对比的方式来突出（图 3.6.16）。

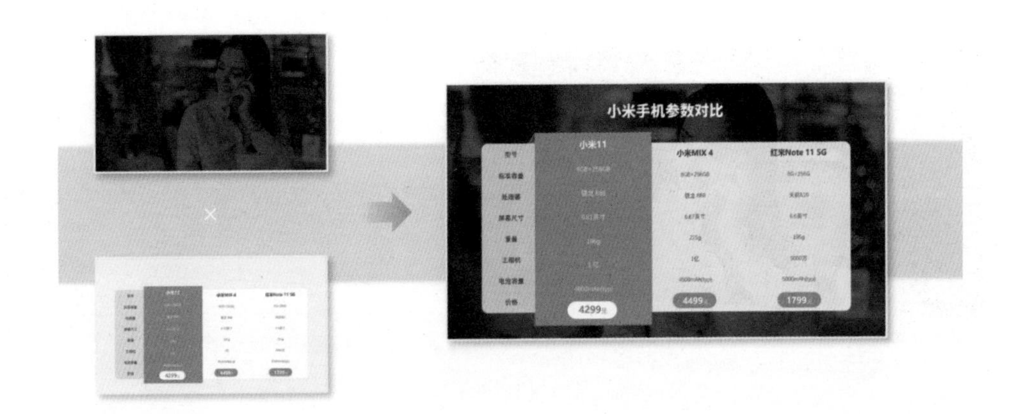

图 3.6.16

如果需要单独拆分某列或某行，可以先选中该行（或列），按 Ctrl+C 组合键（复制），然后单击空白处，按 Ctrl+V 组合键，再调整颜色和底纹（图 3.6.17）。

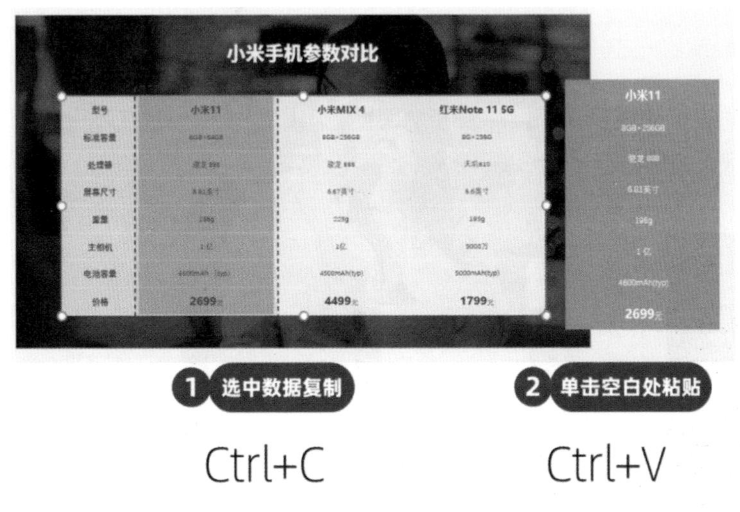

图 3.6.17

表格还可以添加图框的装饰，如手机框或电脑框，提升表格的档次（3.6.18）。

小米手机参数对比

型号	小米11	小米MIX 4	红米Note 11 5G
标准容量	8GB+256GB	8GB+256GB	8G+256G
处理器	骁龙 888	骁龙 888	天玑810
屏幕尺寸	6.81英寸	6.67英寸	6.6英寸
重量	196g	225g	195g
主相机	1 亿	1亿	5000万
电池容量	4600mAh(typ)	4500mAh(typ)	5000mAh(typ)
价格	4299元	4499元	1699元

图 3.6.18

3.6.3.2 多表管理

如果需要汇报的表格比较多，而且需要经常切换，可以把表格放置在不同的页面，在页面的左侧制作一个类似网页的导航条（图 3.6.19）。

图 3.6.19

再给每个版块添加超链接，选择“本文档中的位置”，选择需要链接的页面，右侧会有该页面的预览图，确认无误后，单击“确定”按钮即可完成链接跳转（图 3.6.20）。

图 3.6.20

3.6.4 图表的选择与使用

在 PPT 制作中讲究“能图不表，能表不文”。意思就是内容的呈现要尽可能直观，尤其是数据，要做到可视化。

图 3.6.21 中，左边是表格形式，右边是图表形式。数据内容是一样的，但是明显右边的图表形式更直观，一目了然。

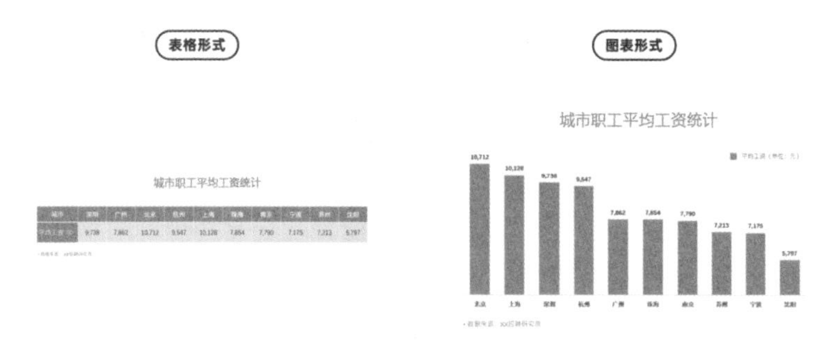

表格形式

城市职工平均工资统计

城市	深圳	广州	北京	杭州	上海	珠海	南京	宁波	苏州	沈阳
[illegible]	9,738	7,862	10,712	9,547	10,128	7,854	7,790	7,175	7,213	5,797

图 3.6.21

图表一般包括标题、网络线、数据系列、数据标签、图例、坐标轴、注释等元素（图 3.6.22）。

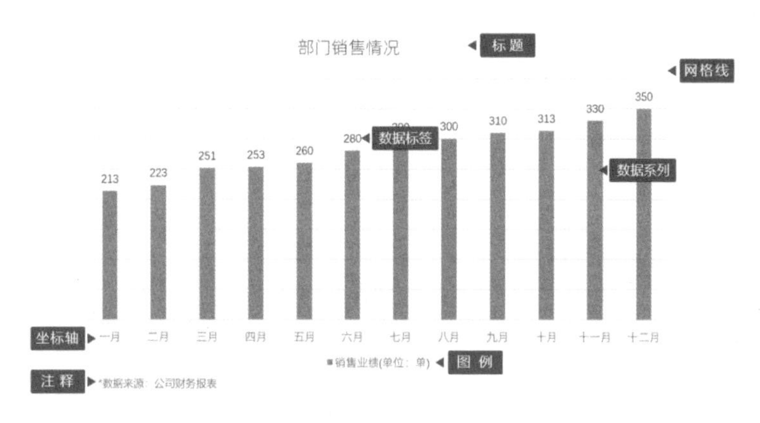

图 3.6.22

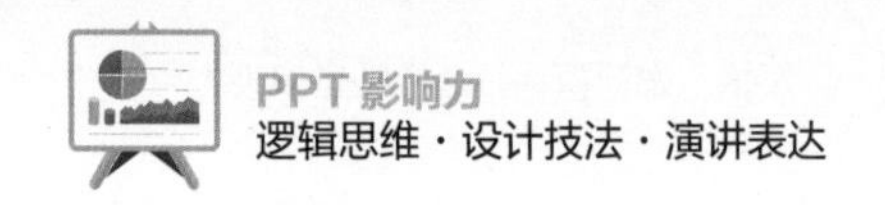

图表的标题一般分为两类：第一类是描述型的，如“部门年度销售业绩统计”，这是最通用的一种标题类型，但由于没有明显的指向性，还需要观众通过图表来理解更多信息。

第二种标题类型是具体表达结论或者观点，如“部门年度销售业绩实现 50% 的增长”，由于标题是一个指向性很明显的结论，所以观众可以带着这个问题来看图表，理解起来也更快（图 3.6.23）。

图例在图表中主要是指图表内容，属于辅助信息，在使用图例的过程中，建议增强图例和其指代内容的亲密性，从而提高阅读体验感，另外，给图例注明单位能提高图表信息的准确性（图 3.6.24）。

图 3.6.23　　图 3.6.24

在明确了图表的主题后，就可以主要围绕各个数据关系来进行深入分析，进而匹配相对应的图表类型。

日常工作中，最常见的数据关系主要包括比较、趋势、比例、多维、综合等（图 3.6.25）。

图 3.6.25

比较关系是最基础的一种数据关系，可以使用柱形图来体现数据变化和数据的比较，主题关键词可以是排名、业绩、数值差异等（图 3.6.26）。

条形图和柱形图在功能上很类似，主要的差异体现在方向上，柱形图是竖向的，条形图则是横向的，当坐标轴文字内容较多，或者数据系列内容较为复杂时，条形图优于柱形图（图 3.6.27）。

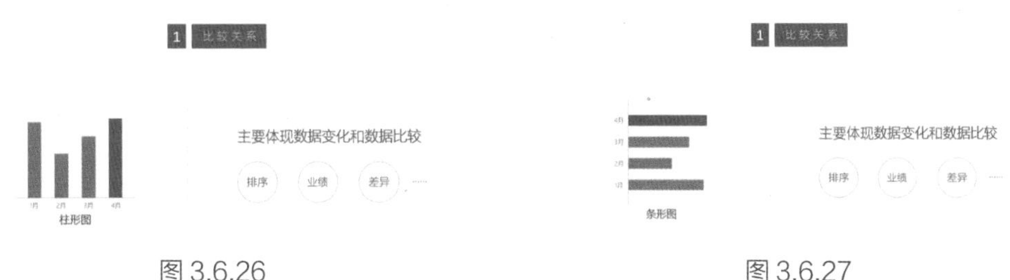

图 3.6.26　　　　图 3.6.27

趋势关系能展示数据对象相对于时间变化的趋势和发展规律，常见的是使用折线图来制作，核心关键词包括升降、增减、平稳等明显体现趋势的词语（图 3.6.28）。

在体现趋势的同时，如果还希望体现数量的变化，可以使用面积图来表示（图 3.6.29）。

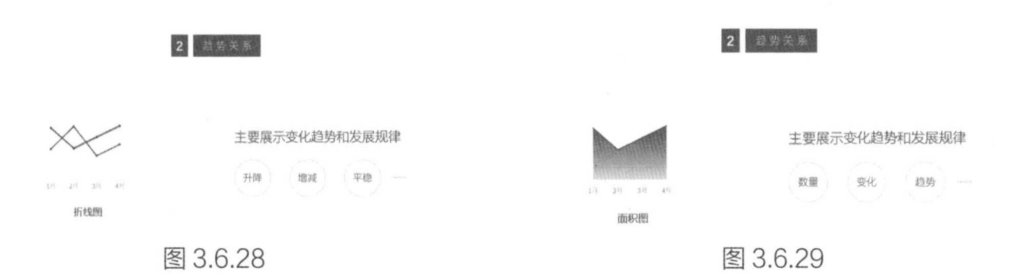

图 3.6.28　　　　图 3.6.29

当需要体现数据比例关系时，可以使用饼状图来展示所占比重和构成比例，其他相关的关键词还有“百分比”“含量”“份额”等。为了不影响视觉传达，饼图内的数量建议控制在 6 种以内（图 3.6.30）。

环形图其实就是另外一个版本的饼图，只是中间是空的，便于文字信息的呈现，在功能上和饼图基本一致（图 3.6.31）。

图 3.6.30　　　　图 3.6.31

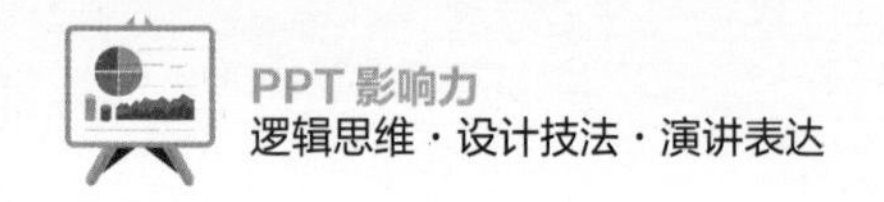

多维关系则用于多项对比和综合分析，核心关键词主要是多项、对比、分析等，可以使用雷达图来展现（图 3.6.32）。

例如，如果要分析两个销售员的各项能力，通过使用雷达图能明显看出，张明在“销售能力”和“技术水平”上高于李华，但是李华又在“领导能力”“演说能力”“沟通能力”“管理能力”上好于张明（图 3.6.33）。

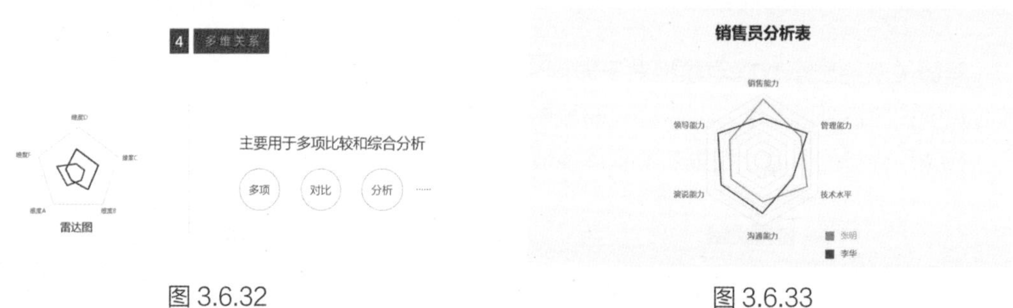

图 3.6.32　　图 3.6.33

对于多维关系的表现，除了可以使用雷达图以外，还可以使用旋风图，核心关键词主要有多项、对比、分析等（图 3.6.34）。

例如，要对比各个部门男女人数，使用旋风图就可以得到非常直观的效果，非常便捷（图 3.6.35）。

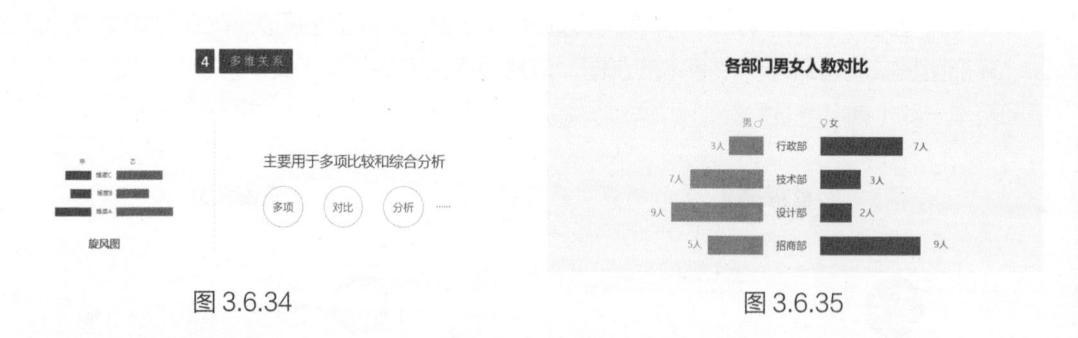

图 3.6.34　　图 3.6.35

如果基本类型的图表无法满足一些特殊需求，例如，要体现高于对比等复合信息时，就可以将图表进行组合，得到组合图表（图 3.6.36）。

如图 3.6.37 所示的这个组合图表，就是由一个堆积柱形图和一个折线图组合而成的组合图表，红色部分是大于平均线的部分，灰色部分则是低于平均线的部分，这样就能直观表现各数据和平均线的相对关系。

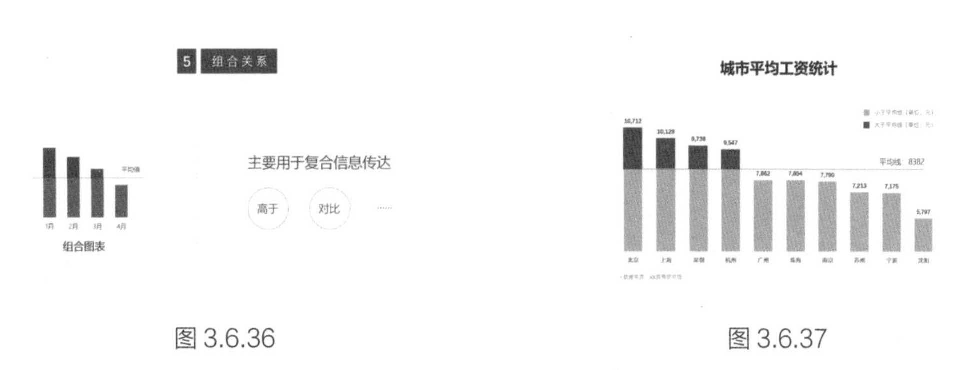

图 3.6.36　　图 3.6.37

3.6.5 各类图表的高级美化

3.6.5.1 比较关系图表

对于比较关系的图表，可以围绕以下三个原则进行展开，分别是“减”“加”“换”（图 3.6.38）。

在做减法时，以下三方面的素材都可以进行适当删减，主要包括元素、背景、效果（图 3.6.39）。因为图例、网络线、纵坐标轴等元素信息都可以直接整合到“数据标签”中。对于一些杂色或者其他不合适的纹理背景也要去掉，保持整个图表整洁清爽。对于一些装饰效果要酌情添加，影响表达效果的最好去掉，例如，三维、阴影等。

图 3.6.38　　图 3.6.39

对于 PPT 图表的美化，不是装饰得越多越好，去掉冗余的装饰可以减少观众的思考时间，从而提高信息传达的效率（图 3.6.40）。

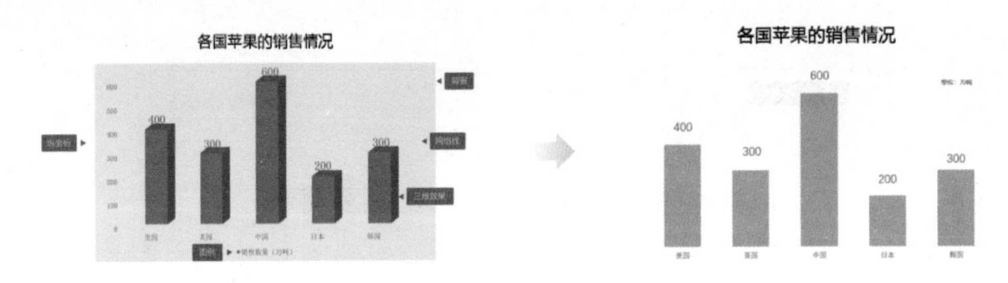

图 3.6.40

做完减法以后，可以根据需要在图表中做“加法”。

例如，添加坐标轴内容指代的图标来提高传达效率。为了增强图表的说服力，可以增加图表的说明文字，如数据来源、单位等。也可以将图表的标题替换成观点，然后搭配强调部分，直接让观众带着这个观点来观看图表，让图表结果一目了然（图 3.6.41）。

图 3.6.41

例如，图 3.6.42 中给横坐标轴上的各个国家名称下方添加国旗，辅助文字提高可视化程度。

一个规范、严谨的图表，需要添加“单位”和“数据来源”，体现数据图表的权威性和说服力。

还可以把通用型标题替换成具体指代型标题，如图 3.6.42 中的“中国苹果的销量遥遥领先”，然后将需要强调的中国部分的柱形换成更醒目的红色。

图表不仅仅要传达数据信息，也需要生动化的表达，才能让观众印象深刻。因此，可以将默认的图表填充进行适当的替换，让图表有更多的创意。

主要包括颜色质感渐变、形状替换（包括三角形、山峰形状等任何你觉得合适的形状）、图片替换（图 3.6.43）。

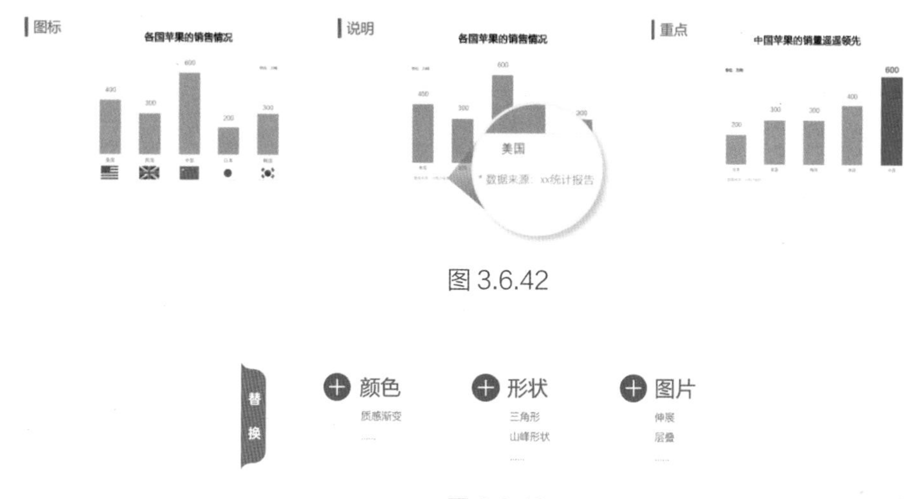

图 3.6.42

图 3.6.43

例如，可以把图 3.6.42 中的柱形替换为渐变矩形、渐变三角形或者其他形状，都可以提升图表的视觉效果（图 3.6.44）。

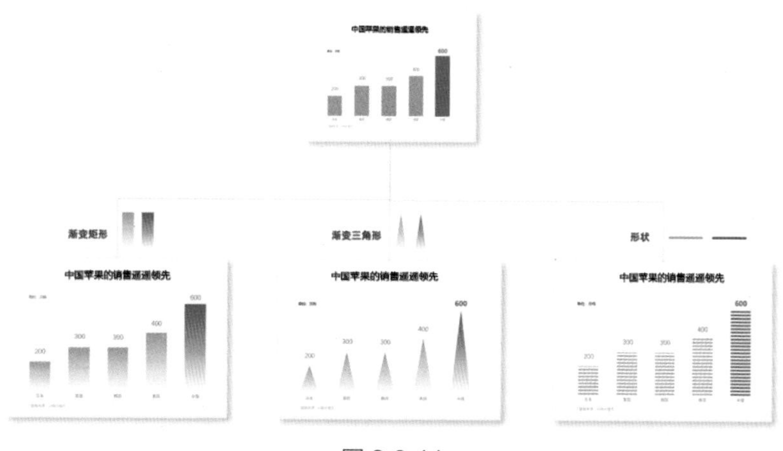

图 3.6.44

把形状替换进图表，只需要先选中图形，按 Ctrl+C 组合键，然后单击柱形（2 次），按 Ctrl+V 组合键即可（图 3.6.45）。

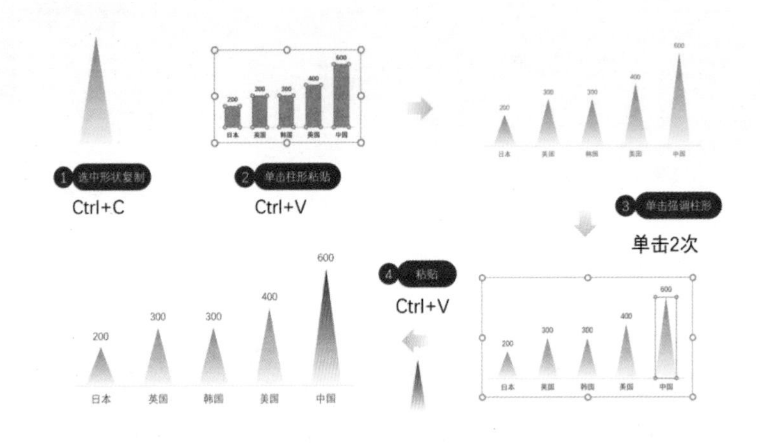

图 3.6.45

也可以把方向换成横向的条形图，再结合图表的主题是苹果销售，所以很自然地联想到苹果的实物图片（图 3.6.46）。

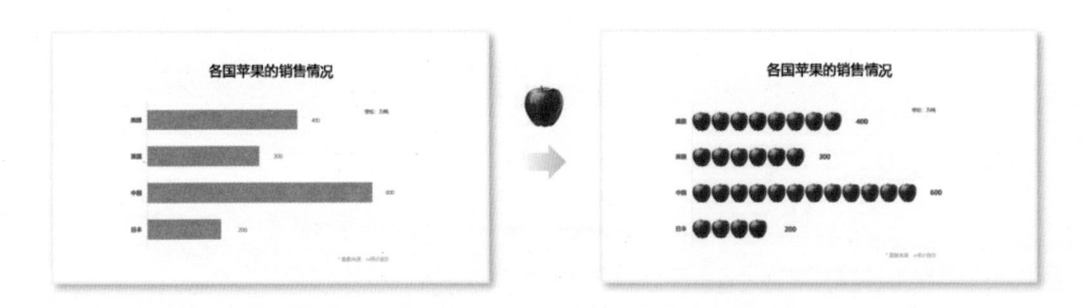

图 3.6.46

替换的方法也是采用复制、粘贴，然后右击，在弹出的快捷菜单中选择“设置数据系列格式”命令，在填充类型中选择“层叠”单选按钮（图 3.6.47）。

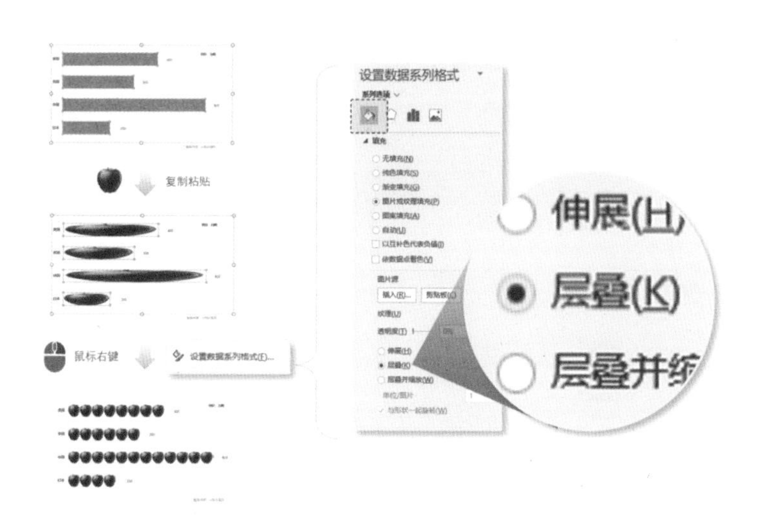

图 3.6.47

在图 3.6.48 所示的案例中，主要体现四个省份的增长比的数据。由各个省份，我们能很容易地联想到各省的版图，于是，可以用矢量地图来代替形状，得到如图 3.6.48 所示的创意图表，既增强了与各省份的联系，又非常有创意地体现了数据，一举两得。

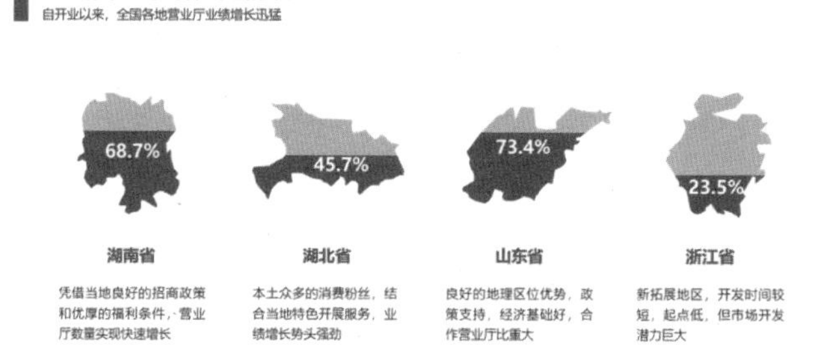

图 3.6.48

对于横向的条形图，也可以采用替换相应素材的方法。

图 3.6.49 中的条线图，主要呈现的是吸烟的比例，可以把条形替换成点燃的香烟更为贴切。用香烟的图片填充以后，就能得到一个非常有创意的数据图表。

再如图 3.6.50 所示的堆积条形图，换成人形填充的图表会显得更加有创意和表现力。

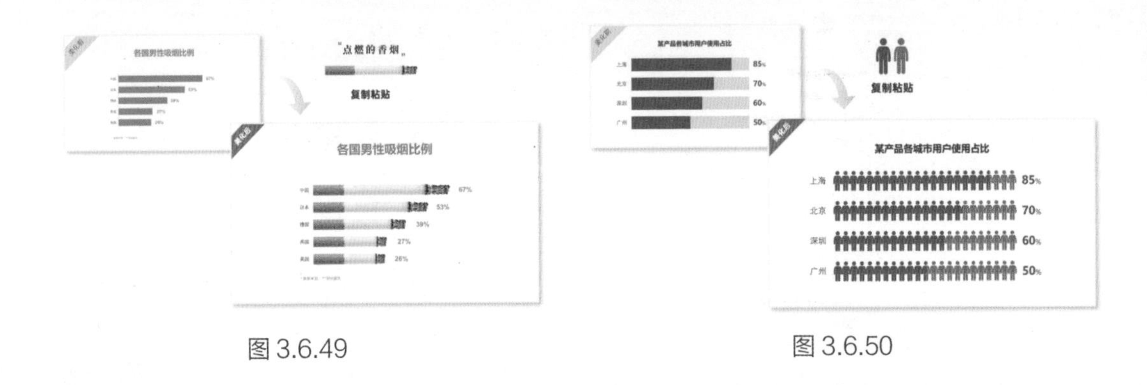

图 3.6.49

图 3.6.50

3.6.5.2 比例关系图表

对于比例关系图表，最常用的形式是饼图。如图 3.6.51 所示的饼图，可以使用相应的沙漠和绿洲的图片来填充，可增强整个图表的表现力。

如果表现的实物是圆形，如玉米，则可以使用彩色和灰色的对比来凸显喜欢吃玉米和讨厌吃玉米的比例分布情况（图 3.6.52）。

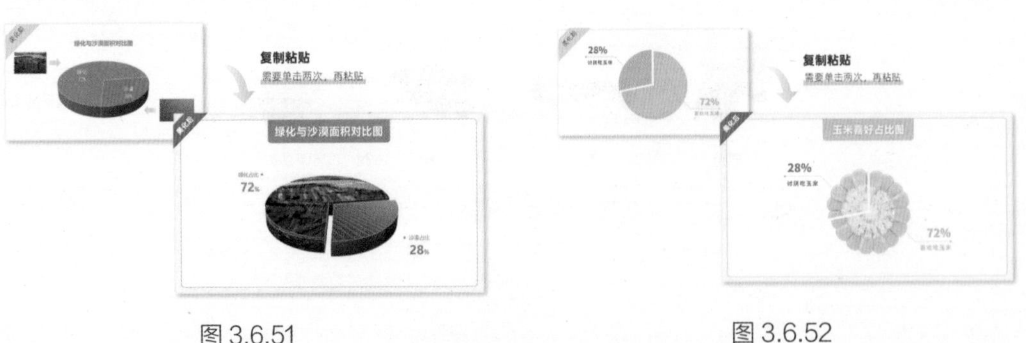

图 3.6.51

图 3.6.52

需要注意的是，灰色部分在复制粘贴时，可能会出现变形，这时需要在图片上右击，在弹出的快捷菜单中选择“设置数据点格式”命令，然后选择“填充”（油漆桶图标）菜单，勾选“将图片平铺为纹理”复选框（图 3.6.53）。

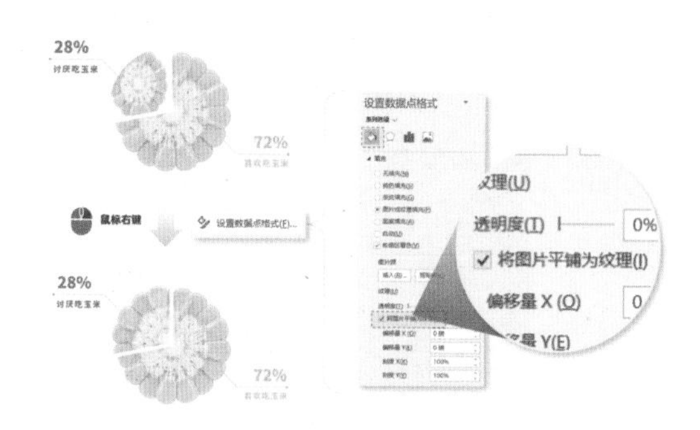

图 3.6.53

3.6.5.3 多维分析图表——雷达图与旋风图

多个维度分析比较常用的图表就是雷达图和旋风图。

雷达图在生活中的应用场景非常普遍，例如，前段时间非常火的一档电视节目“最强大脑”中，对选手能力的分析，就是采用了六维能力图来综合评判选手的“推理力”“计算力”“观察力”“记忆力”“空间力”“创造力”。这里采用的“六维能力图”就是很典型的雷达图（图 3.6.54）。

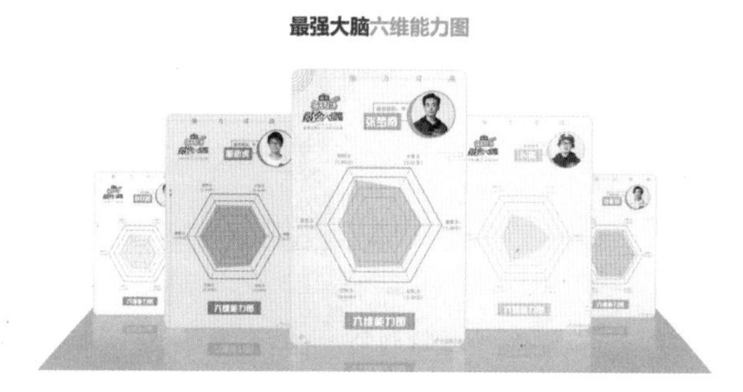

图 3.6.54

和插入图表的方法一样，单击“插入”→“图表”，选择“雷达图”就可以插入了（图 3.6.55）。

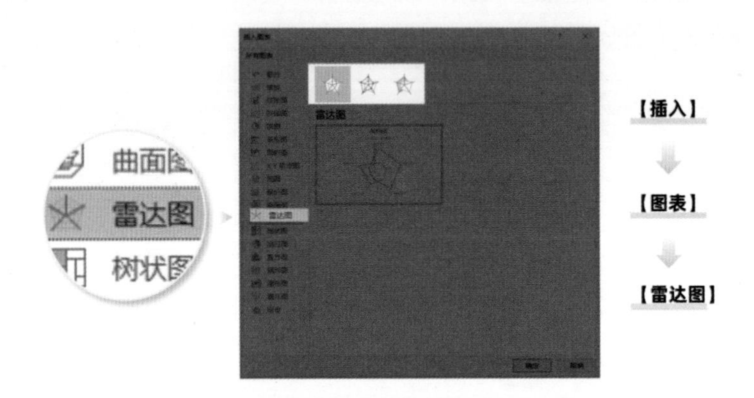

图 3.6.55

当需要比较两位员工的各项综合能力时，用表格的形式显然不够直观，换成雷达图则更为直观（图 3.6.56）。

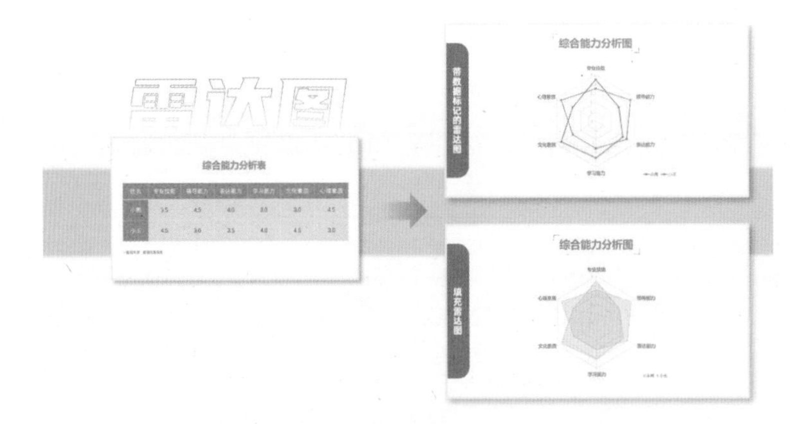

图 3.6.56

旋风图也可以进行多维度的比较。虽然 PPT 的“图表”中没有旋风图的选项，但是可以使用组合条形图进行适当调整，从而得到旋风图（图 3.6.57）。

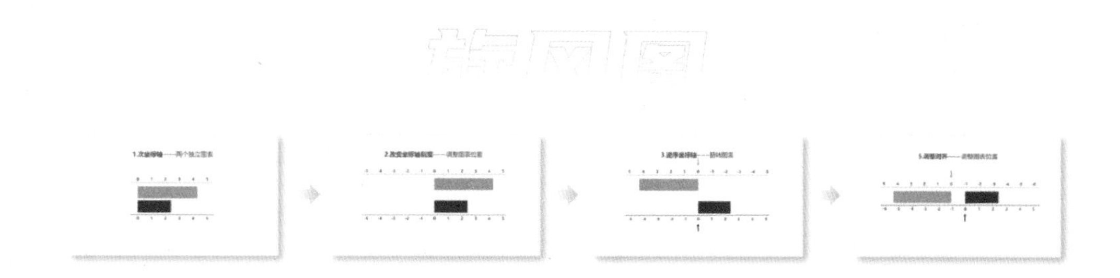

图 3.6.57

图 3.6.58 中的表格数据需要进行多维度分析，可以转换为旋风图以后再添加相应的旗帜，并使用取色器拾取旗帜的颜色（图 3.6.58）。

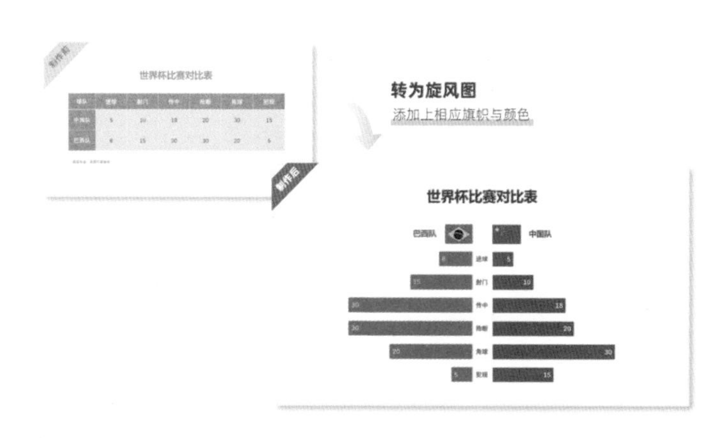

图 3.6.58

结合主题是足球，可以把背景设置为足球的绿茵场并添加白色蒙版，提升页面的表现力（图 3.6.59）。

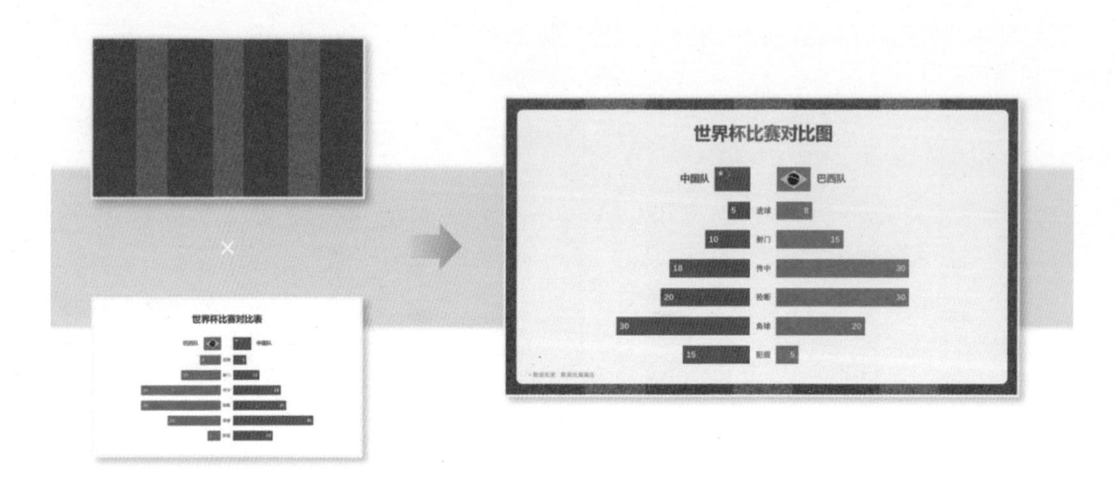

图 3.6.59

3.6.5.4 趋势关系图表

趋势关系一般用折线图表示，更适合表现大量时间序列或者多种类别的数据集。同时，折线图也是多个数据点集合的连线，传达的信息更侧重表现趋势（图 3.6.60）。

图 3.6.60

生活中，折线图的应用场景非常广泛，如股市行情、微信公众号、理财收益率、天气预报等（图 3.6.61）。

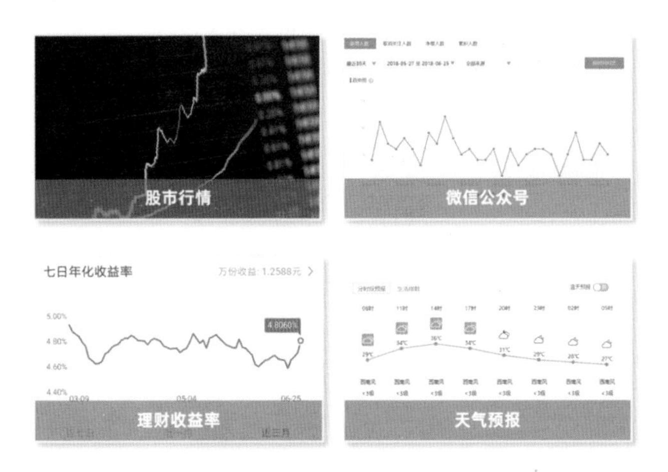

图 3.6.61

图 3.6.62 中的表格体现了销售量随时间的变化而变化的情况，所以用折线图最合适。

还可以在数据点上右击，在弹出的快捷菜单中选择“设置数据系列格式”菜单命令，在弹出的页面中单击“填充”→“标记”→“标记选项”中设置标记效果，可以调整大一点（图 3.6.62）。

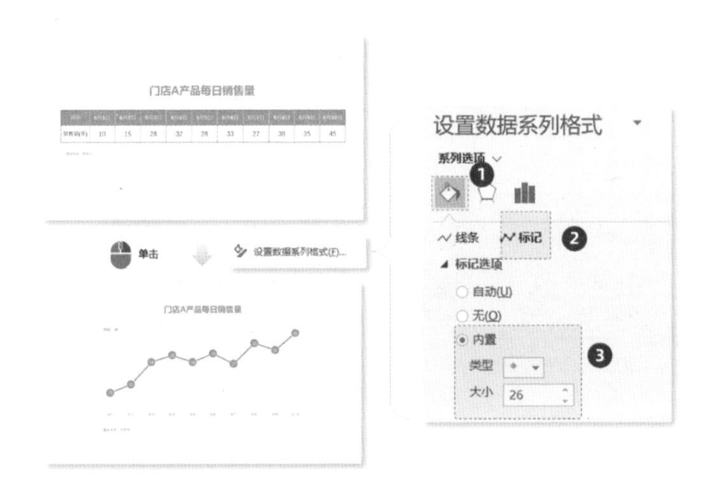

图 3.6.62

右击折线，在弹出的快捷菜单中选择“设置数据系列格式”，在弹出的页面中单击“填充”，拖到页面底部，勾选“平滑线”复选框，可以将生硬的折线调整为平滑的曲线（图 3.6.63）。

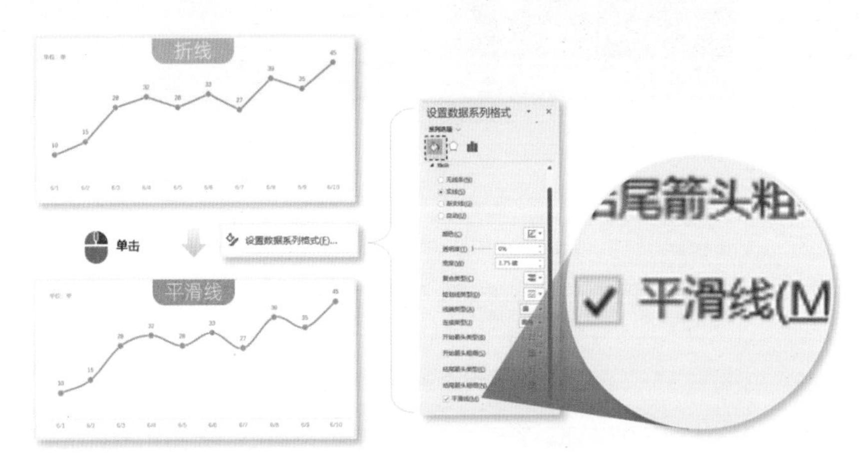

图 3.6.63

还可以继续结合折线图的主题内容来辅助添加相关的图片素材，不仅让图表更便于理解，也能增加图表的表现力。

图 3.6.64 所示的折线图是果蔬相关的，就可以找相关的图片素材。

图 3.6.64

再继续把相关的 PNG 的果蔬填充进折线点中，就可以得到创意十足的折线图，而且还能搭配动画，完成更加出彩的呈现（图 3.6.65）。

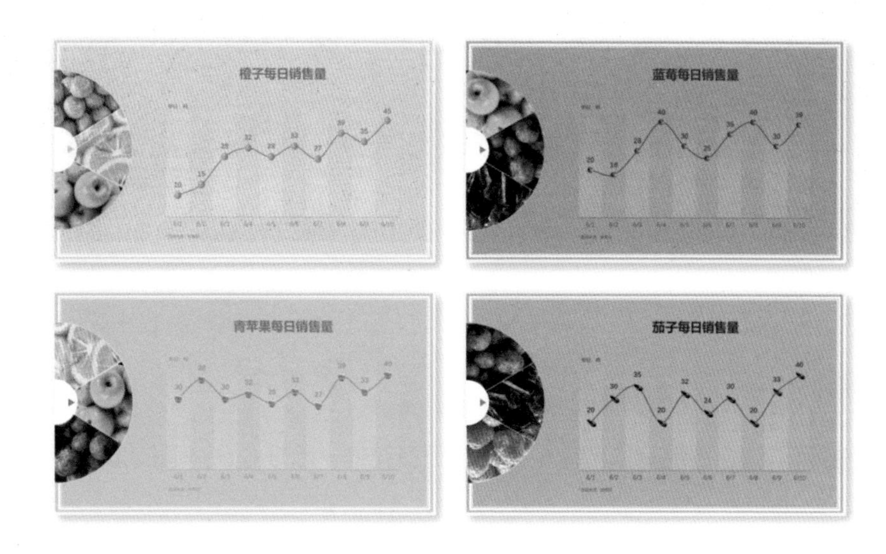

图 3.6.65

如果折线的主题是足球，可以将足球和足球的绿茵场融合进来（图 3.6.66）。

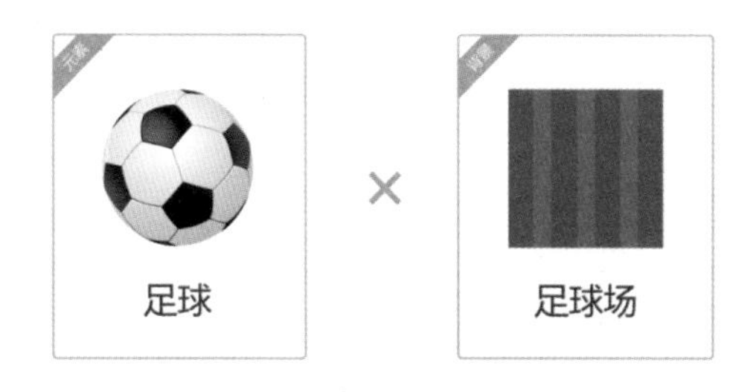

图 3.6.66

将两者结合后得到一个和主题紧扣的创意折线图（图 3.6.67）。

如果是篮球，也可以替换成相关的素材（图 3.6.68）。

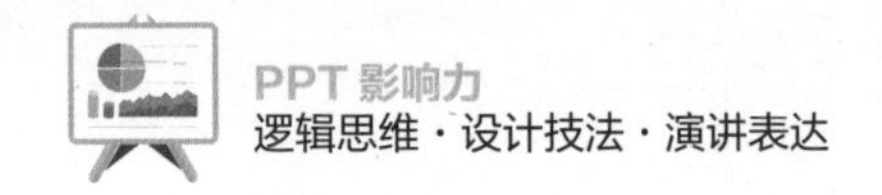

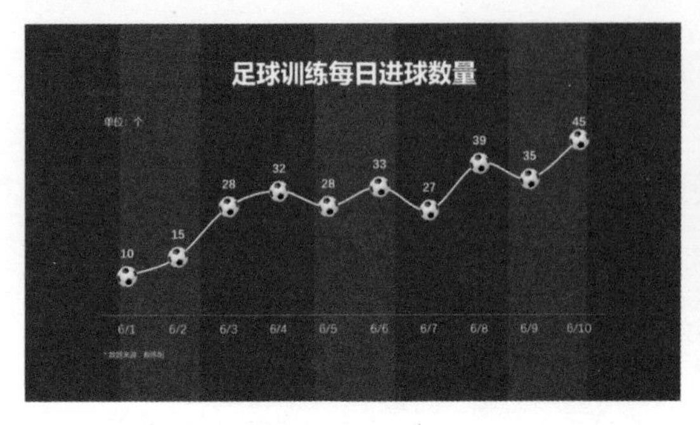

图 3.6.67

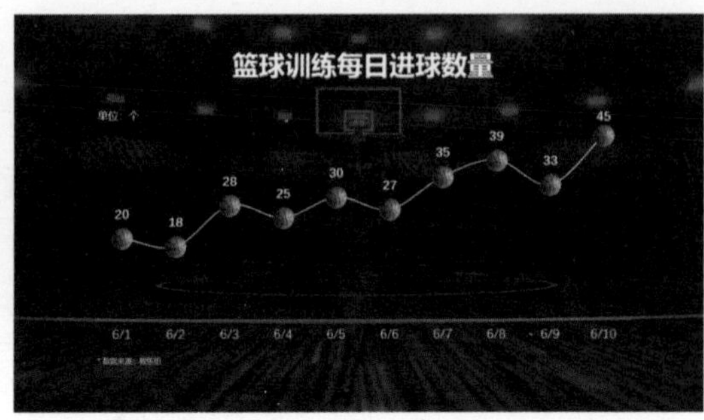

图 3.6.68

3.6.5.5 其他创意图表

思路一旦打开，就会发现其实图表也能做出很多花样。图 3.6.69~ 图 3.6.71 是来自网络的创意信息图表。

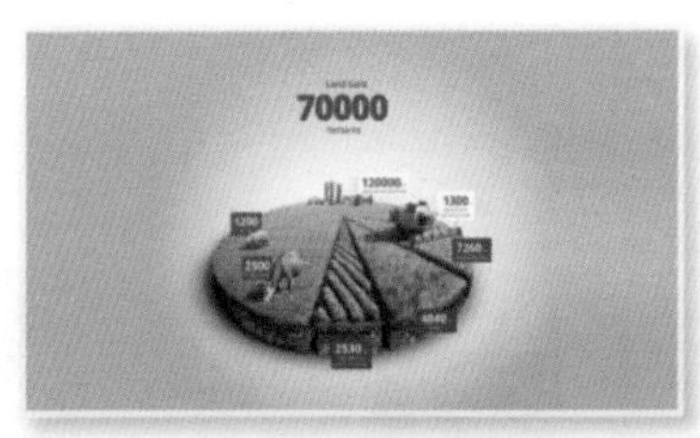

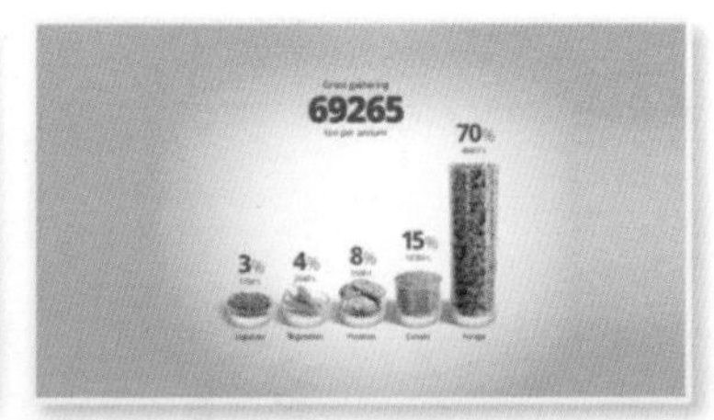

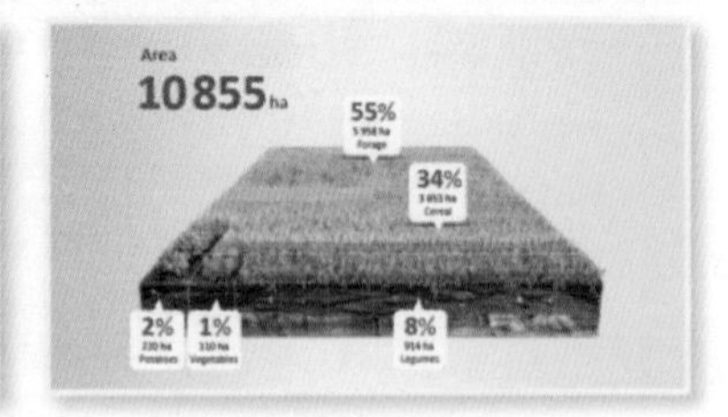

图 3.6.69

334
men
60
Over the 14 years of existence of the c de c,
only 16% of panel members have been women.

For women: why aren't there more female panel
members at our festivals?
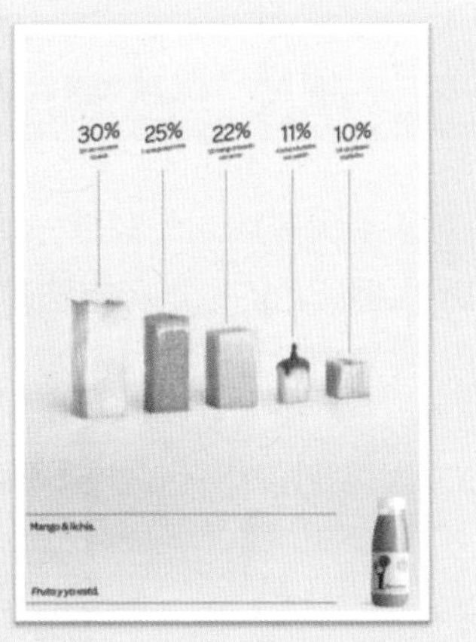
30%
25%
22%
11%
10%
Mango & lichis.

图 3.6.70

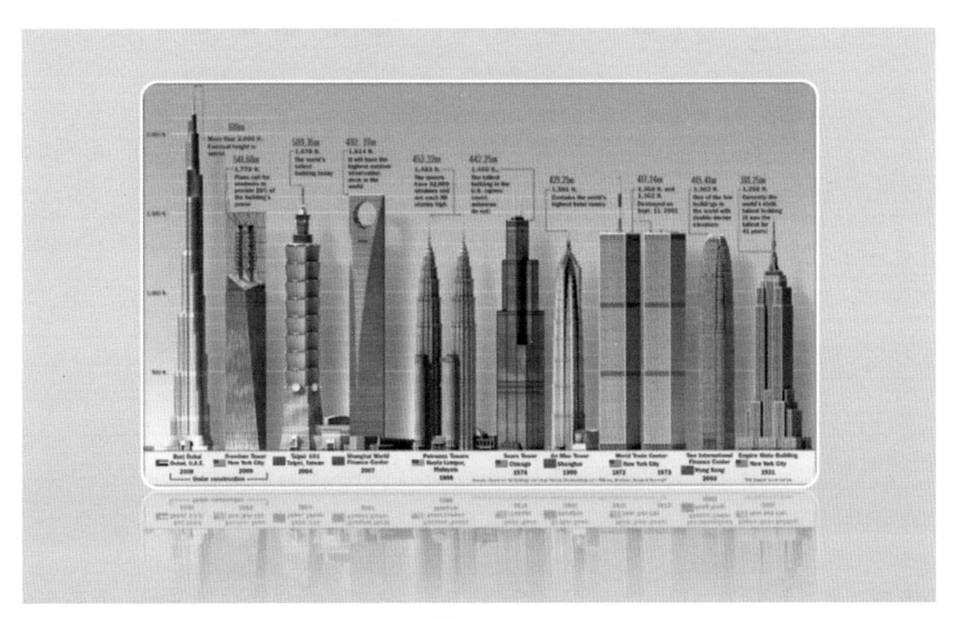

图 3.6.71

3.7 PPT 好气“色”——高级配色秘籍

配色对于绝大多数人而言是一个巨大的鸿沟，横跨美丑之间，因为绝大多数人并不是专业设计师，也不太懂配色的原理和方法，面对复杂的配色理论，估计不少人脑中就一个字——“懵”。

也有人会凭感觉去配色，例如，如图 3.7.1 所示的页面。

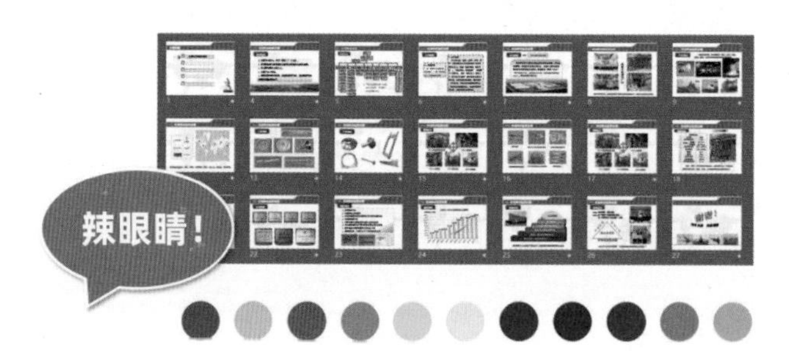

图 3.7.1

这些页面不仅颜色多，而且杂乱不协调。容易让观众在视觉上失去焦点，而且不协调的颜色很容易造成辣眼睛的结果（图 3.7.2）。

图 3.7.2

作为职场人士，虽然不需要学习深奥的色彩知识，但还是非常有必要了解一些配色的基本原理和配色方法，便于在实际工作中能快速应用。

3.7.1 色彩的基本原理

本节就来正式认识一下色彩。

其实，认识颜色和认识人一样，会有几个维度，对于颜色，我们可以从“色相”“饱和度”“明度”三个维度来深入认识（图3.7.3）。

色相可以理解为颜色的相貌，也就是颜色的脸，我们常说的“赤橙红绿青蓝紫”，说的就是色相（图3.7.4）。

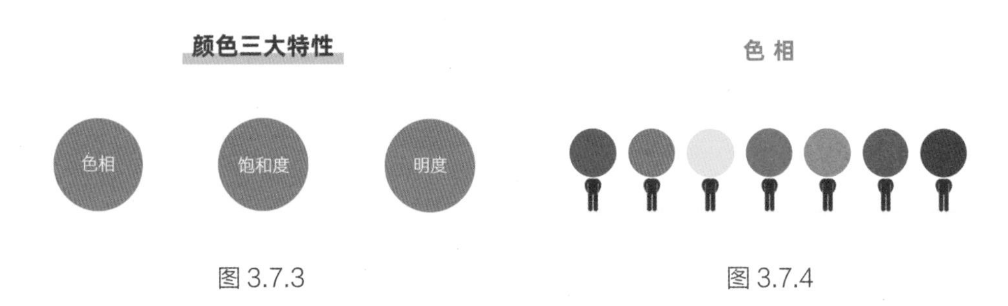

图3.7.3　　图3.7.4

饱和度，可以理解为颜色的纯度，饱和度越高，颜色越鲜艳，饱和度越低，就越显得暗淡（图3.7.5）。

明度可以理解为亮度，明度越高，越接近白色，明度越低，越接近黑色（图3.7.6）。

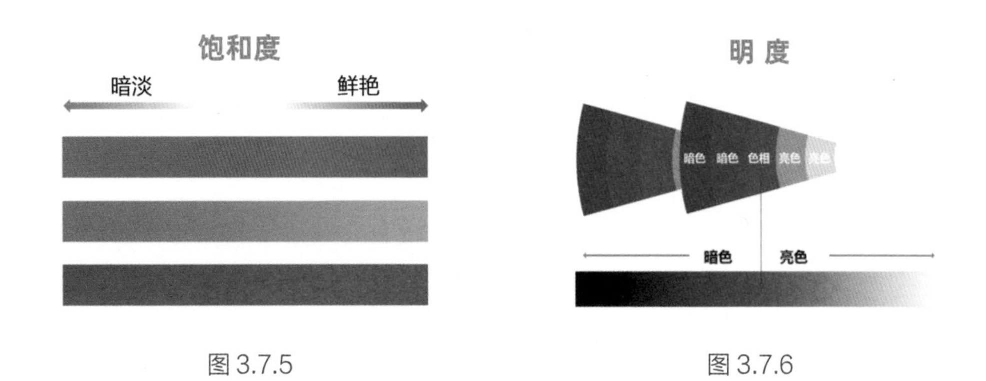

图3.7.5　　图3.7.6

了解了颜色的三个特性以后，我们打开 PPT 的色板。左下方可以精确输入颜色的 RGB 值，方便没有取色器功能的用户使用（图 3.7.7）。

如果需要获取颜色 RGB 值，可以使用 QQ 截图或者微信截图功能，光标悬停即可显示光标所在位置颜色的 RGB 值（图 3.7.8）。

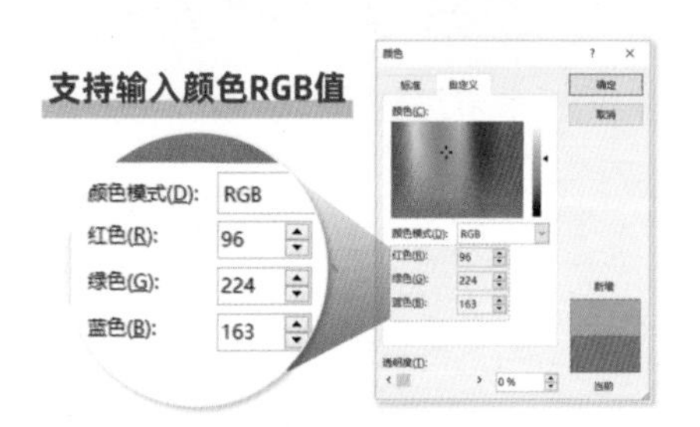

图 3.7.7

图 3.7.8

将色板放大以后，就能找到对应的颜色的三大维度的位置。横向是色相，左边纵向的是饱和度，右边滑块控制的明度（图 3.7.9）。

在主题颜色下方的颜色面板中，横向是色相，纵向是明度（图 3.7.10）。

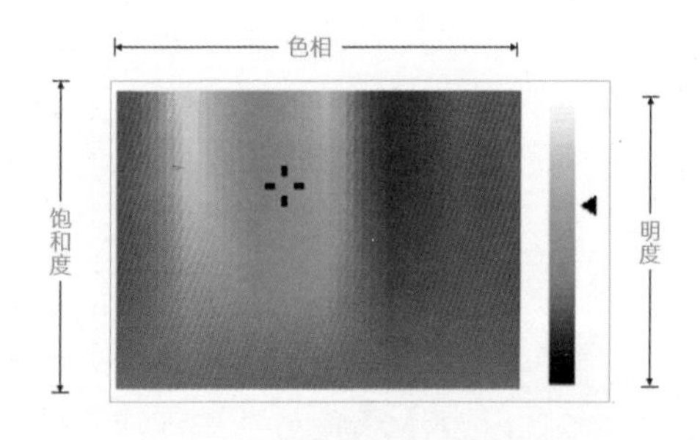

图 3.7.9

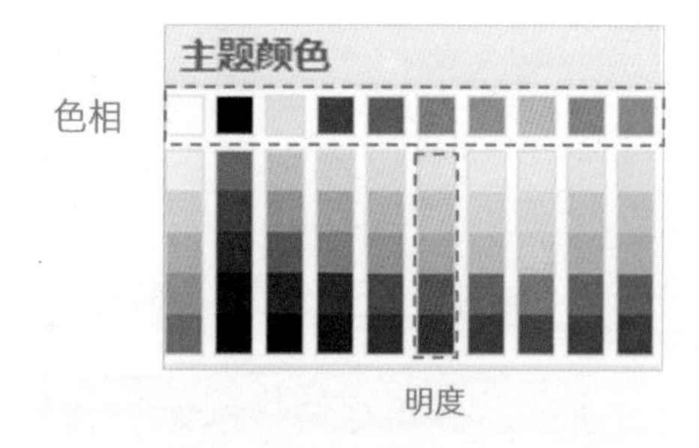

图 3.7.10

在配色时，不一定都做加法，学会做减法，懂得克制才能让配色显得更加专业（图 3.7.11）。

一般建议在 PPT 中的颜色尽可能控制在 3 种以内。颜色一般分为主色、辅助色、强调色，占比一般为 70:25:5（图 3.7.12）。

- 主色：所占比例最高，面积最大，用来奠定 PPT 颜色基调的主要颜色。
- 辅助色：作为主色的辅助，用于衬托，帮助凸显主色。
- 强调色：也就点缀色，主要用于强调部分内容或起点缀作用。

图 3.7.11

图 3.7.12

在具体使用过程中，需要按照主色为主、辅助色为辅的原则，在适当位置添加强调色即可，不用太在意具体比例（图 3.7.13）。

图 3.7.13

3.7.2 三招助你轻松配色

那么 PPT 该如何配色呢？本节讲解 3 种最常见的 PPT 配色方法。分别是 LOGO 色、行业色、专题色。

3.7.2.1 根据 LOGO 配色

根据 LOGO 配色是最常见、最安全、最简单的配色方法。因为企业（或学校）的 LOGO 是其文化的核心体现，当然也包括了 LOGO 的颜色。使用 LOGO 的颜色，能让 PPT 在色彩方面更贴合自己的属性（图 3.7.14）。

推荐使用 PPT 中的取色器拾取颜色（图 3.7.15）。

图 3.7.14　　　　图 3.7.15

在使用取色器的过程中，一定要区分好不同的取色器：填充取色器，对应形状填充颜色；轮廓取色器，对应形状轮廓和线条颜色；文本取色器，对应文字颜色（图 3.7.16）。

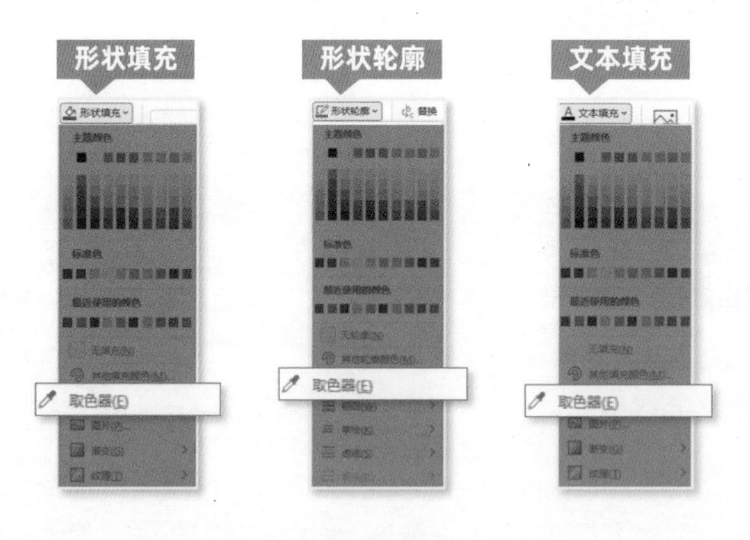

图 3.7.16

3.7.2.2 根据行业配色

每个行业都会有自己行业专属的一些颜色，因为颜色能传递情感，而情感需要在颜色方面体现行业的属性（图 3.7.17）。

暖色一般表现活泼、美味、快乐、温馨等，主要应用的行业为餐饮、金融、化妆品、文娱等。

冷色则主要表现干净、清凉、科技、商务等，主要应用的行业集中在科技、互联网、政务、学术、制造业等（图 3.7.18）。

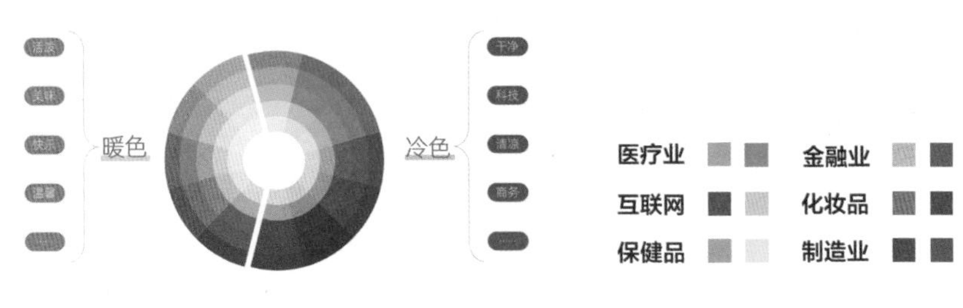

图 3.7.17　　　　图 3.7.18

例如，一提到医疗行业，基本会令人想到“冷静”“沉稳”“理性”等。所以医疗行业一般喜欢用冷色调中的蓝色和绿色来传递以上情感和属性。金融行业则需要用暖色调中的金色和红色来凸显金融行业的属性（图 3.7.19、图 3.7.20）。

医疗行业：蓝色、绿色等

科技行业：蓝色等

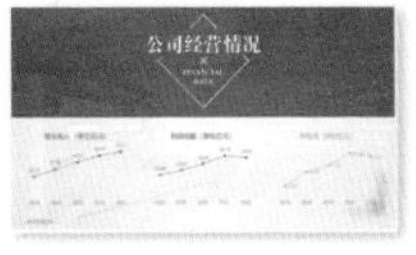

金融行业：红色、金色等

餐饮行业：橙色、红色等

图 3.7.19　　　　图 3.7.20

文字内容如果有明显的行业属性，在配色方面就需要往相关的行业靠拢。

例如，图 3.7.21 中的主题是和“大数据”“科技”等相关，显然用科技专属的蓝色更合适（图 3.7.21）。

例如，图 3.7.22 中的内容是医疗健康方面的，所以用医疗行业的蓝色会比其他颜色更合适（图 3.7.22）。

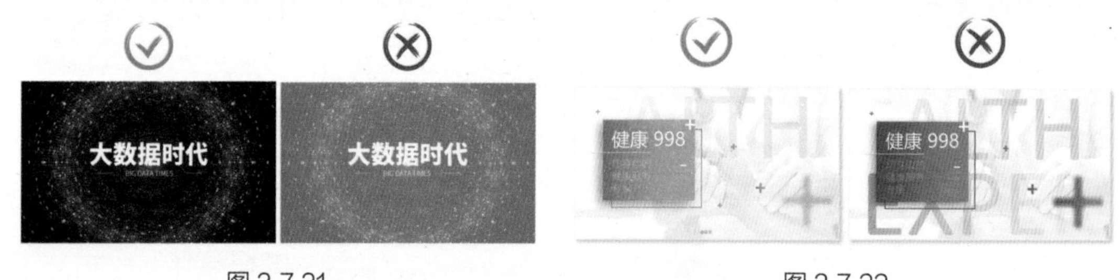

图 3.7.21　　图 3.7.22

3.7.2.3 根据特定专题配色

PPT 的很多场合是特定的专题，在配色时就可以根据专题来配色，如党政专题、年会专题等，使用相应专题的颜色，如红色和金色，或红色和黄色等（图 3.7.23、图 3.7.24）。

图 3.7.23　　图 3.7.24

3.7.3 辅助色搭配方法

在配色方案中，确定了主色以后，就需要进一步完善辅助色，可以借助 24 色色相环的辅助进行搭配（图 3.7.25）。

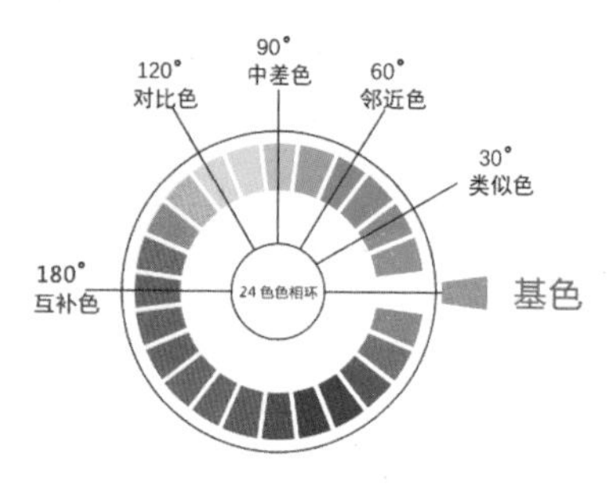

图 3.7.25

一般有以下两种方法。

方法 1：采用主色与互补色、对比色搭配。

颜色对比比较强烈，可以提高视觉冲击力，颜色饱满华丽，让人感觉欢乐活跃，也容易让人兴奋激动。适合表现现代、刺激、华美的气质和属性。如红色与蓝色、红色与绿色等（图 3.7.26、图 3.7.27）。

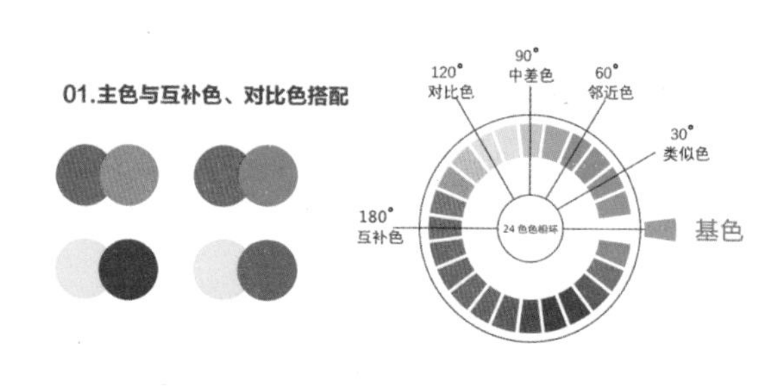

图 3.7.26

图 3.7.27

方法 2：采用主色与类似色、邻近色搭配。

色相彼此近似，冷暖性质一致，色调统一和谐、感情特性一致。这种搭配更容易协调和统一，颜色比较舒缓。如红色和橙色、红色和黄色、蓝色和绿色等（图 3.7.28、图 3.7.29）。

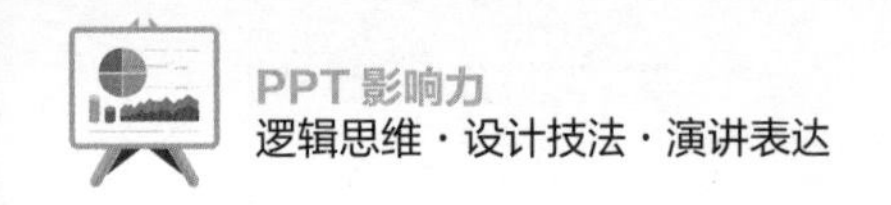

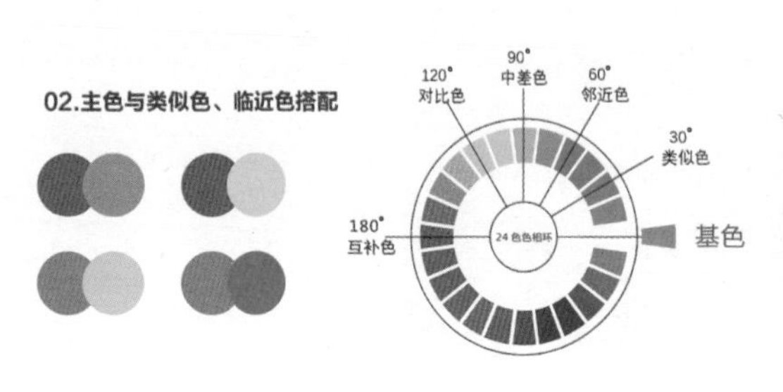

图 3.7.28

图 3.7.29

3.7.4 辅助工具快速配色

3.7.4.1 iSlide 插件

在 iSlide 插件中，单击“iSlide”→“色彩库”，在弹出的对话框中，右上角有一个筛选按钮，可以筛选色相、行业等，得到丰富的配色方案，在相应的配色方案的右侧有两个按钮，标有两个箭头的表示“应用全部页面”，标有一个箭头的表示“应用当前页面”（图 3.7.30）。

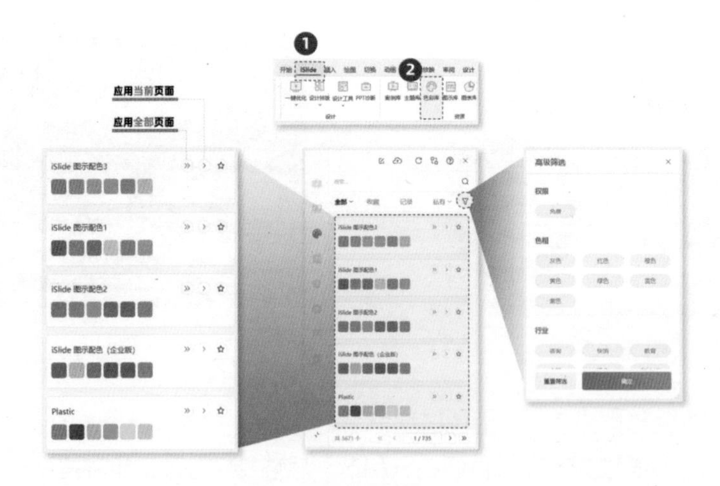

图 3.7.30

只要是应用了主题色的 PPT，都可以实现一键换色（图 3.7.31）。

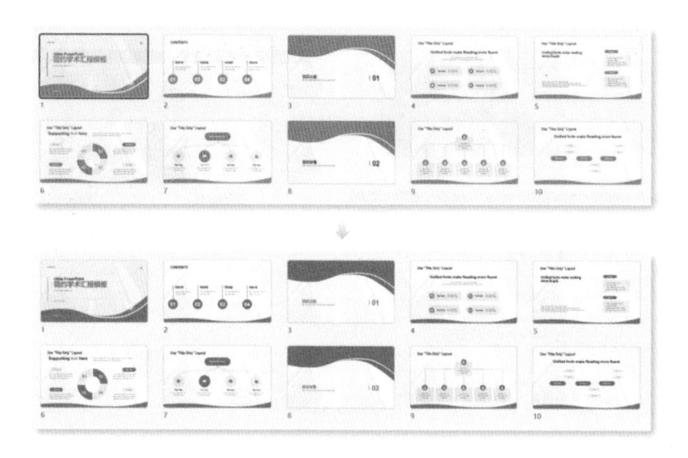

图 3.7.31

3.7.4.2 Adobe Color CC

Adobe Color CC 是一个基于网络的应用，它提供免费的色彩主题，用户可以在任何作品上使用它们，无版权风险。可以选择不同的调色规则，然后使用交互式色盘、亮度以及不同颜色模式的滑块来建立颜色（图 3.7.32）。

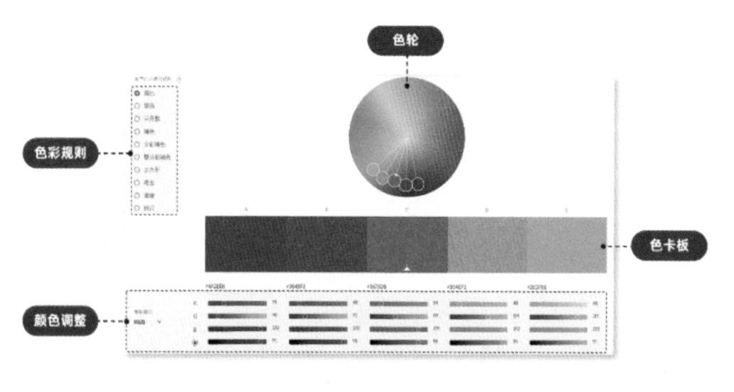

图 3.7.32

该网站支持图片上传，并根据图片颜色智能生成配色方案（图 3.7.33）。

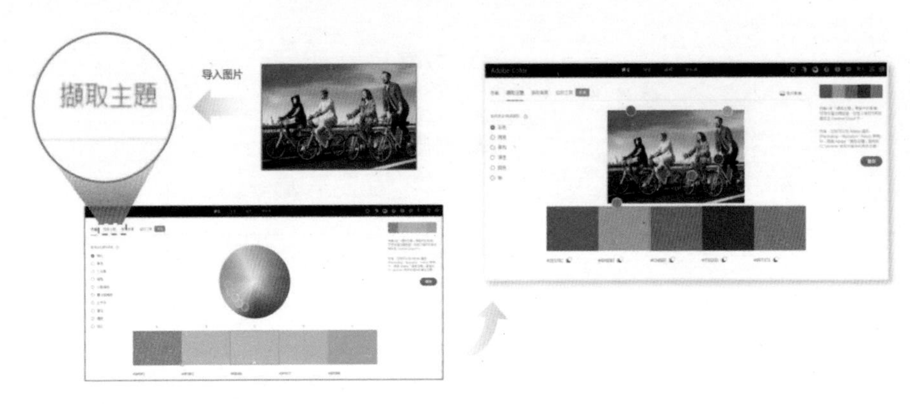

图 3.7.33

生成的配色方案，可以使用取色器放置在幻灯片母版页面左上角的位置，在普通视图下，既能使用又不会担心误删（图 3.7.34）。

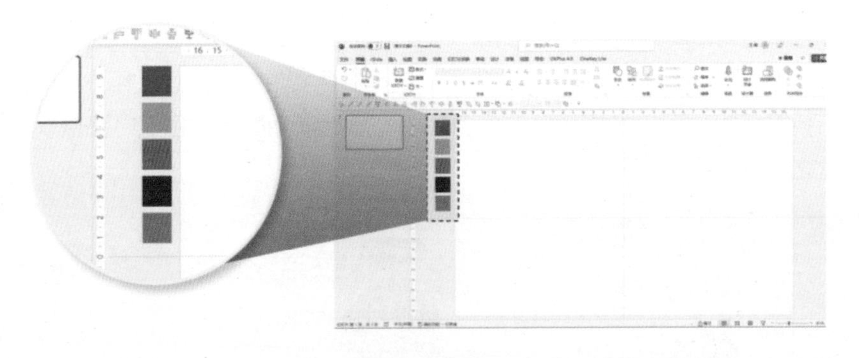

图 3.7.34

3.7.4.3 uigradients

uigradients 网站里有大量的渐变配色方案，可以选择色系后，以图片的形式下载下来（图 3.7.35）。下载后再搭配取色器使用即可。

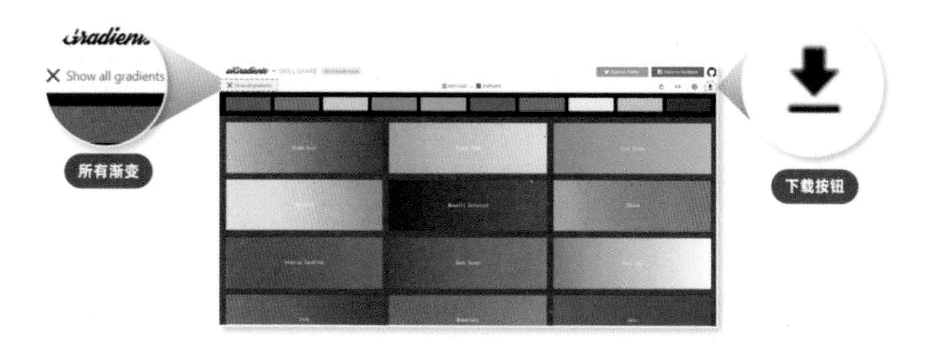

图 3.7.35

3.8 PPT 设计——排版四原则

PPT 排版是很多职场人士非常头疼的问题，因为绝大部分人都不是专业的设计人员，但是学习一些简单的设计排版知识还是非常必要的，这些知识能很好地帮助我们把页面排版得专业而且好看（图 3.8.1）。

其实 PPT 设计属于平面设计的一个小的分支，所以可以通过学习平面设计的知识来提升设计排版水平。同时，积累一些经典的 PPT 版式，也能帮助我们快速排版（图 3.8.2）。

图 3.8.1

图 3.8.2

在平面设计的众多理论中，最经典的就是排版四原则，分别是“对齐”“对比”“亲密”“重复”

（图 3.8.3），我们也可以用这四个原则来作为衡量 PPT 页面的原则和标准。

排版四原则

对齐 · 对比 · 亲密 · 重复

图 3.8.3

3.8.1 对齐——一齐遮百丑

在设计中有句话叫“一‘齐’遮百丑”，说的就是“对齐”，意思是页面做到了对齐，就能让页面显得整洁、专业（图 3.8.4）。

对齐虽然看似简单，但非常容易被忽视，甚至需要我们多少有点强迫症（图 3.8.5）。

/ 对齐 /

图 3.8.4

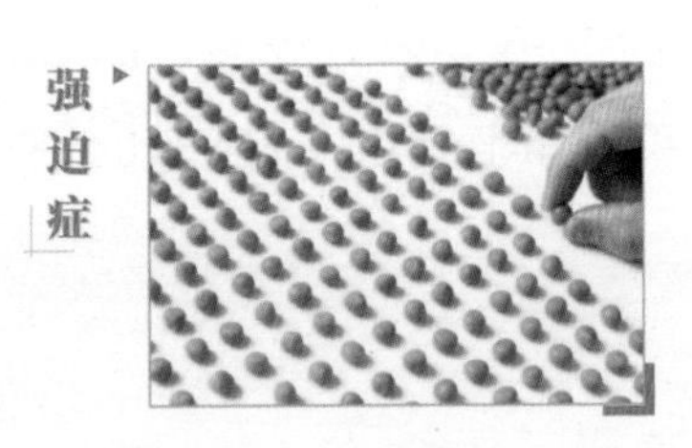

图 3.8.5

在阅兵时，解放军队列就非常整齐，显得非常有气势和美感，也能传达中国军人的精、气、神（图 3.8.6）。

在 PPT 里实现对齐，我们可以主要依靠自带的对齐工具来快速实现。主要包括左对齐、右对齐、居中对齐和均等分布等（图 3.8.7）。

整齐的

阅兵方阵

图 3.8.6

常用对齐命令

左对齐　右对齐　横向居中　竖向居中　横向分布　纵向分布

图 3.8.7

“参考线”是做好对齐操作的利器，不仅仅可以方便页内元素对齐，也可以实现跨页对齐。

单击“视图”→“参考线”即可打开（图 3.8.8）。

如果页面内容只是杂乱无章地堆砌在页面中，则会给人非常零散的感觉。而如果将页面内容对齐以后，则能营造整洁感和秩序感（图 3.8.9）。

参考线

视图 ▸ 参考线

图 3.8.8

乱

齐

图 3.8.9

打开参考线就会发现，相关联的元素都是对齐的（图 3.8.10）。

大型发布会页面的排版也会注意元素对齐，这也是专业页面的基本要求（图 3.8.11）。

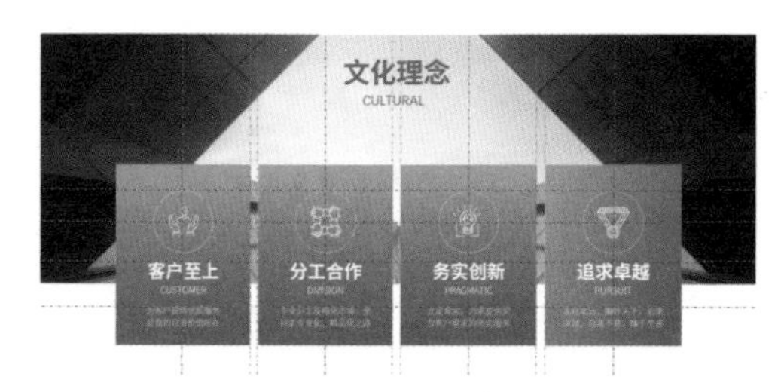

图 3.8.10

图 3.8.11

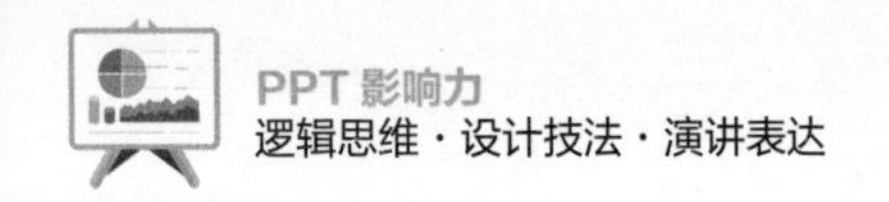

这里需要补充一个小细节，插入文本后，默认是左对齐。在文本整体需要对齐时，需要调整文本的对齐方式，包括左、右、两端、分散对齐（图 3.8.12）。

总之，做好对齐能够让页面更加统一而且有条理，从而避免页面零散和混乱（图 3.8.13）。

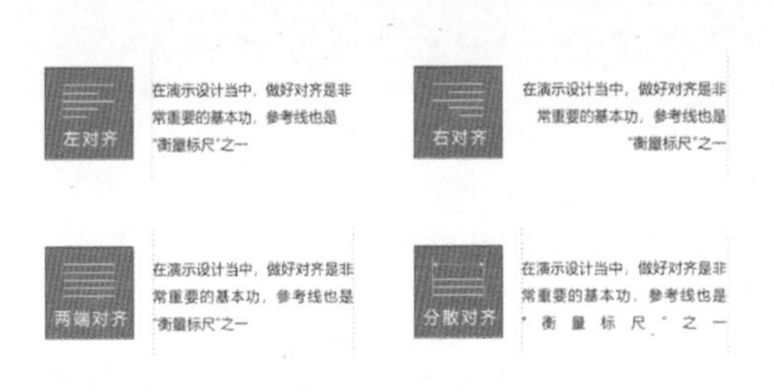

图 3.8.12

图 3.8.13

3.8.2 对比——层次感与阅读秩序感

第二个经典的排版原理是“对比”（图 3.8.14）。

对比的本质就是差异化，可以从大小、颜色、粗细、前后、形状、虚实等角度进行对比（图 3.8.15）。

图 3.8.14

图 3.8.15

为什么要做对比呢？因为人的眼睛无法一下子接收大量的信息，通过对比能让重点的信息凸显出来；同时也可以增加层次，使页面不平淡（图 3.8.16）。

如图 3.8.17 中的表格，需要强调某一列，就可以利用颜色和大小对比来实现。

突出重点　　增强层次

图 3.8.16

大小 & 颜色

图 3.8.17

对比的另一个主要作用是营造层次感，从而突出页面的节奏和韵律。

如图 3.8.18 所示，在这个页面中，一张背景图片加上色块和文字，虽然也能表现信息，但是总感觉平淡了点，没有层次和韵味，自然谈不上设计感。

可以在原版的基础上增加形状装饰，形成大小、前后和虚实对比。对比图 3.8.18 和图 3.8.19，后者是不是更加有设计感呢？

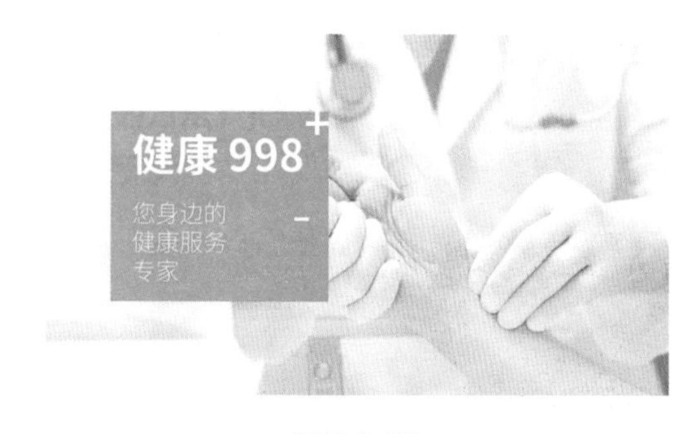

图 3.8.18

图 3.8.19

再如图 3.8.20 所示的页面中，内容虽然已经做好了对齐，但页面还是感觉有点散，而且很单调。

增加上红色的形状，就能让整体的层次区分更明显，文字内容也在颜色对比中形成了韵律和节奏（图 3.8.21）。

图 3.8.20

图 3.8.21

3.8.3 亲密——模块化思维

第三个经典的原则是“亲密”(图 3.8.22)。

亲密的本质其实就是运用“编组思维”来打破页面的零散。

举个例子，在图 3.8.23 所示的页面中，右侧文字比较凌乱，看不出明显的内容区分。

/ 亲密 /

图 3.8.22

图 3.8.23

但是通过文字的大小关系可以判断它们的所属关系，所以，根据亲密原则，可以把关系近的编成一个组，形成清晰的区分 (图 3.8.24)。

通过这个案例可以总结出，亲密原则其实就是“同组靠近，异组分离”的过程 (图 3.8.25)。

还可以以图片的趋势线作为时间轴，实现图片和文字的亲密 (图 3.8.26、图 3.8.27)。

图 3.8.24

图 3.8.25

图 3.8.26

图 3.8.27

3.8.4 重复——统一设计

最后一个原则就是“重复”（图 3.8.28）。

重复的意思其实就是同样的元素大量出现，重复能传递出统一感，所以有时候也把这个原则叫作统一。

很多人喜欢拼凑 PPT，而忽视了“统一”的原则，从而出现很明显的拼凑感（图 3.8.29）。

/ 重复 /

图 3.8.28

统一 ✓　拼凑 ×

图 3.8.29

需要重复（统一）使用的包括字体、颜色、大小、风格等，而且要使整套 PPT 一致（图 3.8.30）。

对于 PPT 单页重复原则也同样适用，例如，图 3.8.31 中的这些不规则的 LOGO，在页面中就比较杂乱。

图 3.8.30　　　　　　图 3.8.31

给它们添加统一的菱形框以后，整体感就强了很多，视觉效果也更好（图 3.8.32、图 3.8.33）。

图 3.8.32　　　　　　图 3.8.33

3.9 版式库——排版辅助利器

掌握排版是做好 PPT 设计的基础，在工作中，如何才能实现快速应用呢？

其实 PPT 的排版是有一定“套路”的，那就是“版式”，它可以直接进行嫁接和运用。

经典的版式主要包括“上下”“左右”“居中”“全屏”(图 3.9.1)。

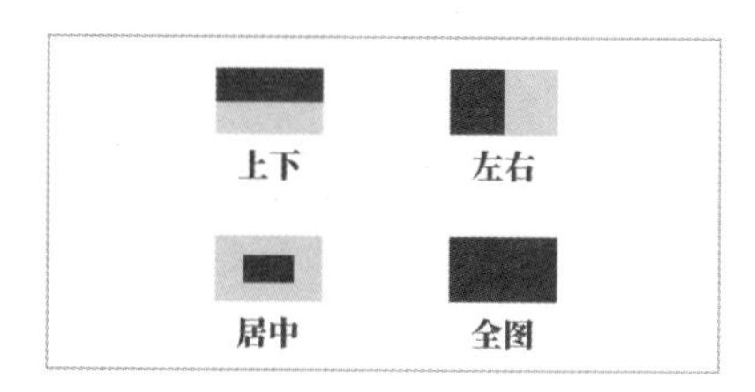

图 3.9.1

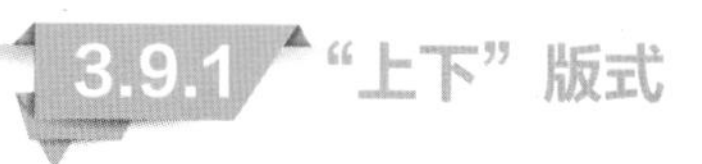

3.9.1 “上下”版式

“上下”版式的意思就是图片 (或者形状) 与文字以横向的方式进行区分 (图 3.9.2)。

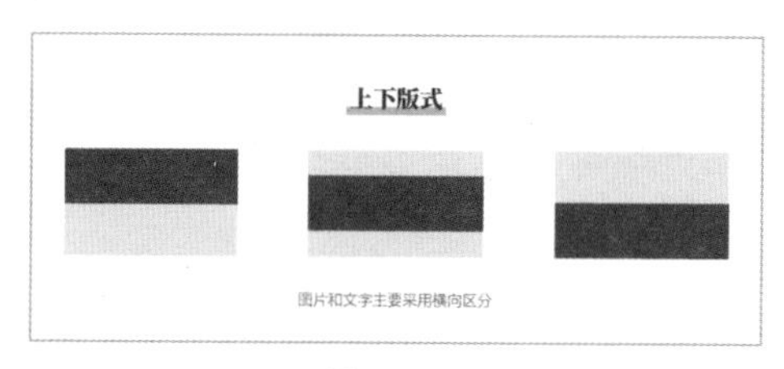

图 3.9.2

可以通过几个上下型的版式页面来加强印象 (图 3.9.3、图 3.9.4)。

图 3.9.3

图 3.9.4

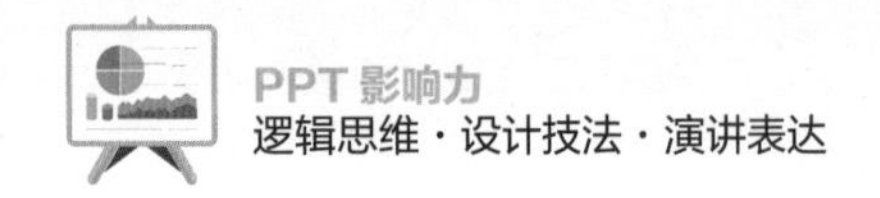

一般而言，横向延展的图片更适合上下版式。图片上方叠加蒙版可以放文字内容。使用的形式除了矩形以外，圆弧形、三角形或曲线图形比较常见（图 3.9.5~ 图 3.9.7）。

图 3.9.5

图 3.9.6

图 3.9.7

3.9.2 “左右”版式

“左右”版式则和“上下”版式相反，图文主要采用纵向区分（图 3.9.8）。
图 3.9.9~ 图 3.9.11 中的页面就是采用的左右图文排版。

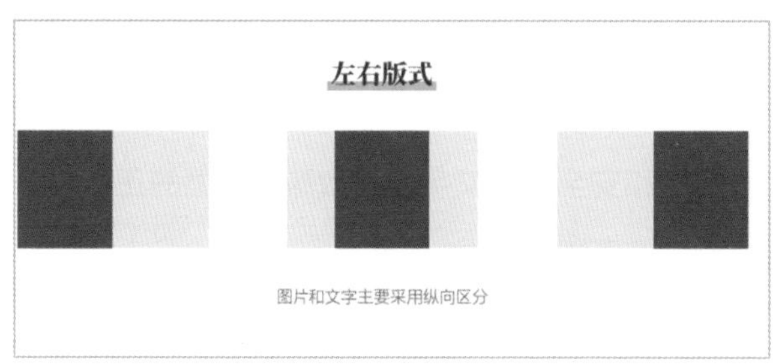

图 3.9.8

图 3.9.9

图 3.9.10

图 3.9.11

“左右”版式不用太拘谨，不一定是垂直的，也可以采用斜线或者曲线等，让页面的形式感更强一点（图 3.9.12、图 3.9.13）。

图 3.9.12

图 3.9.13

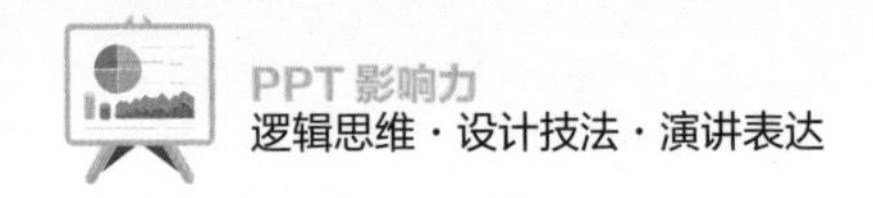

3.9.3 “居中”版式

“居中”版式是典型的对称版式，所以比较稳妥和安全，将文字内容放置在页面的正中央，一般在封面和结尾使用较多（图 3.9.14）。

居中版式

图 3.9.14

图 3.9.15、图 3.9.16 都属于居中型的版式。

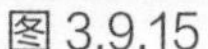
图 3.9.15

图 3.9.16

3.9.4 “全图”版式

“全图”版式是将图片铺满画布，然后在图片上放置文字，一般对图片的要求比较高，而且最好图片要有留白，方便放置文字（图 3.9.17）。

如图 3.9.18 所示的飞机图片，视觉效果好，而且下方有留白，非常适合做全图版式。

图 3.9.17

留白区域

图 3.9.18

图片铺满画布以后，留白区域放文字，既可以增强页面表现力，又能让主题（飞机）凸显（图 3.9.19）。

再如图 3.9.20 所示的城市图片，下方是城市，上方有留白。

图 3.9.19

留白区域

图 3.9.20

所以在上方留白区域中可以放置内页的文字内容，让下方的城市烘托渲染商务感和氛围（图 3.9.21）。

图 3.9.21

3.10 “案例演练”排版设计之“综合演练”

3.10.1 整套 PPT 设计案例

掌握了素材的处理与排版的理论方法后，就可以尝试进行运用，素材内容如图 3.10.1 所示。

图 3.10.1

图片素材为该城市图片，可以使用取色器从图片中拾取颜色形成配色方案，并选定较粗的“思源宋体 Heavy”作为标题字体，正文字体采用较细的“阿里巴巴普惠体 Light”(图 3.10.2)。

封面页文字较少，但是需要具有视觉冲击力，可以通过裁剪保留图片中的建筑物区域，并保留天空的大量留白，再结合“全图”和“居中”版式，放上标题文字，主标题设置为大气的书法字体，最终得到如图 3.10.3 所示的 PPT 封面。

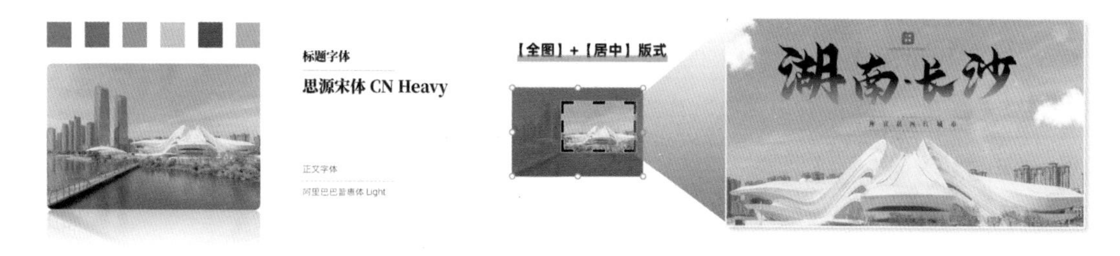

图 3.10.2　　图 3.10.3

第 2 页是时间轴页面，需要找一下图片中可以利用的轴线，仔细观察发现图片中有一座小桥。于是通过裁剪缩放调整，让桥放大以后，以桥作为时间轴线把内容连接起来，为了让文字更凸显，添加上蓝色的渐变蒙版，得到如图 3.10.4 所示的页面效果。

第 3 页为城市美食。可以找到美食图片，统一裁剪为正圆形，然后添加装菜的盘子放置美食图片，给人一种盘子里放置了美食的感觉（图 3.10.5）。

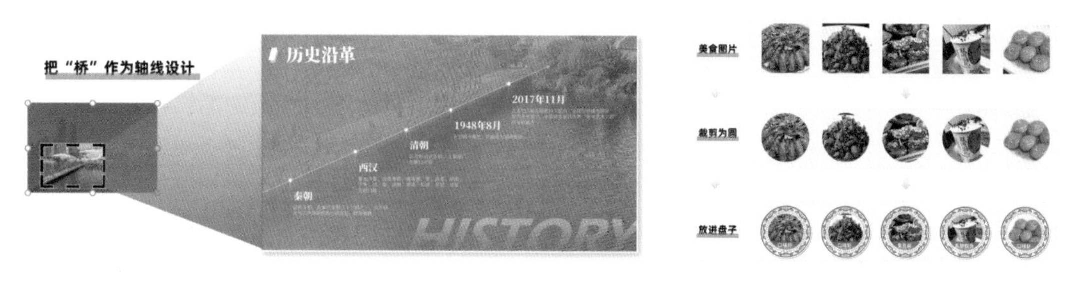

图 3.10.4　　图 3.10.5

紧接着把处理好的图片和文字以“居中”版式排布在页面中，背景图片添加白色蒙版，让图片起到烘托氛围与增强背景层次的作用（图 3.10.6）。

第 4 页为城市概况。可以重点突出图片左侧的两栋高耸的建筑，并运用穿插设计，右侧部分放置文字内容，按照左右版式排版，通过对比的方式突出重点文字内容。对于重点的数字部分，可以单独突出并用矩形框框起来，排列整齐，即可得到如图 3.10.7 所示的页面。

图 3.10.6

图 3.10.7

最后是结尾页。可以采用简单的上下版式，上方为图片，下方为结束语文字。为了让白色更有层次感，可以添加线条装饰（图 3.10.8）。

最终的成品放在一起和原稿进行对比（图 3.10.9）。

图 3.10.8

图 3.10.9

3.10.2 单个 PPT 页面美化案例

在修改单个页面案例时，也可以综合运用前面讲过的设计排版原理进行分析。如图 3.10.10 所示的页面是学术型 PPT 中的一个页面。

这个页面最主要的问题是杂乱、不统一。表现在“颜色不统一”“排版混乱”以及“层次感太弱”，具体优化方向如图 3.10.11 所示。

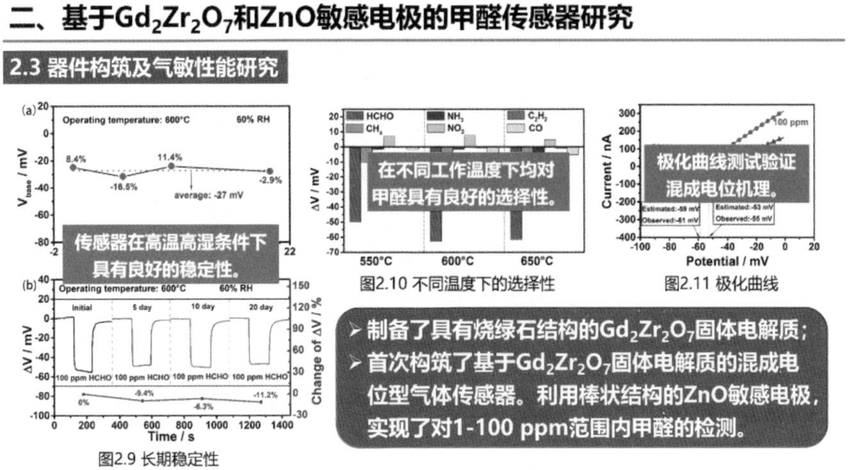

二、基于$Gd_2Zr_2O_7$和ZnO敏感电极的甲醛传感器研究
2.3 器件构筑及气敏性能研究
Operating temperature: 600°C
60% RH
传感器在高温高湿条件下具有良好的稳定性。
在不同工作温度下均对甲醛具有良好的选择性。
极化曲线测试验证混成电位机理。
550°C
600°C
650°C
Potential / mV
Time / s
图2.9 长期稳定性
图2.10 不同温度下的选择性
图2.11 极化曲线
制备了具有烧绿石结构的$Gd_2Zr_2O_7$固体电解质；
首次构筑了基于$Gd_2Zr_2O_7$固体电解质的混成电位型气体传感器。利用棒状结构的ZnO敏感电极，实现了对1-100 ppm范围内甲醛的检测。

图 3.10.10

1 颜色不统一
颜色不统一，红色突兀。可以统一采用LOGO中的蓝色。
(RGB:8,54,191)
2 排版混乱
页面排版乱，不整齐。可以利用矩形或表格对齐排版。
3 层次感太弱
满篇文字加粗，没有层次感。可以将标题和重点文字加粗，非重点不用加粗。
标题&重点文字 (加粗)
正文文字 (不加粗)

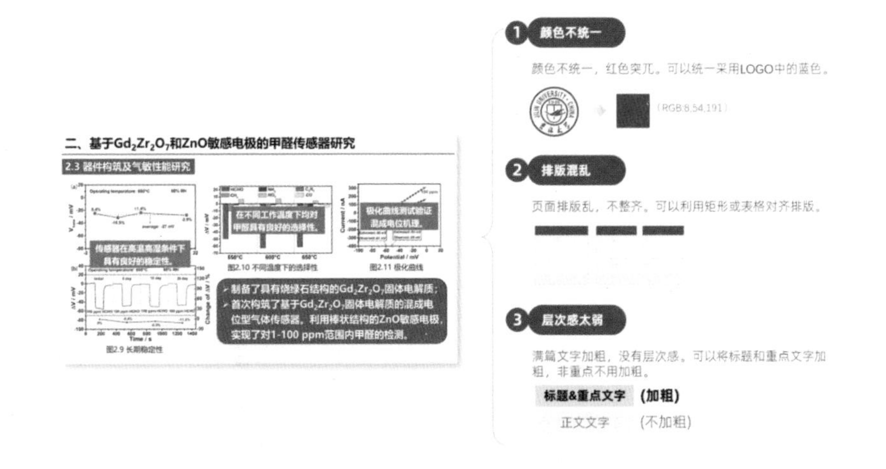

图 3.10.11

调整以后，得到如图 3.10.12 所示的页面。相对原稿，更简洁清晰，而且重点更突出。

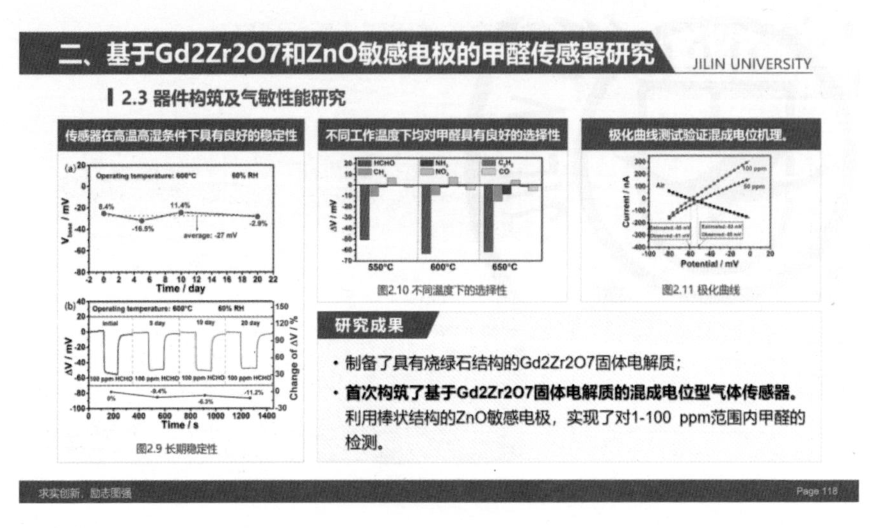

图 3.10.12

修改前后的页面放在一起对比一下，如图 3.10.13 所示。

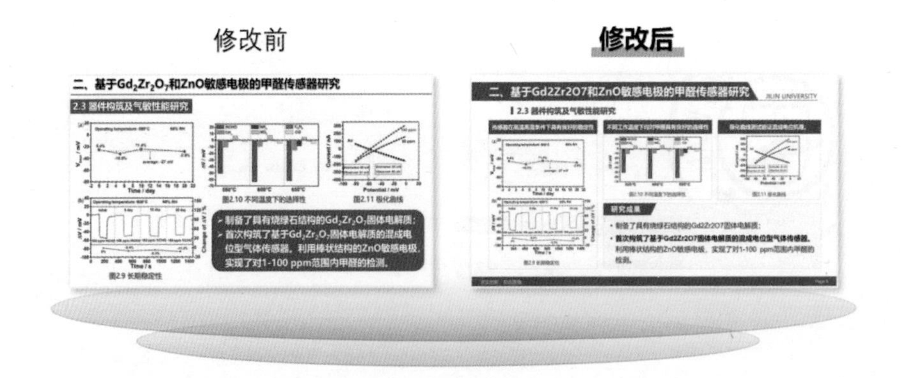

图 3.10.13

Chapter 04

逻辑篇

构建“逻辑说服力”

“PPT 未动，思维先行”

想要 PPT 具有说服力和感染力，就必须把重点放在内容的逻辑架构上，如何梳理整体的架构？PPT 的内容策划应该怎么处理？如何借助思维导图工具来辅助逻辑的梳理？本章将重点讲解以上问题。

4.1 用思维导图工具辅助梳理逻辑架构

对于很多人而言，构思逻辑有很大的难度，这时就需要借助思维工具的辅助了，正如著名作家采铜说过："一个具有高度可塑性的大脑在良好的思维工具的辅佐下，在持续不断的行动打磨中会强大的超出你的想象。（图 4.1.1）"

图 4.1.1

在 PPT 制作中，我们推荐的"思维工具"就是思维导图，它被称为大脑中的瑞士军刀。

借助思维导图工具绘制脑图梳理内容逻辑，从而将抽象的逻辑具象化。

下面讲解 3 款免费的思维导图工具：XMind、幕布和 WPS 脑图。

4.1.1 XMind：全功能思维导图工具

XMind 是一款行业内非常经典的老牌思维导图工具，在进行"头脑风暴""逻辑梳理""思维展示"时，能非常便捷地呈现思维逻辑形式（图 4.1.2）。

XMind 的用法非常简单，很容易上手。只需要记住关键的 3 个操作即可（图 4.1.3）。

- Enter 键：新建同一级主题。
- Tab 键：新建下一级主题。
- 光标拖动：调整主题位置。

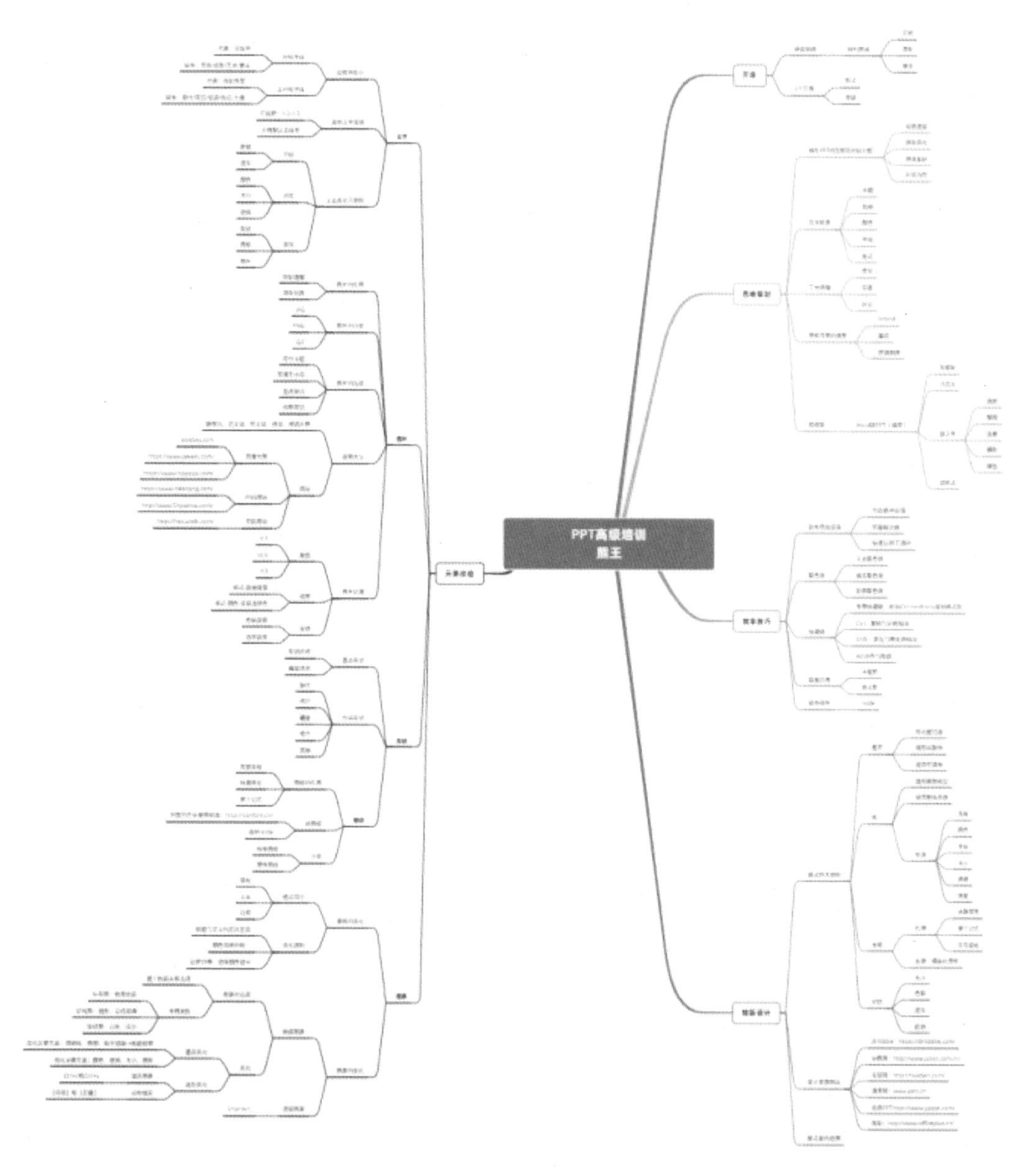

图 4.1.2

通用操作

图 4.1.3

在新建“图库”中也有很多案例，方便用户在内容和形式上做参考（图 4.1.4）。

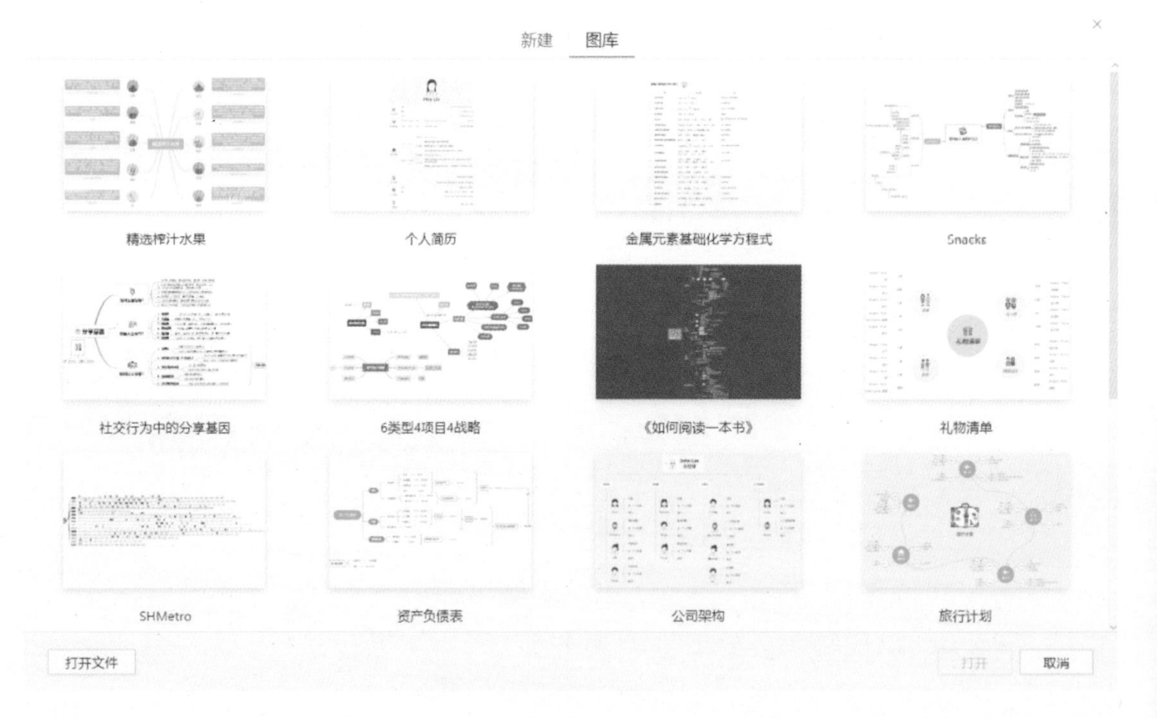

图 4.1.4

4.1.2 幕布：极简大纲笔记，一键生成思维导图

幕布作为一款思维导图工具，最大的优势在于支持网页端、移动端云同步，只需要一个账号，就可以随时查看、编辑和使用，不用考虑文件保存的问题。

幕布很像一个笔记本，梳理好层级以后，单击页面右上角的“思维导图”可以一键转成思维导图的形式（图 4.1.5）。

图 4.1.5

打开幕布新建文档后，会发现整个界面和 Word 有点像，输入主题文字后，文字前面会有小黑点，光标悬停在黑点上，会弹出相关的样式属性设置菜单（图 4.1.6）。

按 Enter 键可以新建同一级主题，按 Tab 键会缩进一级（降级），按 Shift+Tab 键可以提升一级（升级）。

不用担心层级多了分不清，在同一层级的黑点之间会有细线连接，方便用户识别和区分层级，非常便捷（图 4.1.7）。

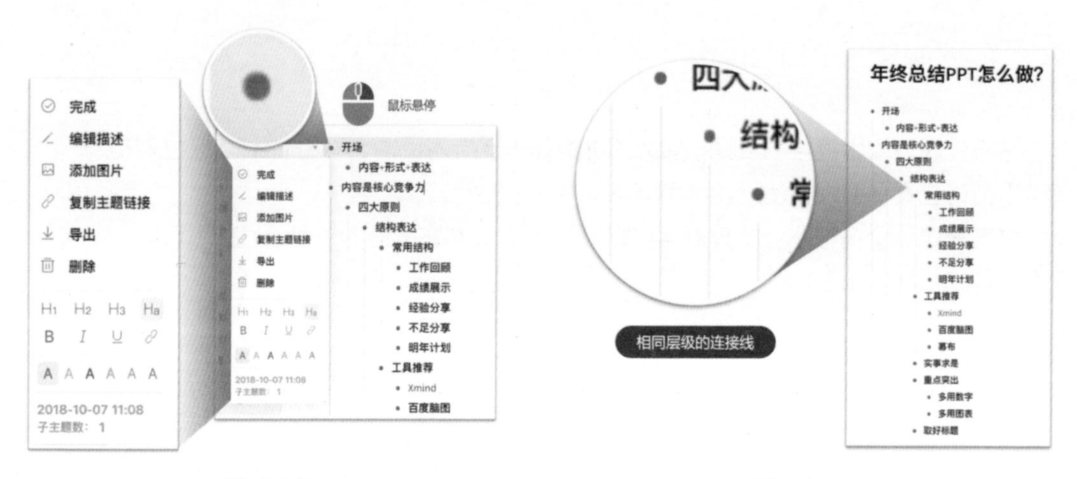

图 4.1.6　　　　图 4.1.7

4.1.3 WPS 思维导图：脑图一键转 PPT 并套模板

WPS 思维导图是内置在 WPS Office 软件中的脑图工具，如果安装了 WPS Office，则无须额外安装。

启动 WPS Office 2019 以后，单击“新建”→“思维导图”(图 4.1.8)。

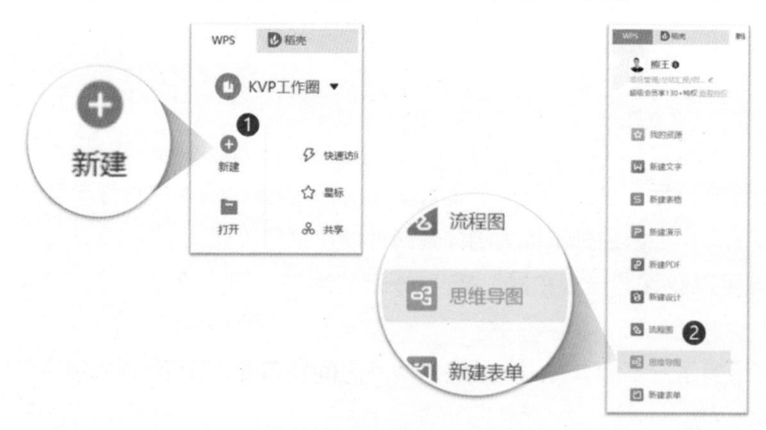

图 4.1.8

可以新建空白的思维导图，也可以直接从首页选择模板（图 4.1.9）。

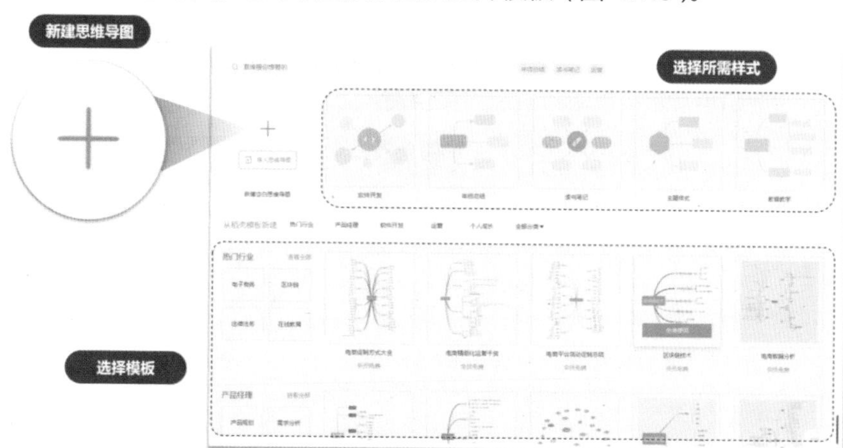

图 4.1.9

主要的操作和其他思维导图工具类似，最大的优势在于可以直接将思维导图转为 PPT。

单击页面右上方的“脑图 PPT”，会自动分析内容结构（图 4.1.10）。并将思维导图直接转换为 PPT，还可以一键切换模板（图 4.1.11、图 4.1.12）。

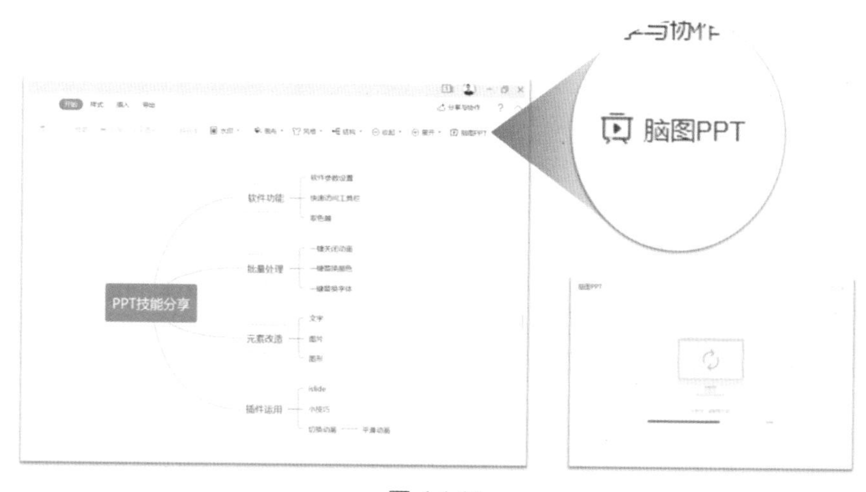

图 4.1.10

一键
转换

图 4.1.11

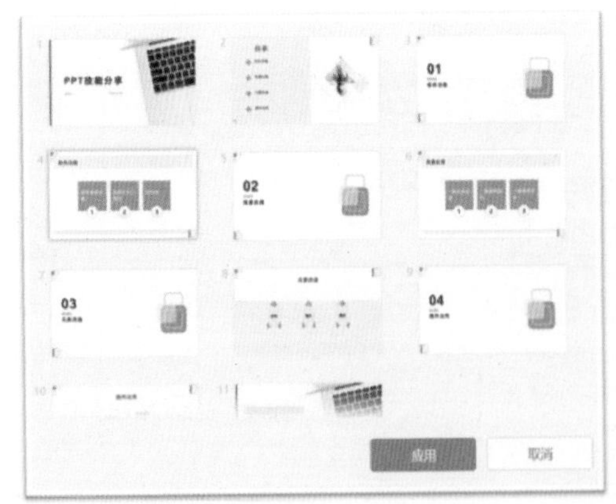

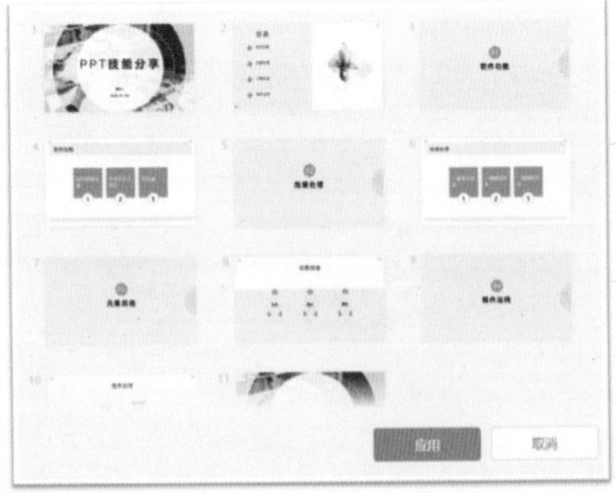

图 4.1.12

4.2 “结构性思维”在逻辑梳理中的应用

4.2.1 告别零散：内容的结构化梳理

在工作型 PPT 中，内容的逻辑至关重要，逻辑清晰、重点突出、层次分明的内容更具有说服力。所以在制作 PPT 时，建议优先考虑“表达什么以及怎么表达”，而不是“用什么形式表达”。因为好的设计一定要根植在好的逻辑的基础上才是有效的，否则就是舍本逐末，华而不实（图 4.2.1）。

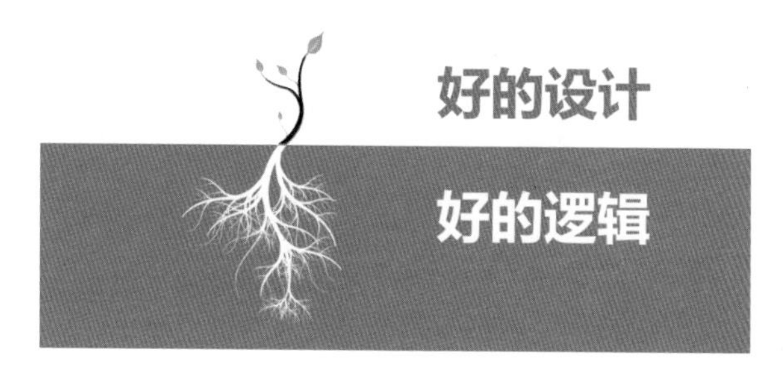

图 4.2.1

为了让内容编排更具有说服力，就需要对内容进行结构化梳理。

图 4.2.2 中左侧的信息点非常零碎，不进行处理，观众就无法从中得到有效的信息。经过结构化整理以后，信息分类清晰，而且层次分明，大大提高了信息传递效率。

所以 PPT 注重的是“结构化的表达，视觉化的呈现”，前者是针对内容，后者是针对形式。

图 4.2.2

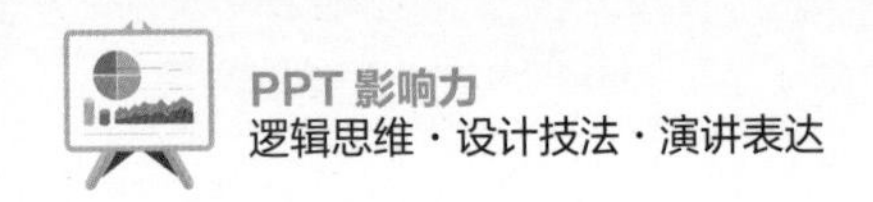

4.2.2 思维利器：结构性思维与金字塔结构

对于内容逻辑梳理，推荐使用结构性思维，结合金字塔结构的形式来处理。简单来说就是先明确核心的中心主题（G），向下引申出分论点(A、B、C)，然后每个分论点再继续往下引申出相应的论据（A1、A2、A3、B1、B2、B3……），再在开头做一个背景交代，做一个兴趣激发，这个部分叫序言。

于是就形成了如图 4.2.3 所示的结构性思维标准图，简称“结构图”或“构思图”。

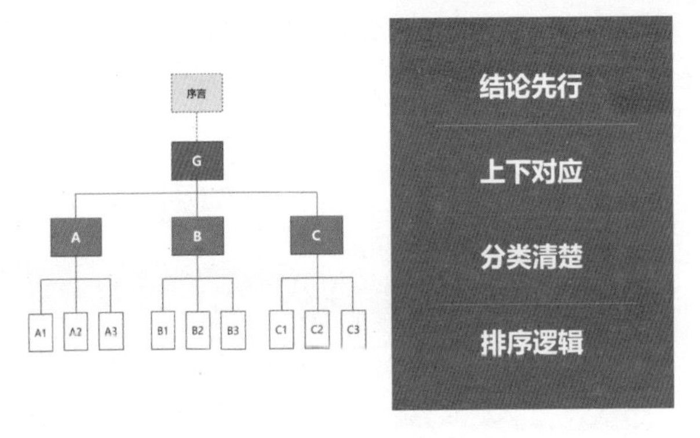

图 4.2.3

结构图能更好地指导我们如何梳理内容、提炼重点、调整顺序与层级等。在做结构图时，可以围绕四大原则来展开：结论先行、上下对应、归纳分组、排序逻辑。

4.2.2.1 四大原则——“结论先行”

“结论先行”的意思是尽可能先说观点和结论，然后再呈现论据。

因为观众的注意力是有限的，如果长时间让观众找不到重点或者结论，就会觉得 PPT 的内容逻辑很混乱，观众的大脑容易产生自我保护，从而产生“堕怠”情绪。观众更在意的是观点或者结论，首先提出来，能够吸引观众关注接下来要讲的论据和方法。

数万字的《政府工作报告》采用就是的“先结论后论述”的方式，便于观众抓住内容的核心重点。就算没时间全部看完，但把每个要点集中起来也可以快速了解报告的精髓（图 4.2.4）。

1 结论先行

政府工作报告

总结&结论性文字提前重点呈现

图 4.2.4

在 PPT 制作中，结论先行格外重要，推荐的方式是“标题句就是结论句”。

很多人的年终总结习惯写“XX 年终工作总结”，无法通过封面知道你的内容主题，那么按照结论先行的方法，把概括的标题句作为页面的主标题，把“XX 年终工作总结”作为副标题，如图 4.2.5 所示。

图 4.2.5

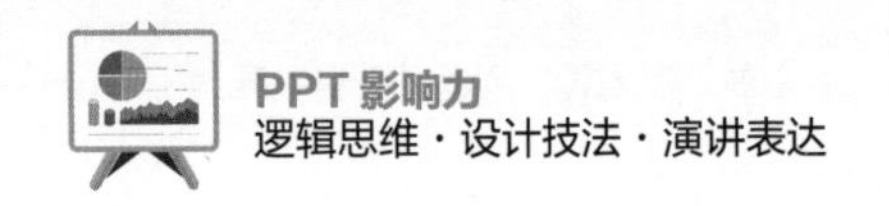

举个例子，在呈现数据图表时，很多人习惯用描述性标题（图 4.2.6），而非结论性标题，图表也不做处理，观众看到时，很难第一时间理解图表要表达的意思。

按照结论先行的原则，把结论（观点）放在标题的位置，图表结合标题的观点进行调整，页面需要突出表现的主题信息就能一目了然（图 4.2.7）。

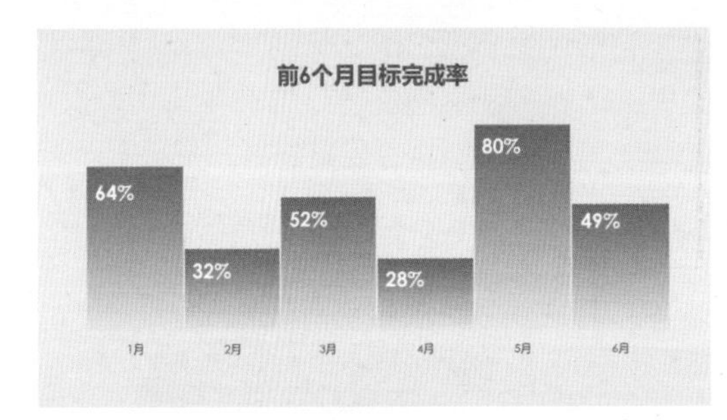

图 4.2.6

图 4.2.7

4.2.2.2 四大原则——“上下对应”

“上下对应”也就是“以上统下”，意思是抛出结论后，需要列出分论点来支持结论以及层次展开。

例如，工作总结汇报，观众更希望先听到总结和思考结果，所以 PPT 内容一般遵循先总结后论述，先结果后原因的顺序。

年终总结 PPT 就可以采用自上而下法来搭建金字塔结构，明确总结的主题、过去一年的成绩、有哪些心得收获、改进策略和明年的计划等几个版块，然后由此逐步向下深入展开。这样能条例清晰、层次分明地展示主题和内容（图 4.2.8）。

与“自上而下”结构对应的另一个就是“自下而上”的结构。通常用于需要进行概括和总结的情况。

2　上下对应

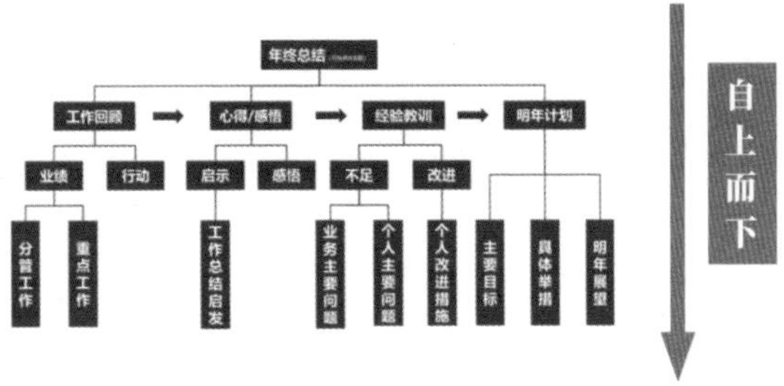

图 4.2.8

举个例子。小王要去相亲，媒人给的对方的信息如下（图 4.2.9）。

（1）上半年被公司评为“优秀员工”。

（2）身高 1.67 米，亭亭玉立。

（3）上海交大研究生。

（4）工作一丝不苟、认真负责。

（5）坚持学英语、练书法、练瑜伽。

……

这些信息非常零散、杂乱，只知道这个人还不错，但是具体哪不错又说不上来。这个情况和工作中的情况非常相似，给客户反馈建议、向领导汇报工作、和同事沟通方案，手里只有零散的信息，自己都不能很好地理解，更别说有效传递和有说服力地表达了。

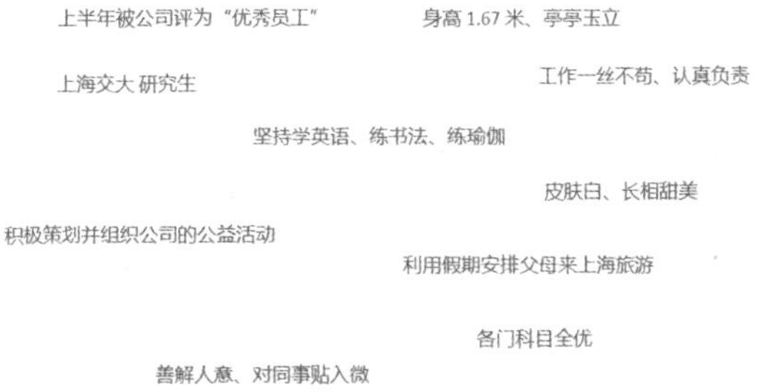

上半年被公司评为“优秀员工”　身高 1.67 米、亭亭玉立

上海交大 研究生　工作一丝不苟、认真负责

坚持学英语、练书法、练瑜伽

皮肤白、长相甜美

积极策划并组织公司的公益活动

利用假期安排父母来上海旅游

各门科目全优

善解人意、对同事贴入微

图 4.2.9

按照结构性思维进行梳理和分类，汇总为以下 4 点。

（1）【高材生】上海交大研究生，各门科目全优。

（2）【长相好】身高 1.67 米，亭亭玉立，皮肤白，长相甜美。

（3）【能力强】工作一丝不苟、认真负责，上半年被公司评为“优秀员工”，积极策划并组织公司的公益活动，坚持学英语、练书法、练瑜伽。

（4）【人品好】善解人意、对同事体贴入微，利用假期安排父母来上海旅游。

由这 4 个观点进而得出“是个好女孩儿”的结论（图 4.2.10）。

这种从信息提炼出观点，由观点总结出结论，逐步总结概括的过程就是自下而上。

如果 PPT 的主题或者目标明确，推荐采用自上而下的方式；主题或者目标不明确，推进采用自下而上的方式。

需要强调一下，无论哪种情况，都应该遵循上下对应的原则，即通常上一级是果，下一级是因，下一层级从属于上一层级。

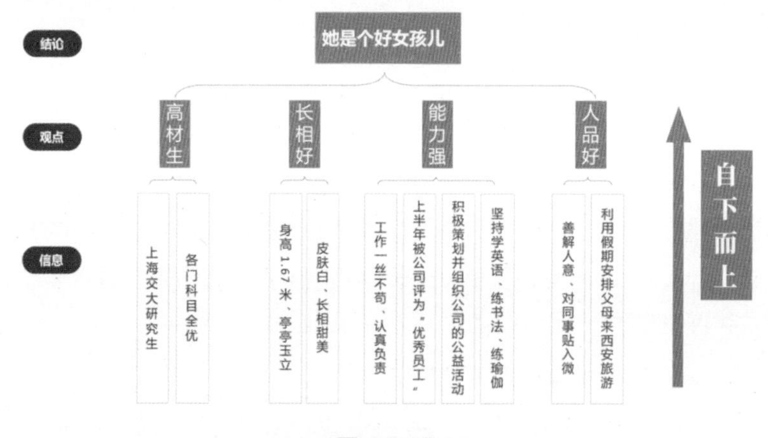

图 4.2.10

4.2.2.3 四大原则——“归纳分组”

“归纳分组”的本质是准确而清晰地将内容进行分类。分类时有一个很重要的原则叫作“MECE 原则”，意思是“相互独立、完全穷尽”（图 4.2.11）。

“相互独立”是指不能有交叉，“完全穷尽”则是分类不能有遗漏。归纳分组后的信息能大大减少听众的大脑负担，有利于信息的理解。

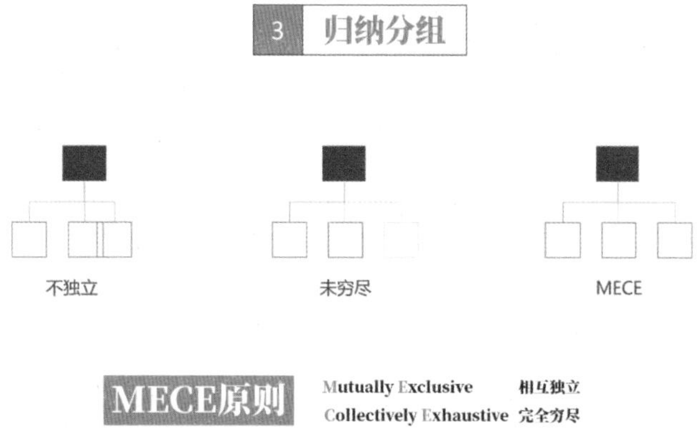

3 归纳分组

不独立　　未穷尽　　MECE

MECE原则　Mutually Exclusive 相互独立　Collectively Exhaustive 完全穷尽

图 4.2.11

举个例子，在进行网课用户人群分析时，列了很多关键词（标签），如管理人员、老年人、普通职场人、女性白领、技术人员、学生、儿童、男性等。

根据 MECE 原则，我们需要思考两个问题：

（1）是否所有情况都考虑到了？是否有遗漏？

仔细观察关键词，会发现遗漏了“非白领、非管理人员、非普通职场人士的女性”，如女性自由职业者等。

（2）分类之间是否有重叠？

例如，“男性”和“白领”“管理人员”“技术人员”等都有重叠。

总结一句话就是：分类信息之和不多不少正好拼出完整的内容，就是正确的分类（图 4.2.12）。

对于零散的内容，要牢记分类的目的，避免层次混淆，并借助成熟的模型，例如，可以按照主要特征（性别、年龄、角色、职业等分类）（图 4.2.13）。

分类信息不多不少正好拼出
完整的主题内容

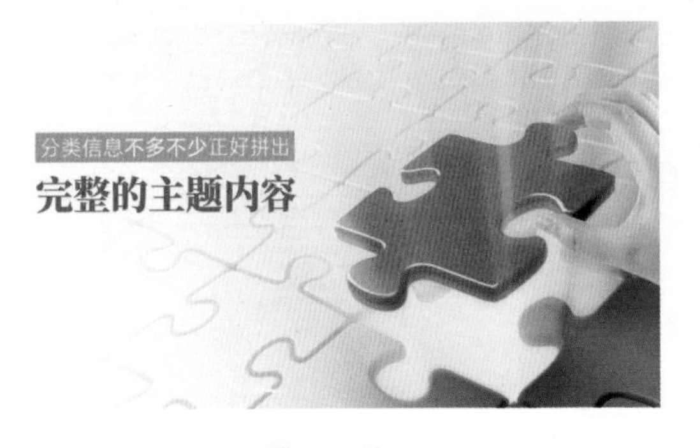

图 4.2.12

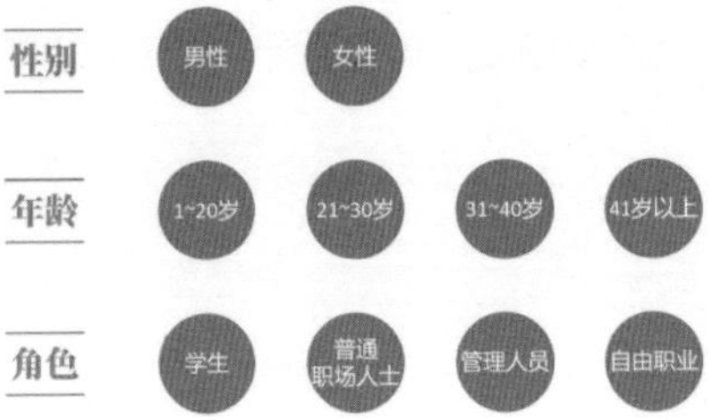

性别
男性
女性
年龄
1~20岁
21~30岁
31~40岁
41岁以上
角色
学生
普通职场人士
管理人员
自由职业

图 4.2.13

在分类的数量上也有讲究。乔治 · 米勒在他的论文《神奇的数字 7±2》中提出，在短时记忆内，一般人平均能记住 7 个项目，有的能记住 9 个项目，有的能记住 5 个项目；而大脑比较容易记住的是 3 个项目。所以在分类数量上，优先推荐 3，上限建议在 7 以下，否则对观众而言会有较大的理解和记忆压力（图 4.2.14）。

3
人类大脑对于3条信息容易记住
7
大脑一次性短期接受的信息分类临界值是7条

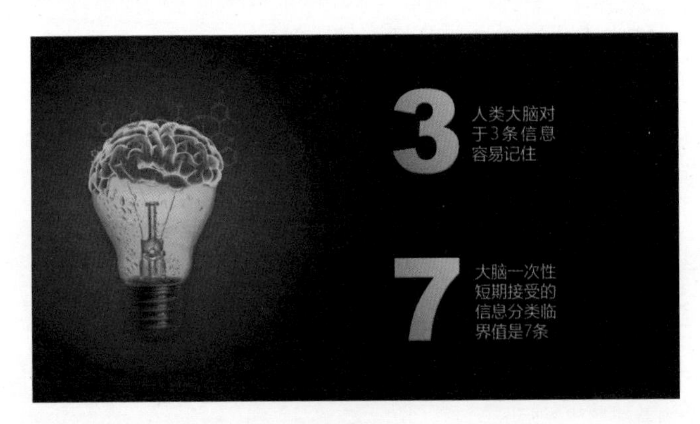

图 4.2.14

4.2.2.4 四大原则——“逻辑递进”

即使是同样一件事情，表达顺序不同，得出的结论和效果也不一样，可见表达的顺序是非常重要的。

排序的原则要统一，也就是同一层级要采用同一种排序方式，比较常见的排序方式有按时间顺序、结构顺序、重要性顺序等（图 4.2.15）。

4 逻辑递进

时间	结构	重要性
• 去年、今年、明年等	• 从整体到部分	• 总经理、总监、经理
• 前期、中期、后期等	• 公司组织架构	• 级别高低等
• 短期、中期、长期等		

图 4.2.15

其实，结构性思维的方式在日常工作汇报时经常用到。

例如，小 P 需要给领导汇报“提高绩效的措施”，做了如图 4.2.16 所示的 PPT。

如果你是领导，是不是也看得一头雾水?

根据金字塔原理，梳理出小 P 汇报内容的 3 个核心要点：工作模式、人员管理、部门培训（图 4.2.17）。

提高绩效的措施

领导，部门目前的工作模式是好几年前的，在新的背景和形式下，出现了很多弊端，可以调整作息时间和采用轮班制的方式适应新的变化，人员的分工也需要更具体明确，从而提高部门整体的绩效和激发大家的能动性。当然，也不全是工作模式的问题，人员管理上也存在一些问题，管理层的监管不到位，平时疏于管理，奖励机制也不完善，导致团队纪律涣散，团队意识弱，人员流失严重，所以需要加强团队内部的管理与建设。与此同时，部门培训工作需要强化，随着工作内容的增多，很多人的工作能力并不能很好的胜任工作，工作效率低下，团队协作能力弱，一旦遇到跨部门协作的项目时，则尤为凸显，所以有必要定期组织专业化培训提高人员整体素质，培训成果也作为绩效考核指标之一，培训后进步明显的予以嘉奖。

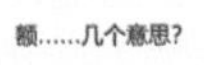

图 4.2.16

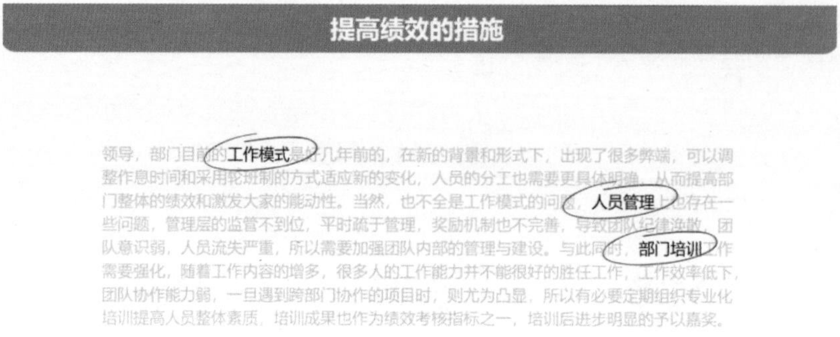

提高绩效的措施
领导，部门目前的工作模式是好几年前的，在新的背景和形式下，出现了很多弊端，可以调
整作息时间和采用轮班制的方式适应新的变化，人员的分工也需要更具体明确，从而提高部
门整体的绩效和激发大家的能动性。当然，也不全是工作模式的问题，人员管理上也存在一
些问题，管理层的监管不到位，平时疏于管理，奖励机制也不完善，导致团队纪律涣散，团
队意识弱，人员流失严重，所以需要加强团队内部的管理与建设。与此同时，部门培训工作
需要强化，随着工作内容的增多，很多人的工作能力并不能很好的胜任工作，工作效率低下，
团队协作能力弱，一旦遇到跨部门协作的项目时，则尤为凸显，所以有必要定期组织专业化
培训提高人员整体素质，培训成果也作为绩效考核指标之一，培训后进步明显的予以嘉奖。

图 4.2.17

然后依次梳理出相应的论据，从而达到重点突出、逻辑清晰、主次分明的目的（图 4.2.18）。

提高绩效的措施
1.调整工作模式
· 调整作息时间
· 采用轮班制
· 明确人员分工
2.强化人员管理
· 管理层监管强化
· 完善奖励机制
· 增强团队意识
3.强化培训工作
· 组织专业培训
· 培训成果纳入考核
· 优异者嘉奖
重点突出
+
逻辑清晰
+
主次分明

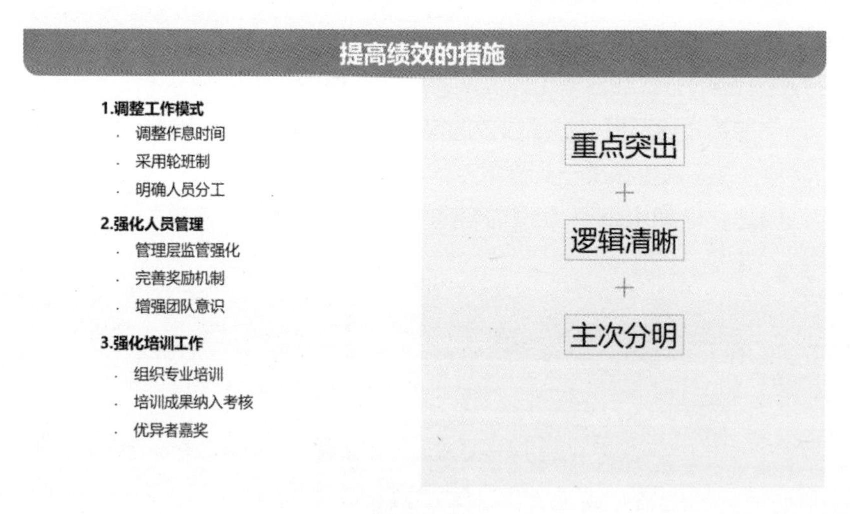

图 4.2.18

这些放到一起，就构成了完整的“结构图”（结构性思维导图，简称结构图，如图 4.2.19 所示）。

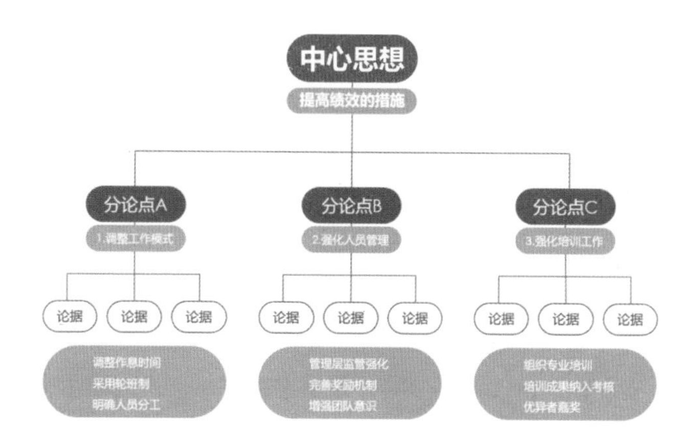

图 4.2.19

4.3 职场经典逻辑结构与思维模型

4.3.1 序言结构与 SCQA 模型

序言，是建立在说服背景下的一种以激发对方想读、想听为目的的部分，也叫作引子。

虽然占比不大，但是非常重要。试想一下，你很辛苦地梳理好了结构图，也做了充分的论证，但是听众想听吗？愿意听你的分析吗？所以序言的主要作用就是与观众产生共鸣，拉出悬念。让观众心中有一个声音：快告诉我答案（图 4.3.1）。

序言的作用　快告诉我答案！

图 4.3.1

《金字塔原理》的作者芭芭拉 · 明托对于“序言”是这么定义的：你应当通过向读者讲述一个与主题有关的“故事”，引发读者对该主题的兴趣，这就是你在文章的序言要做到的。

序言部分可以采用“SCQA 模型”，即

- S (Situation) 情景：通常是大家都熟悉的事，普遍认同的事，事情发生的背景。由此切入，既不突兀，又容易让大家产生共鸣和代入感。
- C (Complication) 冲突：实际情况与要求有冲突。
- Q (Question) 疑问：根据前面的冲突从对方的角度提出他所关心的问题。
- A (Answer) 回答：对前面问题的回答，也是接下来要表达的中心思想。

一句话总结就是：先形成良好的沟通氛围，带着冲突并从对方的角度提出疑问，最后提供可行的解决方案。(图 4.3.2)

这里的 Q (疑问) 可以提出来，也可以不说出来，让观众心中产生疑问。

例如，张泉灵在文章《时代抛弃你时，连一声再见都不会说》中就用了这个形式：

“我们这一代人活的特别不容易，因为这个时代的变化太快了。但我们内心的价值观可能停留在上一个时代，甚至上上一个时代。”

SCQA模型

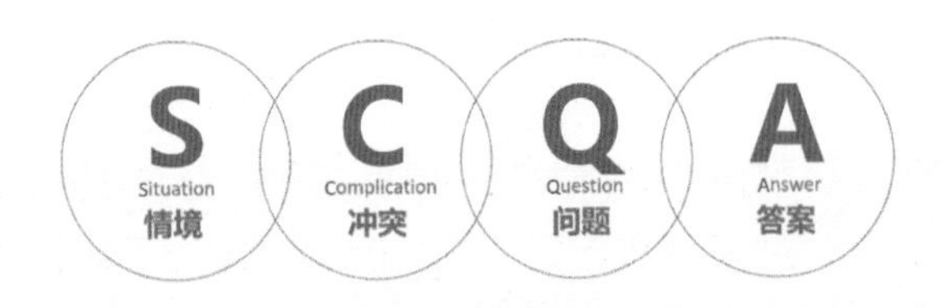

图 4.3.2

- S (Situation) 情景：我们这一代人活的特别不容易，因为这个时代的变化太快了。
- C (Complication) 冲突：我们内心的价值观可能停留在上一个时代，甚至上上一个时代。
- Q (Question) 疑问：那怎么办呢 (观众心中产生，没明说)?
- A (Answer) 回答：接下来的内容给解决方案。

不只在序言中，在搭配整体架构甚至是广告语中也经常用这种结构形式 (图 4.3.3)。

	S Situation 情境	C Complication 冲突	Q Question 问题	A Answer 答案
亮甲	得了灰指甲	一个传染俩	问我怎么办	马上用亮甲
脑白金	今年过节	不收礼	（那收什么呢）	收礼还收脑白金
江南皮革厂	江南皮革厂倒闭了	没钱发工资	（怎么办呢）	钱包抵工资

图 4.3.3

再例如，在职场汇报中，你的工作成绩突出，希望向领导争取资源和支持，运用 SCQA 架构就可以这样来设计（图 4.3.4）。

工作成绩突出（争取资源）

S(背景)	不仅出色完成了工作任务，还超过年度目标的xx%
C(冲突)	明年我们希望实现xx的新目标，但是遇到了几个瓶颈
Q(疑问)	如何才能突破这些瓶颈呢?
A(答案)	我的计划是…………，为了明年的新目标，希望领导给予我支持

图 4.3.4

4.3.2 5W1H 分析法与案例分析

5W1H 也叫六何分析法，这种思考方法（模型）在企业管理、日常工作、生活和学习中有着非常广泛的应用。

5W+1H：对象（何事 What）、地点（何地 Where）、时间（何时 When）、人员（何人

Who）、原因（何因 Why）、方法（何法 How），从以上 6 方面提出问题，并进行思考或者解答（图 4.3.5）。

图 4.3.5

案例 1：假如你需要组织部门内部的方案沟通会议，给同事们介绍方案，该如何梳理呢？如果感觉没有头绪，就试试 5W1H 的方法（图 4.3.6）。

What	这个方案的具体内容，工作计划和目标是哪些？
Why	为什么要做？价值和意义在哪？
When	各项任务时间节点以及最终期限安排如何？
Where	各项工作的地点在哪？环境条件如何？
Who	项目（方案）谁负责？谁执行？人员如何分工？
How	如何保证各个节点顺利完成任务？

图 4.3.6

案例 2：假设演讲主题定为“财富自由”，如何更全面详细地阐述呢？可以用 5W1H 来试试（图 4.3.7）。

What	什么是财富自由？有哪些好处/弊端？
Why	为什么要财富自由？为什么有些人可以财富自由？
Who	哪些人可以实现财富自由？
Where	在哪方面努力更有机会实现财富自由？
When	哪些时期更容易获得财富自由？
How	如何获得财富自由？具体的方法和策略是什么？

图 4.3.7

这种方法提供了一种思考方式的参考，帮助我们进行内容上的梳理，不一定全用上，顺序也可以根据需求调整。

4.3.3 FABE 法则与案例分析

在销售领域，FABE 是非常具体、可操作性很强的利益推销法。它通过 4 个关键环节（图 4.3.8），巧妙地处理好顾客关心的问题，从而顺利地实现产品的销售。

- F(Features) 特征：产品的特质、特性等基本功能。
- A(Advantages) 优点：即所列的商品特征 (F) 究竟发挥了什么功能？与同类产品相比较，列出比较优势。
- B(Benefits) 利益：即商品的优势 (A) 带给顾客的好处。
- E(Evidence) 证据：包括技术报告、顾客来信、报刊文章、照片、示范等。

简单来说，FABE 法则就是介绍销售产品如何满足客户需求，如何给客户带来利益的技巧。

不只用在产品方面，平时的沟通汇报也可以使用这种形式来增强说服力。

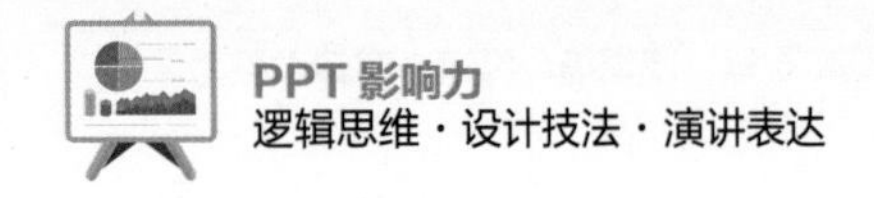

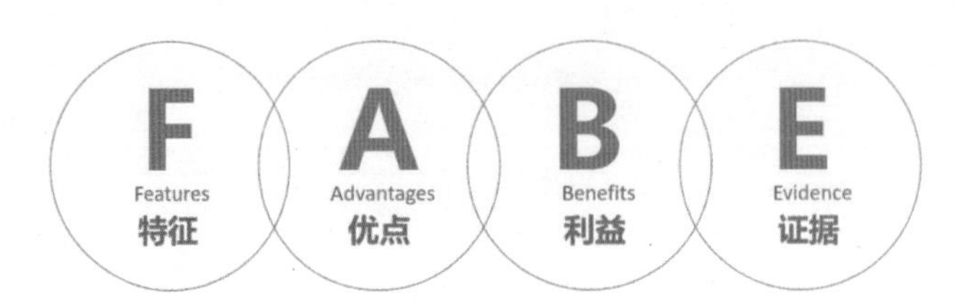

图 4.3.8

例如，你是一家公司的培训负责人，想参加培训行业协会举办的活动，借这个契机找到更多优秀的合作方，并推广自己公司的培训服务。怎样才能更好地说服领导呢？

采用 FABE 法则，可以按图 4.3.9 的方式来进行。

F(特征)	这次培训协会的活动我做了了解，届时行业内大部分的优秀老师和培训机构都会到场
A(优势)	如果我们参加的话，就有机会近距离接触和认识更多的老师和培训机构，也能把我们公司的品牌打出去
B(利益)	如果有合适的优秀老师或机构，可以沟通进一步的合作事宜；同时也能把我们公司的培训服务推荐出去，也许会有不少新的业务合作
E(证据)	去年xx公司的培训总监就在同样的展会上达成了好几笔合作，而且签订的基本都是长期合作

图 4.3.9

4.3.4 PREP 结构与案例分析

PREP 结构（图 4.3.10）其实从我们小学写作文就已经在用，说白了就是“总 – 分 – 总”的结构，只不过中间部分需要列出有说服力的理由和相关的案例。

P（Point）结论：不要迟疑，直接抛出主题观点。

R（Reason）原因：阐述 2、3 点原因和依据。

E（Example）案例：补充证明的案例，增强说服力。

P（Point）结论：再次重申强调结论。

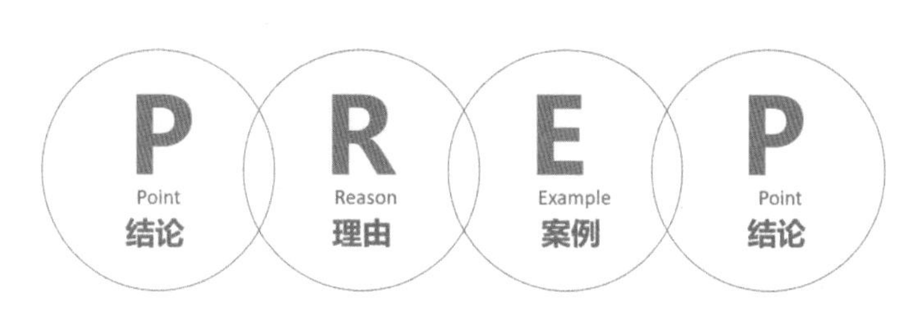

图 4.3.10

例如，我想给客户推荐我的 PPT 课程或者书籍，就可以直接用 PREP 结构来梳理内容（图 4.3.11）。

P(结论)	每个职场人都必须学好PPT
R(理由)	1.PPT形式更直观，PPT做得好很容易脱颖而出 2.职场中各个岗位都需要PPT，而很多人却做不好PPT
E(案例)	1.小王因为PPT做得好，升值加薪了 2.小李把会议PPT搞砸了，挨了领导批评
P(结论)	学好PPT对职场人而言非常重要，赶紧报名学习PPT课程吧

图 4.3.11

4.3.5 SWOT 模型与波士顿矩阵

SWOT 模型一般用于战略分析，是一种综合考虑企业内部条件和外部环境的各项因素，进行全方位的系统评价，从而选择最佳经营战略的方法。

S（strengths）是优势、W（weaknesses）是劣势、O（opportunities）是机会、T（threats）是威胁（图 4.3.12）。

图 4.3.12

SWOT 模型非常经典，可参考的版式也非常多（图 4.3.13）。

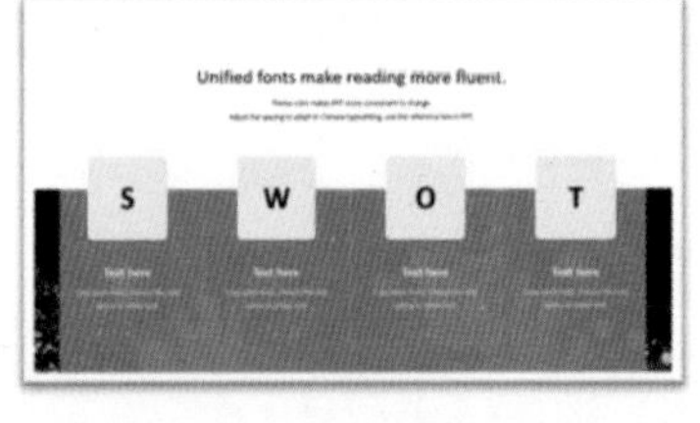

图 4.3.13

SWOT 可以分为两部分：第一部分为 SW，主要用来分析内部条件；第二部分为 OT，主要用来分析外部条件。用这种方法可以找出自己的优点和长处，避开自己的短板和不利之处，并明确以后的发展方向。

还可以两两组合，形成 SO 策略、WO 策略、ST 策略、WT 策略，从而进行更全面的战略分析（图 4.3.14）。

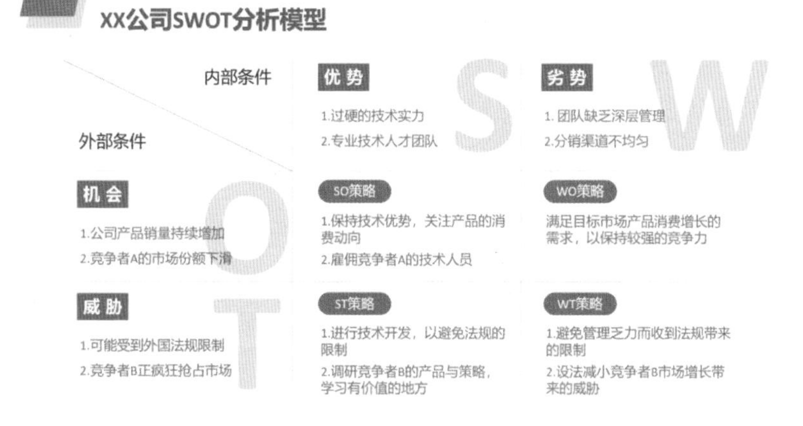

图 4.3.14

4.4　工作型 PPT 常用的逻辑结构图

对于工作场合中比较常用的逻辑结构图，下面讲解一些高频使用且经典的形式供读者在平时的工作中参考使用。

4.4.1　年终总结经典结构图

年终总结是年底汇报工作的重磅环节，也是一次难得的向领导和同事展示工作成绩和能力的机会。年终总结该如何呈现？图 4.4.1 是经典的逻辑结构图，供读者参考。

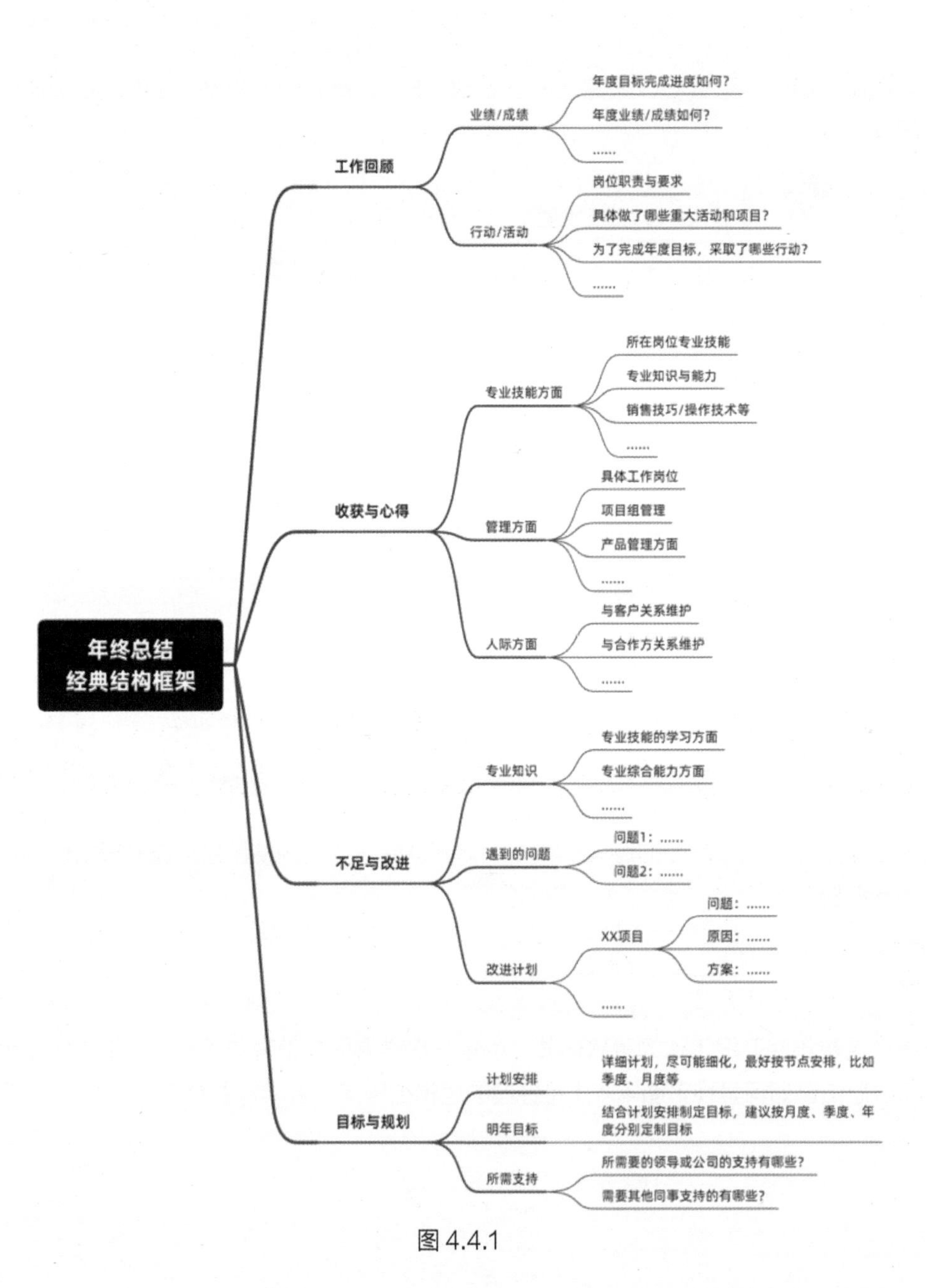
年终总结
经典结构框架
工作回顾
业绩/成绩
年度目标完成进度如何？
年度业绩/成绩如何？
……
行动/活动
岗位职责与要求
具体做了哪些重大活动和项目？
为了完成年度目标，采取了哪些行动？
……
收获与心得
专业技能方面
所在岗位专业技能
专业知识与能力
销售技巧/操作技术等
……
管理方面
具体工作岗位
项目组管理
产品管理方面
……
人际方面
与客户关系维护
与合作方关系维护
……
不足与改进
专业知识
专业技能的学习方面
专业综合能力方面
……
遇到的问题
问题1：……
问题2：……
改进计划
XX项目
问题：……
原因：……
方案：……
……
目标与规划
计划安排
详细计划，尽可能细化，最好按节点安排，比如季度、月度等
明年目标
结合计划安排制定目标，建议按月度、季度、年度分别定制目标
所需支持
所需要的领导或公司的支持有哪些？
需要其他同事支持的有哪些？

图 4.4.1

4.4.2 述职报告经典结构图

好的述职报告一定会影响领导对你工作能力的评价，也会影响升职加薪。一般完整的述职报告如图 4.4.2 所示。

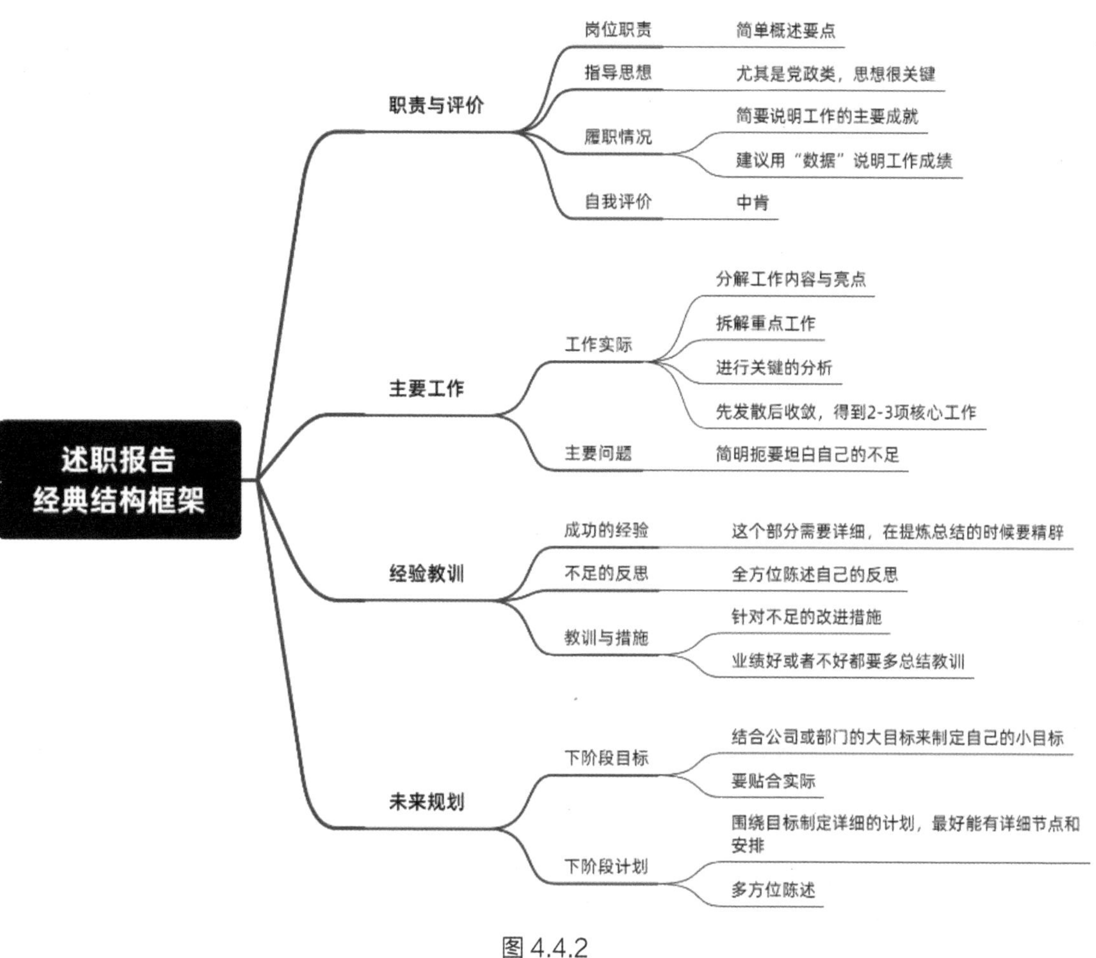

图 4.4.2

4.4.3 公司介绍经典结构图

公司介绍是企业对外的一张名片，经常用在对外的场合，它的好坏会直接影响对公司的品牌印象（图 4.4.3）。

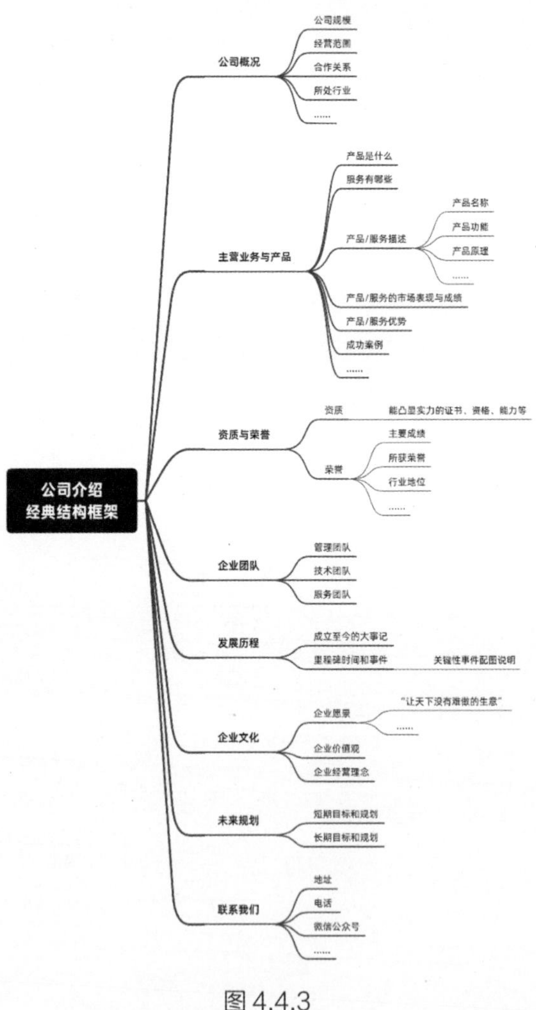

图 4.4.3

4.4.4 活动策划经典结构图

作为提高市场占有率的有效行为之一，一份可执行性强、创意突出、可操作性强的活动策划方案，能起到很大作用（图 4.4.4）。

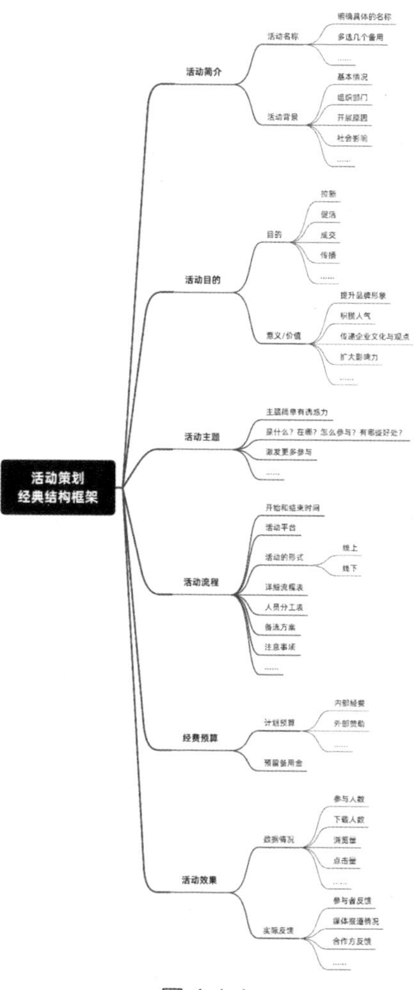

图 4.4.4

4.4.5 商业计划书经典结构图

商业计划书是企业获得招商融资，或者想要获得更大的发展目标，对外展示项目 / 公司状况、未来发展潜力等材料，重点要突出潜力和亮点，以说服对方投资（图 4.4.5）。

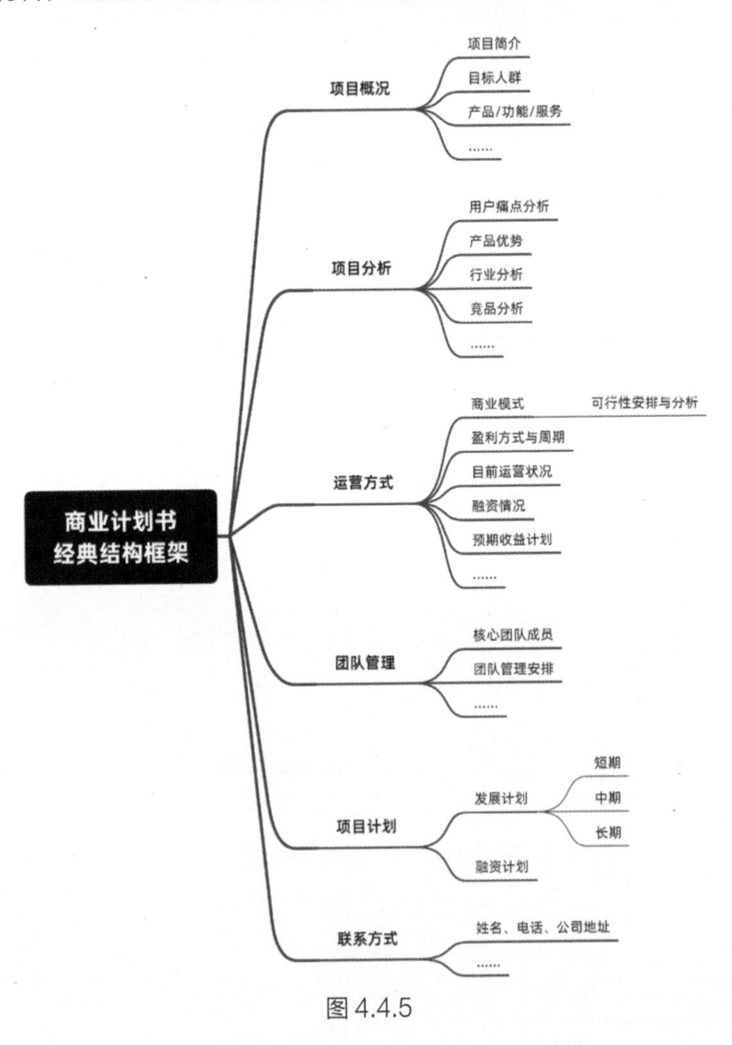

图 4.4.5

4.5 【案例演练】大段文字不想堆砌，如何提炼与处理

经常有人把 PPT 当 Word 用，喜欢把大段的文字直接复制到 PPT 中，于是就变成了“幻灯文”，满篇的文字让观众没有丝毫的阅读欲望，更缺乏视觉美感。接下来就通过 3 个典型案例来说明大段文字的 3 种处理方法。

4.5.1 案例一：四步法轻松提炼大段文字

如图 4.5.1 所示的页面，满篇的文字，既没有标题，也没有重点，看不出内容逻辑关系。

接下来我们尝试用四步法来解决：切、联、删、排（图 4.5.2）。

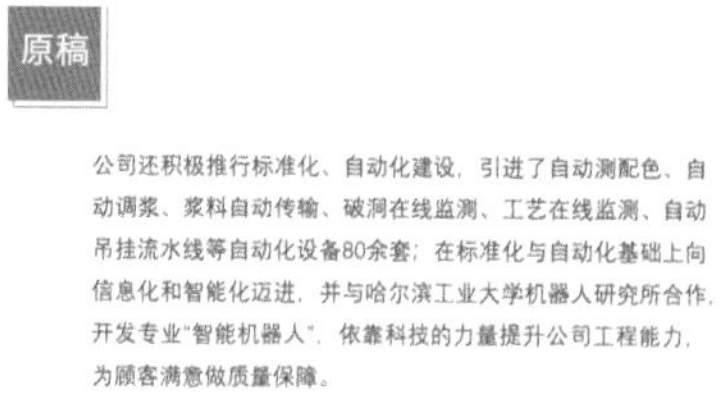

图 4.5.1

图 4.5.2

（1）切：切分版块，将原本大段的文字内容根据标点符号以及含义切分为多个版块。

可以重点留意句号、分号等明显标志（图 4.5.3）。

（2）联：即确定逻辑关系，梳理划分好版块的逻辑关系，比较常见的是总分、递进、并列、循环、流程等，也会有多个逻辑关系的组合嵌套。

图 4.5.4 的案例中每个版块的前半句和后半句是总分包含关系。通过第 2 个版块的关键词“在 XX 基础上向 XX 迈进”可以判断，两个版块直接使用递进关系。

（3）删：删除文字，对于演讲型 PPT 而言，只需要保留关键性文字即可，而对于原因、解释、重复、辅助等文字可以讲者口述，所以在 PPT 中可以删除（图 4.5.5、图 4.5.6）。

公司还积极推行标准化、自动化建设，引进了自动测配色、自动调浆、浆料自动传输、破洞在线监测、工艺在线监测、自动吊挂流水线等自动化设备80余套；

在标准化与自动化基础上向信息化和智能化迈进，并与哈尔滨工业大学机器人研究所合作，开发专业"智能机器人"，依靠科技的力量提升公司工程能力，为顾客满意做质量保障。

图 4.5.3

②包含关系

公司还积极推行标准化、自动化建设，引进了自动测配色、自动调浆、浆料自动传输、破洞在线监测、工艺在线监测、自动吊挂流水线等自动化设备80余套；

①递进关系　②包含关系

在标准化与自动化基础上向信息化和智能化迈进，并与哈尔滨工业大学机器人研究所合作，开发专业"智能机器人"，依靠科技的力量提升公司工程能力，为顾客满意做质量保障。

图 4.5.4

原因

图 4.5.5

重复　辅助　辅助　辅助

~~公司还积极推行~~标准化、自动化~~建设~~，~~引进了~~自动测配色、自动调浆、浆料自动传输、破洞在线监测、工艺在线监测、自动吊挂流水线~~等~~自动化设备80余套；

辅助

铺垫　重复　铺垫　铺垫

~~在标准化与自动化基础上向~~信息化和智能化~~迈进~~，~~并与~~哈尔滨工业大学机器人研究所~~合作~~，~~开发专业~~"智能机器人"，~~依靠科技的力量提升公司工程能力，为顾客满意做质量保障~~。

辅垫

目的（原因/解释）

图 4.5.6

将剩下的文字重新进行排列，得到如图 4.5.7 所示的形式。

（4）排：排版设计，对提炼后的文字进行排列美化，首先可以使用最基本的线条、线框和形状对内容进行区分，用箭头图形表示递进的逻辑关系（图 4.5.8）。

标准化、自动化

80余套自动化设备：自动测配色、自动调浆、浆料自动传输、破洞在线监测、工艺在线监测、自动吊挂流水线

信息化、智能化

哈尔滨工业大学机器人研究所，"智能机器人"

图 4.5.7

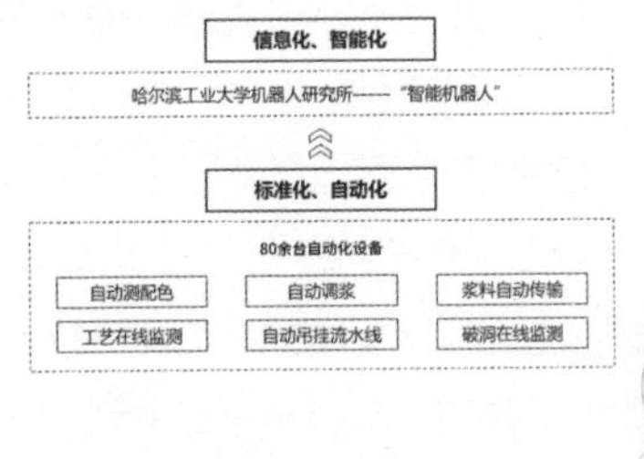

图 4.5.8

结合“标准化、自动化”和“信息化、智能化”的关键提炼信息，可以给页面拟定一个标题公司推行“四化建设”，放在页面的正上方，下方内容调整为横向排列形式。并补充上辅助的小图标，得到如图 4.5.9 所示的形式。

页面内容主要和智能、科技相关，所以素材的使用可以采用科技的纹理背景以及科技蓝（图 4.5.10）。

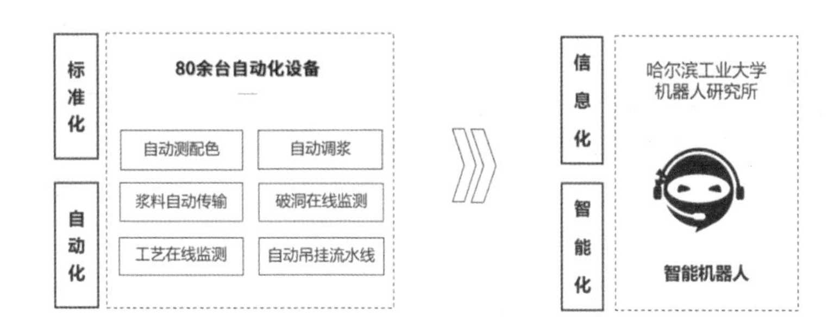

图 4.5.9

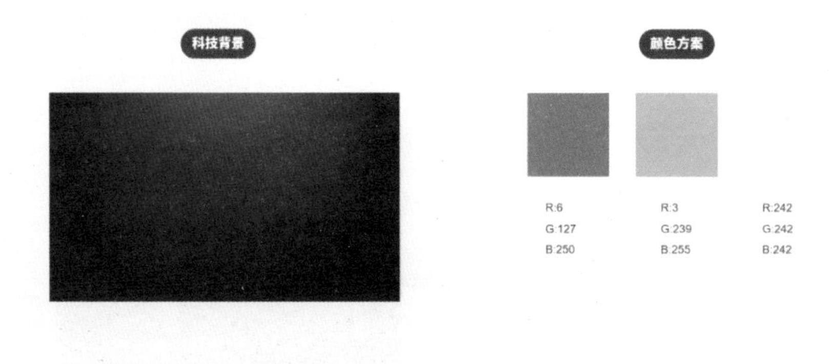

图 4.5.10

把背景和颜色方案运用以后，得到如图 4.5.11 所示的页面效果。

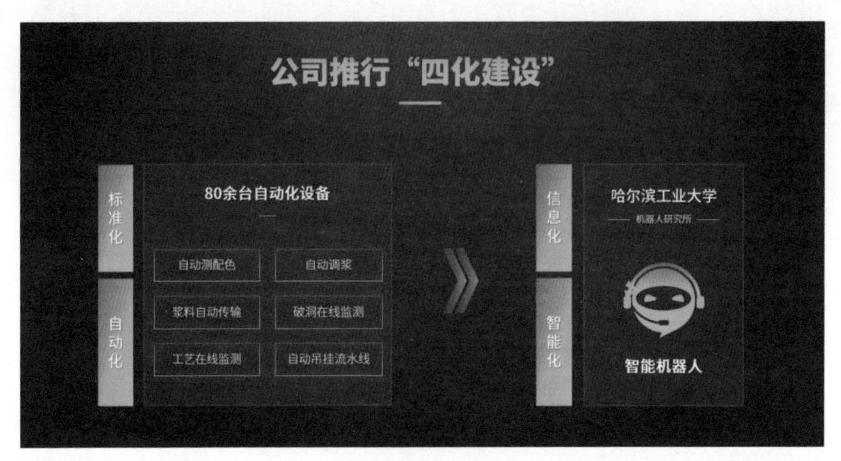

图 4.5.11

整个处理过程有两个关键节点，第一点是结合“四步法”对内容进行策划处理，让内容更具可视化；第二点则是对处理过的内容进行形式化设计（图 4.5.12）。

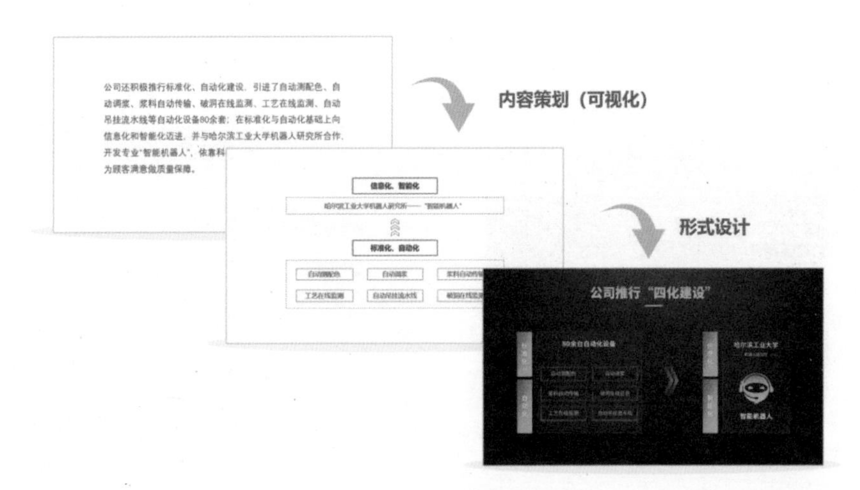

图 4.5.12

前后对比效果非常直观，如图 4.5.13 所示。

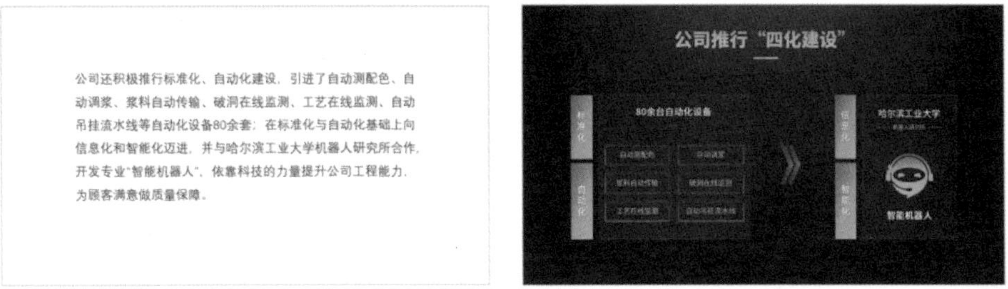

公司还积极推行标准化、自动化建设，引进了自动测配色、自动调浆、浆料自动传输、破洞在线监测、工艺在线监测、自动吊挂流水线等自动化设备80余套；在标准化与自动化基础上向信息化和智能化迈进，并与哈尔滨工业大学机器人研究所合作，开发专业“智能机器人”，依靠科技的力量提升公司工程能力，为顾客满意做质量保障。
公司推行“四化建设”
80余台自动化设备
哈尔滨工业大学
智能机器人

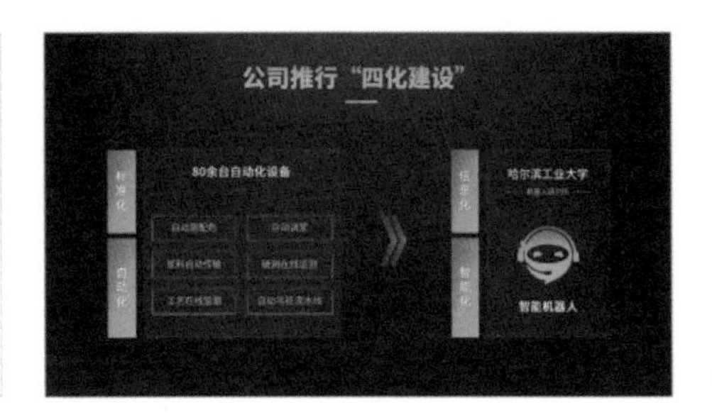

图 4.5.13

4.5.2 案例二：精炼好的文字该如何处理

如果页面中的文字已经提炼过了，而且不能删减，如图 4.5.14 所示的页面，该怎么处理？

文化理念

客户至上：为客户提供优质服务是我的自身价值所在

分工合作：专业分工及细化市场，坚持走专业化、精品化之路

务实创新：立足现实，力求提供契合客户需求的务实服务

追求卓越：志存高远，胸怀天下，追求卓越，自强不息，臻于至善

图 4.5.14

其实只需要将四步法中的“删”省去，依然可以按照“切”“联”“排”的方法来处理。

在段落中如果遇到冒号，说明前后文字的层级不一样了，而且冒号前的内容比冒号后的内容更加重要，在用冒号分隔内容以后，还可以采用对比的方式突出层次感。

常用的对比手法有大小、粗细、颜色等（图 4.5.15）。

对比的手法既能突出重点，又能给观众营造阅读秩序感，内容也有了明显的层级关系，由于内容是并列的逻辑关系，所以可以采用平行排列的方式（图 4.5.16）。

图 4.5.15　　图 4.5.16

在进行排版设计时，优先使用最基本的线条、线框、形状进一步增强形式感，标题文字下方也可以增加辅助英文装饰（图 4.5.17）。

还可以继续再添加可视化元素，如图片、图标、形状等（图 4.5.18）。

图 4.5.17　　图 4.5.18

在背景图片与内容之间添加蒙版（图 4.5.19）。

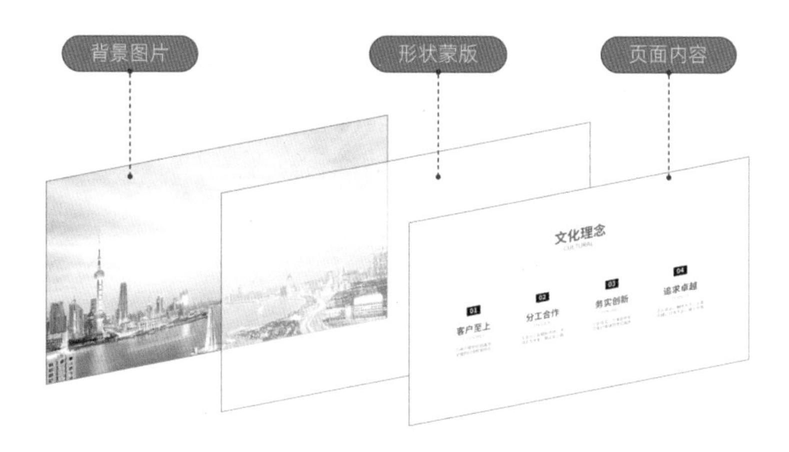

图 4.5.19

添加蒙版后能弱化背景的影响，也能让文字识别度更高（图 4.5.20）。

图 4.5.20

还可以继续换一个背景并添加图标作为装饰（图 4.5.21）。

图 4.5.21

如果需要让色彩更凸显，可以采用彩色渐变加上图片的形式（图 4.5.22）。

图 4.5.22

还可以采用经典的左右版式与上下版式（图 4.5.23、图 4.5.24）。

图 4.5.23（左图右文）

图 4.5.24（右图左文）

在进行上下排版时，可以以半图作为背景，用形状来承载内容的载体（图 4.5.25）。

图 4.5.25

如果图片质量高，而且有留白，可以考虑做出全图型 PPT，也就是整个图片铺满画布作为背景，在留白区域放上文字内容（图 4.5.26、图 4.5.27）。

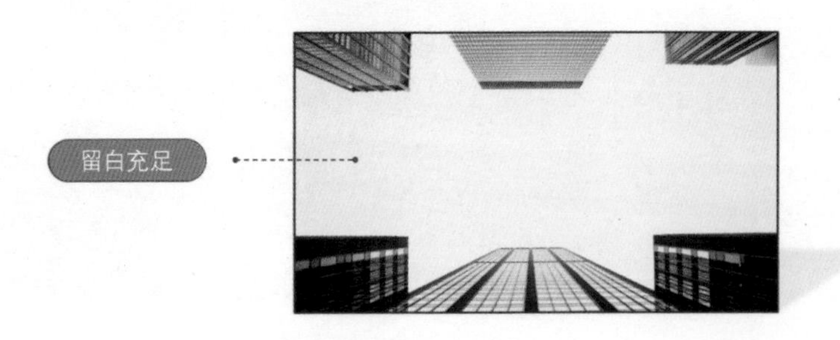

图 4.5.26

图 4.5.27

如果图片没有合适的留白，就可以通过添加形状蒙版来弱化背景的影响（图 4.5.28）。

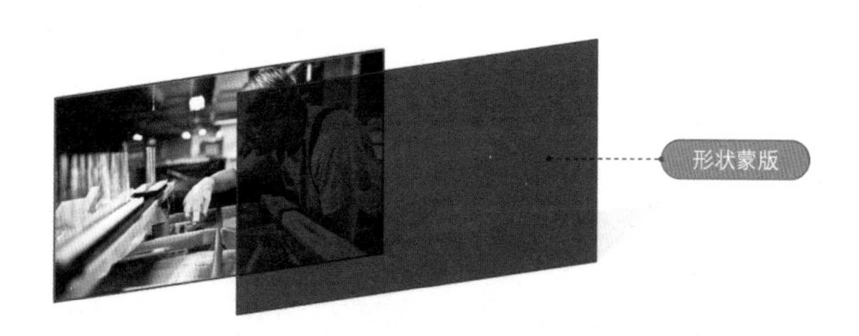

图 4.5.28

再放上文字内容即可（图 4.5.29）。

图 4.5.29

还可以将四个版块采用并列分栏的方式，放上图片，并采用渐变蒙版来弱化下方图片区域，让文字的识别度更高，同时页面的层次感更强（图 4.5.30）。

图 4.5.30

如果是演讲型 PPT，一般可以拆分成 4 个不同的页面分别来表现主题（图 4.5.31）。

图 4.5.31

总结一下，最开始的一个纯文字的页面，经过多角度的处理得到多个页面效果，可以根据具体需求和场合来进行选择和使用（图 4.5.32）。

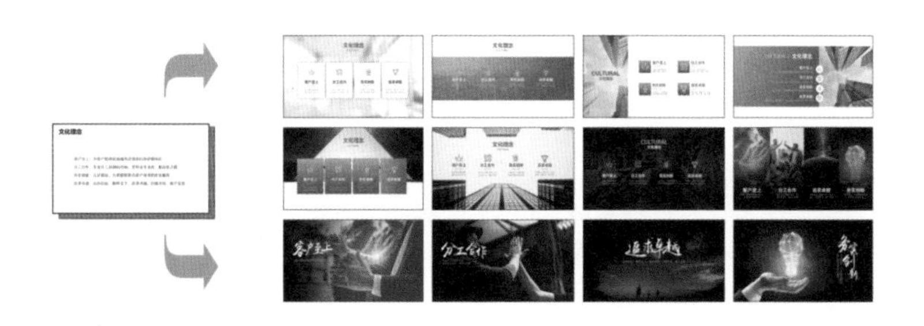

图 4.5.32

读书笔记

Chapter 05

演讲篇

诠释“表达演讲力”

对于演讲型 PPT，PPT 做好以后，接下来就是最关键的演讲环节了。演讲前该做哪些准备？如何应对演讲紧张？如何设计精彩的开场和结尾？如何打造亮点并让演讲更具有吸引力？本章将重点讲解以上内容。

5.1 准备工作：PPT 演讲前该做好哪些准备工作

PPT 演讲和其他演讲最大的不同点，主要体现在是否使用 PPT 作为演讲内容的载体。所以需要针对 PPT 演讲做一些特殊的准备工作，主要包括：**PPT 文件、连接线、翻页笔、奖品与道具等（图 5.1.1）**。接下来详细介绍前三种。

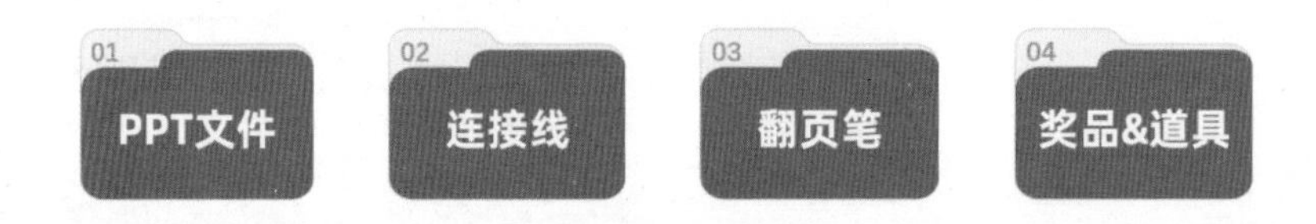

图 5.1.1

5.1.1 PPT 文件备份该注意什么

在制作好 PPT 以后，在正式演讲之前，最好把 PPT 文件备份到 U 盘或者硬盘中，以防止文件出现问题。

5.1.1.1 一式两份

如果演讲 PPT 不是在自己的计算机上播放，最好备份两种格式：.ppt 格式和 .pptx 格式。前者是针对一些比较老的 Office 版本（主要是 Office 2003），后者则是目前主流的 PPT 文件的格式。

另存的方法是，依次单击“文件”→“另存为”（快捷键为 F12），然后选择需要保存的版本（图 5.1.2）。

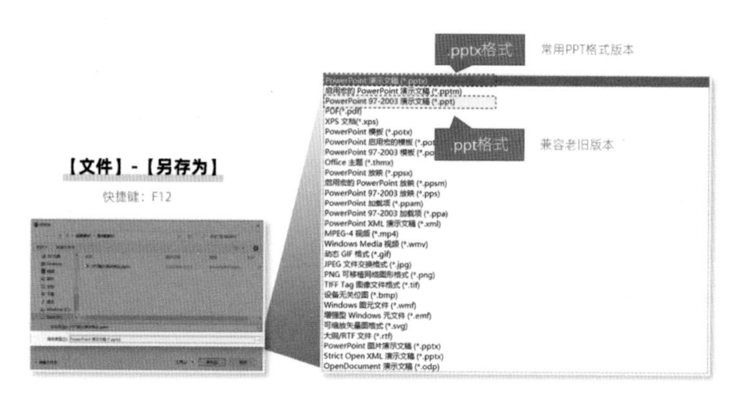

图 5.1.2

5.1.1.2 备份字体

对于 PPT 中使用的字体，最好也单独备份。如果觉得一个个复制字体太麻烦，可以使用插件 iSlide 批量导出字体包。

依次单击“iSlide”→“导出”→“导出字体”，然后选择字体并设置导出路径，单击“导出”按钮即可（图 5.1.3）。

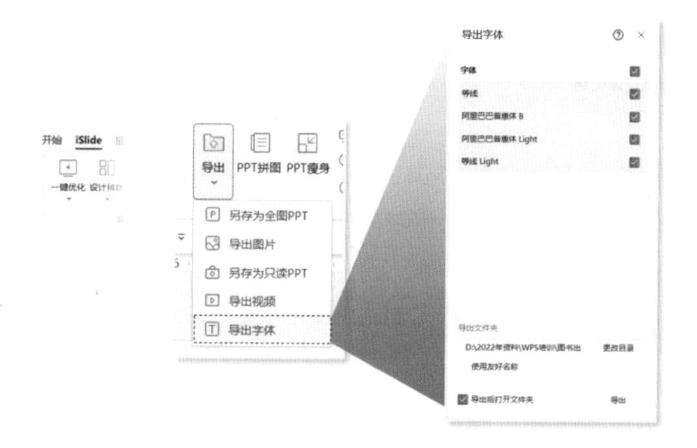

图 5.1.3

5.1.2 计算机连接线该准备哪些

如果在演讲现场使用自己的笔记本电脑播放 PPT，就需要确认笔记本电脑与现场显示设备的连接线。由于不同设备之间的接口类型不一样，需要有针对性地准备相应的连接线。

5.1.2.1 各端的接口类型及匹配方式

目前计算机和投影仪的接口类型主要为 VGA 和 HDMI，其中苹果笔记本电脑的连接线相对会多一点，具体匹配方式如图 5.1.4 所示。

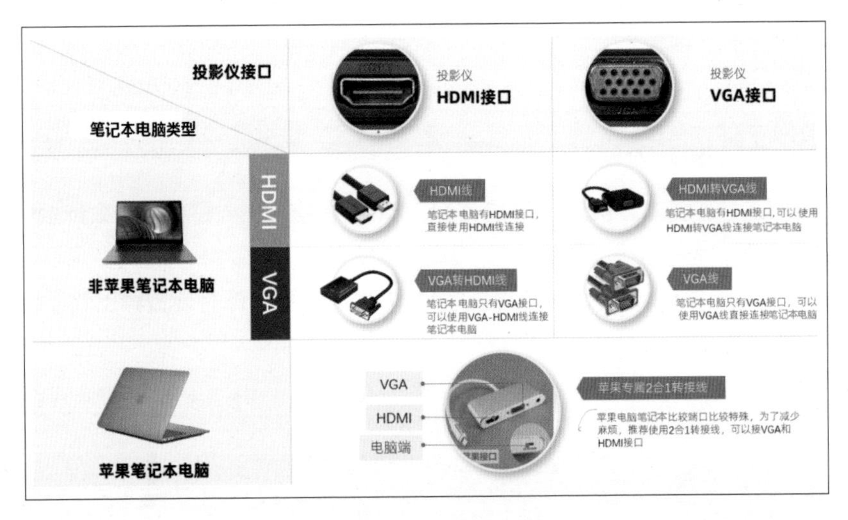

图 5.1.4

苹果笔记本电脑因为端口比较特殊，推荐使用专属的二合一的转接线更方便一点，两种端口都可以接。

5.1.3 PPT 翻页笔 & 手机翻页笔

为了更方便控制 PPT 的翻页，推荐自带翻页笔并提前充好电或备好电池。如果有条件，建议选择多功能翻页笔，在 LED 显示屏上，可以放大、用荧光笔以及控制鼠标等（图 5.1.5）。

如果万一没带翻页笔，也可以使用手机来代替翻页笔，只需要手机和计算机同时安装“袋鼠输入”程序，通过扫码即可让手机连接控制计算机，实现翻页笔的效果（图 5.1.6）。

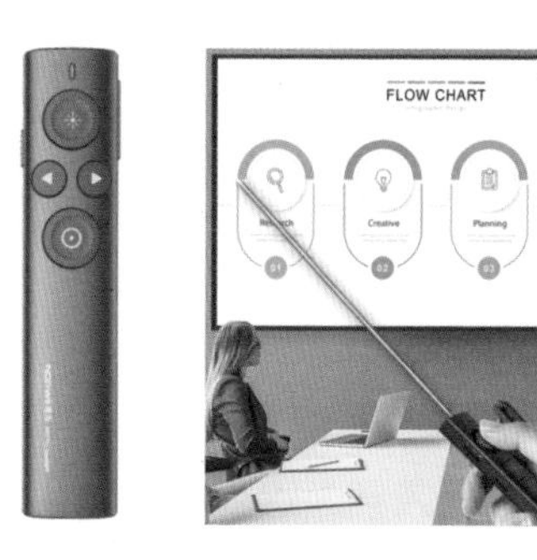

图 5.1.5

图 5.1.6

5.2　应对紧张：这 3 种方法让你从容应对

一提到演讲，很多人就会不自觉地紧张，而且越是重要的场合，就越紧张。往往会伴随一些典型的紧张症状：大脑一片空白、心跳加速、呼吸急促、双腿颤抖、手心冒汗等（图 5.2.1）。

图 5.2.1

其实这些都是非常正常的现象。千万不要因为这些而否定自己，觉得自己不适合演讲。下面我们来分析产生紧张的原因，并针对性的制定应对紧张的策略。

5.2.1 紧张产生的原因

5.2.1.1 生理角度——杏仁核劫持

在人的大脑中，有一个杏仁形状的组织，叫作“杏仁核”，它是大脑的情绪中心，可以记住过去经验的结果，并做出判断和分析，当我们面对某些事情时，不用理智分析，而是用情绪直接做出反应，这些情绪也被称为“生存直觉”，在极短的时间内判断这件事情对我们是否有损害。

可以把它简单理解为人体的警卫员，24 小时站岗放哨，不断扫描身边的危险事物。当面临危险时，就会启动身体的“应急机制”，为了提升人的战斗力，就会加速肾上腺素的分泌，血流和呼吸加快，提供更多的能量和氧气，血液会迅速流向四肢，此时就容易导致控制语言的额叶供血不足，从而影响大脑的语言功能。因此会出现大脑一片空白、语无伦次等现象，就好像被人劫持绑架了一样，这个过程就是“杏仁核劫持”(图 5.2.2)。

这也就解释了为什么你和熟悉的朋友说话从不紧张，而跟陌生人交流就会紧张。因为杏仁核会认为熟悉的朋友是安全的环境，而遇到陌生人时杏仁核就会给身体发出预警信号，提示可能是危险环境，从而产生“杏仁核劫持”。所以在演讲时的紧张情绪，其实是人类经过几百万年进化而来的生理结构导致的。

认识到了这一点，我们就知道了，其实人人都会紧张，只是优秀的演讲者能把它控制在一定的范围之内，表现得镇定自若，从容不迫。

正如美国著名作家马克 · 吐温所说:“世上有两种演讲者，一种是紧张的，另一种是假装不紧张的”(图 5.2.3)。

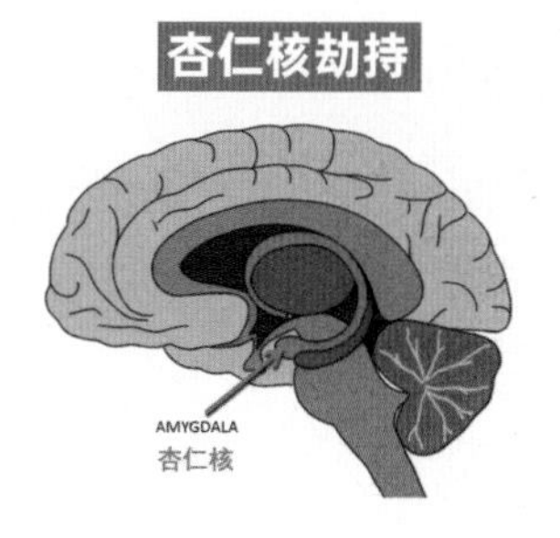

图 5.2.2

图 5.2.3

5.2.1.2 心理角度——不安的想法作祟

很多人演讲紧张是因为害怕在公众面前讲不好而出丑，在意别人的评价，担心给别人留下不好的印象等，这些不安的想法会极大影响心理情绪。

其实这个是很正常的，根据马斯洛的需求层次理论，我们作为一名社会人，都希望获得身边人的认可，成为一个受欢迎的人，所以会在意别人的看法（图 5.2.4）。

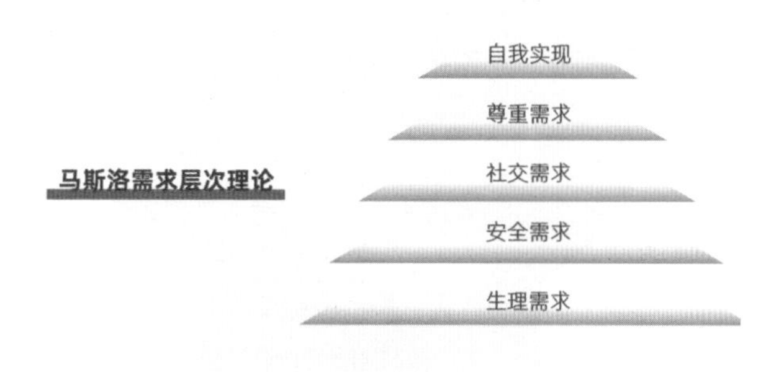

图 5.2.4

但是物极必反，过度在意反而会给自己过大的心理压力，明明已经很不错了，可以做得很好时，也会因为紧张而做不好或者不敢做，这就是心理因素导致的紧张。

5.2.1.3 能力层面——准备不充分

一般而言，紧张程度主要受“重要程度”和“准备程度”的影响。在不考虑其他因素的条件下，重要程度往往是相对固定的，如果能把准备程度提高，紧张程度自然下降。换句话说，演讲准备得越充分，演讲紧张的程度就会越弱（图 5.2.5）。

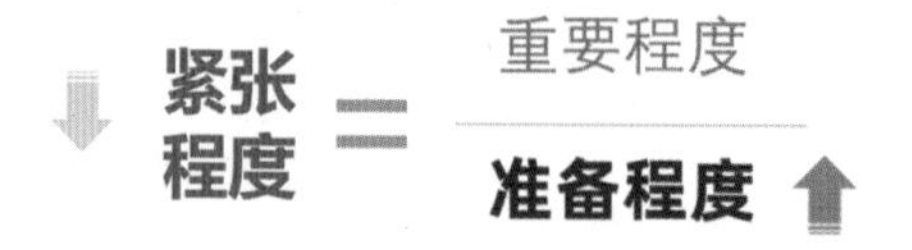

图 5.2.5

5.2.2 应对紧张的 3 种方法

演讲紧张人人都有，而且不一定是坏事，甚至有好处，适度的紧张能让我们发挥得更好（图 5.2.6），所以我们应该“应对”紧张，而不是“克服”紧张。

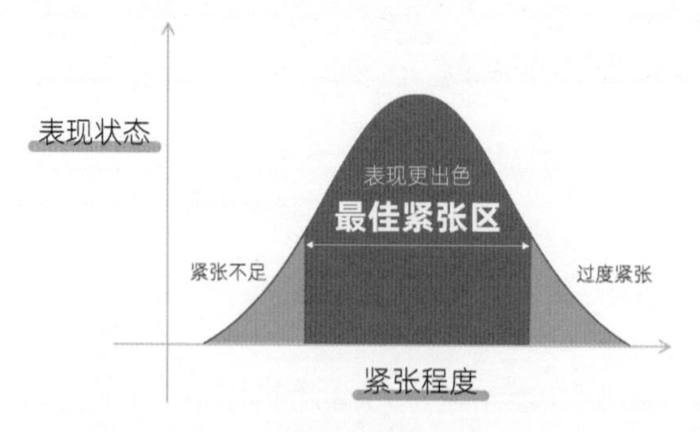

图 5.2.6

紧张不足和过度紧张都不可取，我们需要把紧张控制在最佳区域，以促进我们的演讲表现。下面针对 3 种不同的紧张原因，介绍对应的应对紧张的方法。

5.2.2.1 生理策略——构建“安全环境”

结合紧张产生的生理层面的原因，可以有针对性地制定生理层面的策略。

人的生理紧张往往和陌生的人以及陌生的环境有关，所以我们需要区别演讲的环境和人（听众），同时让大脑的杏仁核知道，这是安全的环境，从而减弱“杏仁核劫持”现象（图 5.2.7）。

演讲前，建议提前到演讲场地，做好各项准备工作，如测试幻灯片、计算机和相关设备。然后在讲台上走一走，看一看，熟悉舞台位置、听众位置、嘉宾位置等，明确流程以及自己上场的时间。这样的好处是既熟悉了环境，也能提前演练，减少意外情况发生，心里更踏实。

对于陌生的听众，可以用两种方法迅速熟悉起来。

图 5.2.7

第一，提前了解听众的特点和需求，并结合到自己的演讲内容当中。例如，演讲前做一些调研或询问主办方，听众的人群特点、年龄分布、主要需求、痛点、期待等，然后在自己的脑海中形成清晰的用户画像，并把这些属性和演讲内容进行融合。

第二，暗示自己，来的都是亲朋好友，非常信赖的人，面对一群朋友，你会紧张吗？肯定不会！于是，你就可以把每次的演讲都当成和好朋友分享自己的宝贝（图 5.2.8）。

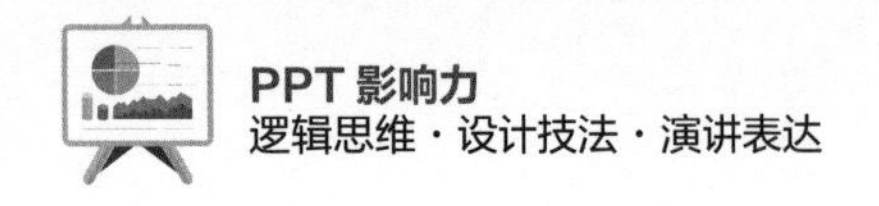

把每次演讲都当成

和好朋友分享自己的宝贝

图 5.2.8

在构建“安全环境”以后，还可以通过释放身体能量来缓解紧张。因为人在过度紧张的状态下，身体会比较僵硬，需要提前释放压抑在身体里的能量。常见的做法是，在上台之前可以适当地走动一下，嘴巴和舌头适当活动一下，让身体、嘴巴、舌头都进入放松的状态。再进入演讲状态，就不会那么僵硬，会流畅很多。

5.2.2.2 心理策略——给自己减压

登台演讲本身就会给演讲者造成一定的心理压力，如果台下还有领导或者专家等，心理压力就更大了。

应对的策略就是给自己减压，可以从两个方面入手（图 5.2.9）。

第一，不要太在意自己的职务和身份。俗话说“初生牛犊不怕虎”。赢得起，输的起，敢于放手一博，没什么好怕的，毕竟已经做足了准备，“搏一搏，单车变摩托”。

第二，不要太在意听众的身份和地位。台下的听众如果职位、资历、地位等比自己高，难免会让演讲者紧张，但是作为演讲者，要关注的不是这些，而是始终保持一个“分享心态”。我并不是在这里炫耀我多厉害，只是在呈现对大家有价值的内容。所谓术业有专攻，在你专注的领域，那些领导或者专家不一定有你专业，哪怕有同行业的专家，只要你的内容对大家有启发和帮助，他们也会肯定和认可。

图 5.2.9

5.2.2.3 能力层面——早准备与演练

越是重要的演讲，越要提前准备，最好能试讲几遍。

多试讲，多演练，除了能减缓紧张，更重要的是能提前暴露问题，在演讲前及时地修改和调整。随着试讲次数的增多，问题就会越来越少，整个演讲过程也会更加熟练。很多演讲高手都非常重视提前演练环节。

例如，乔布斯通常会提前数月准备自己的新品发布会，并会对此进行事无巨细的预演。他经常针对一场发布会展开数次彩排，并对包括演讲稿色调、聚光灯角度以及为了更好的演讲节奏而调整 PPT 的顺序这些细节进行微调。

在试讲过程中，一定要重点关注容易卡壳的地方。一般来说，演讲各版块的衔接处是最容易卡壳的。最好找观众听你的演讲并提出修改建议，也可以录下自己的演讲过程，然后把自己想象成听众来听自己的录音 / 像，并评判演讲过程是否流畅？是否有感情？语速是否合适……

5.3 演讲稿

5.3.1 哪些情况更适合写演讲逐字稿

要不要写演讲逐字稿？这是很多演讲者的困惑。我的建议是分情况，如果很缺乏演讲经验，是演讲方面的小白，不管口才如何，都建议写完整的演讲稿；如果已经有了丰富的演讲经验，对自己的演讲内容非常熟悉，可以自行决定是否需要演讲稿。

如果演讲不是那么熟悉，又不想写完整的演讲稿，那就可以写以下两部分的演讲逐字稿（图 5.3.1）。

第一是开头部分，因为开头相当重要，很多人会因为刚开始紧张而导致讲不好，讲着讲着就没那么紧张了，所以开头的演讲稿能把开头的形式固定下来并反复练习，这样演讲就能顺畅地开始。

第二是容易卡壳的部分，大多数情况是各部分的衔接处，如何承上启下？如何巧妙的引出后面的内容？如何让内容的衔接更顺畅而不突兀？这些都可以在演讲稿中体现出来，并提前强化。

图 5.3.1

写演讲稿并不是为了背演讲稿，而是将需要讲的内容提前固定下来，做到心中有数。同时也能很好地帮助我们掌控演讲时长。一般而言，正常人的语速为每分钟 200~240 字 / 分钟，根据演讲时长就能评估需要准备多少字的演讲稿。例如，一场 15 分钟的演讲，就可以准备大约 3000~3600 字的演讲稿。

而且演讲稿也能方便主办方审核演讲内容、他人对演讲进行辅导以及后续演讲的传播，一举多得。

5.3.2 写演讲稿有哪些秘诀

5.3.2.1 分析观众：讲他 / 她想听的

在写之前，需要先分析观众想听什么内容，因为观众只想听和他们有关系以及他们感兴趣的内容。于是，演讲稿中就要把“观众想听的”“你擅长的”以及“紧扣演讲主题的”三者兼顾的内容重点呈现（图 5.3.2）。

在分析观众时，可以围绕两点展开（图 5.3.3）。

第一是“多数原则”，就是要兼顾大多数观众的需求。例如，你要做一场“如何提升办公技能”的主题演讲，那么就需要提前分析观众的人群特点和需求，哪个年龄段的人更多？他们大部分人希望听哪方面的办公技能？大多数人平时是怎么提升的？平时大家的痛点主要有哪些？等等，然后可以把大多数的需求作为演讲内容的主要参考，对于少部分的需求，如果还能兼顾到，那就更完美了，这样才能让你的演讲更受欢迎。

第二是“重要性原则”，就是优先考虑观众中重要程度更大的那些人，他们的人数可能会很少，但是他们有决策权。如比赛中的评委、工作汇报中的领导等，如果评委或领导都是 40 岁以上的人，哪怕观众大多数都是 20 多岁的人，也要更多地根据台下领导或评委的属性和特点来呈现演讲内容。

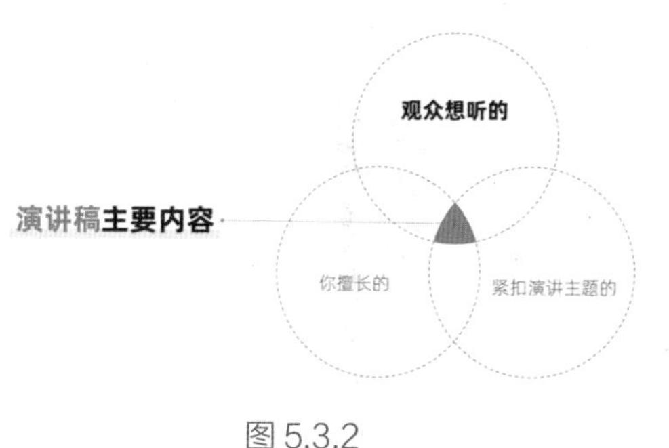

图 5.3.2

图 5.3.3

5.3.2.2 明确演讲目标：以终为始

演讲应该“以终为始”，这里的“终”指的是演讲目标。

具体来说，就是演讲结束后，希望观众能有哪些改变。例如，认可你的工作 / 方案、购买你的产品、认同你的观点、增长技能知识等，目标一旦确定好，那么所有动作都要围绕这个目标来展开。演讲目标之于演讲，就好比导航之于开车。如果你连演讲的目标都不明确，那就好比开车没有导航，却驰骋在荒漠中，相当危险（图 5.3.4）。

在制定演讲目标时，往往需要考虑演讲的类型。在职场中，比较常见的演讲类型包括告知类、说服类、激励类等（图 5.3.5）。

- **告知类演讲**：主要以给观众传递信息和内容为主，如工作中常见的工作汇报、团队例会、团队培训、技能分享会等。
- **说服类演讲**：主要是说服观众做出你期望的某种行为上的决策或改变，如购买你的产品、认可你的方案、接受你的观点或主张，比较常见的有产品的宣讲会、营销宣传、产品发布会、求职面试等。
- **激励类演讲**：主要是鼓舞和激励观众，让观众的信念和状态发生改变。如领导在员工大会的演讲、毕业典礼、动员大会、表彰大会等。

总之，演讲就是围绕改变观众来展开，包括改变观众的信息、观点、行为、状态等。确认了演讲的类型，可以使我们的演讲目标更清晰。

图 5.3.4

图 5.3.5

5.3.2.3 梳理演讲要点：3 个为宜

根据制定的演讲目标，就能更好地对演讲内容进行取舍，哪些内容有助于达到演讲目标，可以放进演讲稿，哪些内容和演讲目标关联不大，可有可无，那么就可以不放在演讲稿中。要点的数量一定不要太多，一般建议推荐梳理成 3 个要点，最容易被观众记住和理解。如果要点超过 3 个，就进行整合和概括，分出 3 个主要要点，然后挨个深挖，逐级展开。

整个过程如图 5.3.6 所示。由演讲主题发散很多内容，然后结合“演讲目标”和“分析观众”整理出相关内容，最后将内容梳理成 3 个要点。

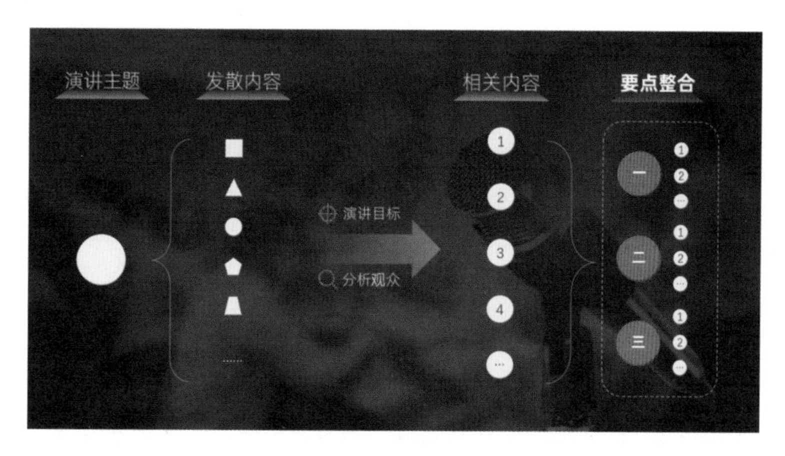

图 5.3.6

5.3.2.4 故事与案例：注入情感

如果说演讲的结构和要点是骨架，那么相关的案例和故事则是血肉。两者结合才能组成有说服力、有血有肉的演讲，才能更好地达到演讲目的。

正如神经学家安东尼奥 · 达马西奥研究证明的那样：人类的决策不是经由处理数据和信息的左脑负责，而是由处理故事、情感、色彩以及幽默的右脑负责（图 5.3.7）。

图 5.3.7

正因如此，我们的演讲稿就不能只有理性的内容，如信息、数据、观点等，这远远不够，还需要有更多感性的故事、情感等来激发观众的情感，从而让观众往你期望的方向做决策，因为故事和案例会让观众更有感觉。关于故事和案例的陈数方式，会在 5.6.6 节重点展开。

5.3.2.5 设计开头和结尾：最后设计

很多人习惯先写开头，一股脑就想着如何一鸣惊人。如果这部分进展不顺利就停滞不前。这样做不仅低效，而且非常不合理。

不可否认，演讲的开头和结尾的确非常重要，但是如果你还没确定要讲什么，那又如何设计出和内容相匹配的开头呢？如果还不明确你的演讲目的和传递的情感，又如何安排合适的结尾来升华你的主题呢？

所以设计时不要本末倒置，一定要先完成前面的四个步骤，再来设计开头和结尾。

5.4 惊艳开场：让演讲开场更具有吸引力

对于绝大部分的演讲而言，开头的好坏会直接决定观众对演讲的第一印象，进而影响观众对演讲的评价，所以演讲的开场至关重要，值得用心设计一番。

作家李敖曾说过：“你去做一个演讲，一定要在开头五分钟就抓住听众的内心。如果在演讲开头五分钟里抓不到听众，那你的演讲就是失败的”。

5.4.1 “自杀式”的演讲开场有哪些

成功的开场会像磁铁一样把观众牢牢吸引，而一个失败的开场等于白开场。在学习成功的开场之前，有必要了解有哪些常见的失败的开场，俗称“自杀式”开场（图 5.4.1）。

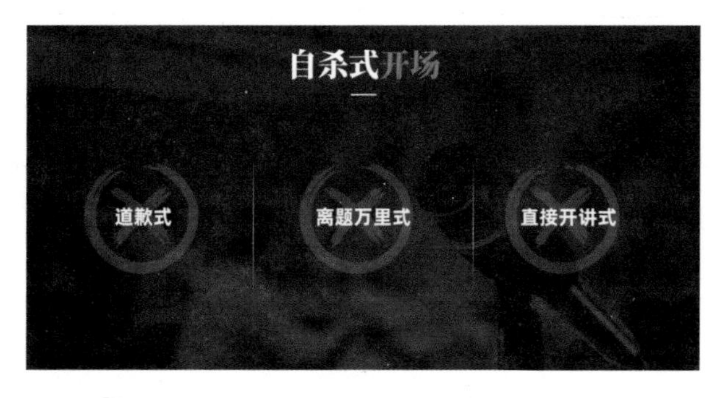

图 5.4.1

5.4.1.1 道歉式开场

很多人开场喜欢这样说：

“不好意思，时间仓促，我没有准备好这次的演讲……

对不起呀，我不会演讲，讲不好又非要我讲，那我就简单讲一讲……”

如果你是观众，听到演讲者开场这么说，你会是什么感受？很多观众就会想，你要是没准备好就下去吧！你要是不想讲，就别讲了吧！别浪费我们的时间。其实这就是典型的错误开场。

很多演讲者明明准备好了，却还是开场习惯说没准备好，其实他是希望通过开场道歉的方式来拉低观众的预期，给自己留一个万一没表现好的退路。但是实际情况是，这种方式会给观众带来糟糕的印象，哪怕后面你的表现非常出色，也很难挽回这一印象。

哪怕你真地没有准备好，也不要说出来，可以说自己有些紧张，需要大家的掌声鼓励等。

5.4.1.2 离题万里式开场

假如是一个“如何提高团队管理能力”的演讲，开场没有提团队管理相关的话题，而是在说其他和演讲主题没有关系或者关系不大的事情，如最近的时事新闻或趣闻轶事等，这样就会让观众觉得很拖沓。

开场部分一定要为后面的内容做铺垫或引导，而且要简短。如果开场部分偏题万里，花了很长时间都引不到演讲主题上来，一开始就铺展太开，收不回来，就会浪费观众的时间和注意力。

5.4.1.3 直接开讲式开场

大家好，我是 XX, 我的演讲主题是 XXX, 下面请看……

这种就是典型的没有开场，直接开始讲内容。这种方式非常乏味，没有任何铺垫和引导，也没有勾起观众想听的欲望。这就好比你去了一家餐厅，没有人引导你落座，也没有人给你菜单介绍菜品，直接把他的饭菜往你的嘴里塞，你会是什么感觉呢？

是不是非常不舒服吧？所以这种开场方式也要尽量避免。

5.4.2 演讲开场需要完成哪些任务

为了设计更具有吸引力的开场，就需要知道演讲开场的几个主要任务，分别是吸引观众注意力、将主题与观众联系起来、将主题与演讲者联系起来、表明演讲目的与内容预览等（图 5.4.2）。

观众的注意力远比你想象的要差，在演讲开始前，他们可能在玩手机、处理工作或者聊天等，所以演讲开场就需要把他们的注意力吸引到演讲中来。

在吸引了观众的注意力以后，就需要将演讲主题和观众联系起来。就是你讲的这些和他们有什么关系？听了你的演讲会有什么好处或者收获？可以用一两句话点明。

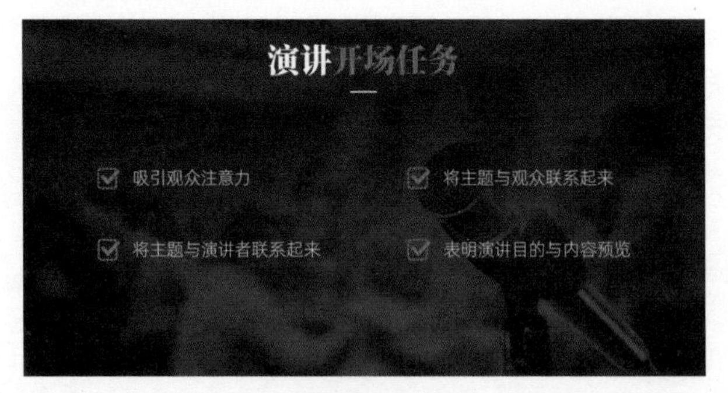

图 5.4.2

接下来是将自己和主题联系起来，就是解决观众为什么要听你讲。证明你有资格给他们讲，可以引出自己的自我介绍，如身份、专业度、荣誉等，增加观众的信赖和对演讲内容的兴趣。

最后的任务就是明确演讲目的和内容概述，解决观众的疑问：我会听到什么内容？听多久？让观众心里有底，也同时表示即将进行到主题的内容。

图 5.4.3 所示是一个经典的开场，也是围绕这几个任务展开的。

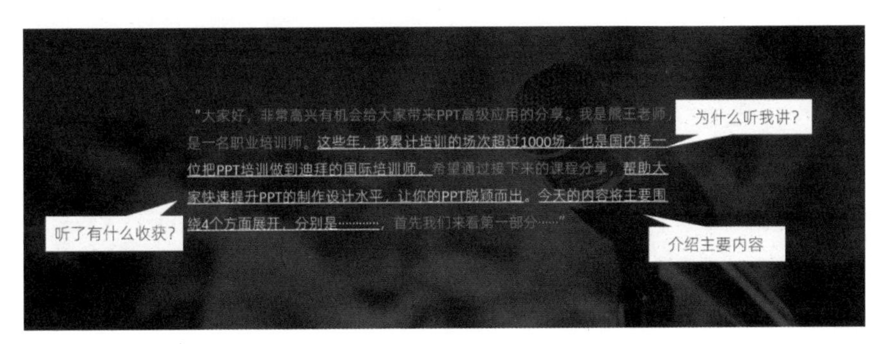

图 5.4.3

这几个任务的完成情况可以作为评判演讲开场是否成功的标准之一。

5.4.3 五种演讲开场方式：赢在“凤头”

5.4.3.1 提问式开场

提问可以非常有效地吸引观众的注意力。对于未知的事物，观众往往会有强烈的探求欲望，问题也容易引发观众的思考，从而让观众的思路跟着演讲者的思路一步步展开。不过，需要强调的是，问题的选择很关键，这些问题一定要和演讲主题有关，与观众有关，问题不能太空洞和宽泛，要方便观众回答。

例如，我在 PPT 课程的演讲开场经常会抛出的问题是，大家觉得 PPT 很难吗？大家认为做 PPT 最大的难点在哪？等等。

这些问题和我的 PPT 课程演讲主题有关，也能激发观众的思考，方便引出我后面的内容，同时回答起来也比较方便。

在抛出问题以后，有人回答最好，如果没人回答怎么办？很简单，那就自问自答。常见的话

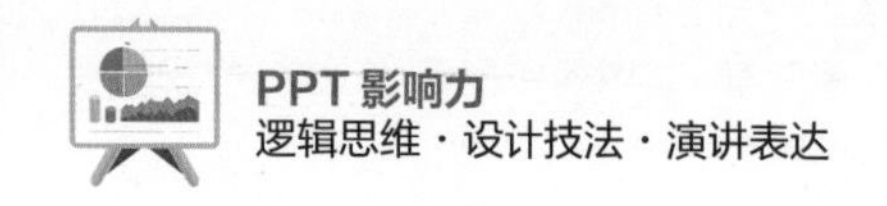

语是："对于这个问题，相信很多人的答案是 XX，那么接下来我们……"。

罗振宇在 2017 年的跨年演讲的开场也同样采用了提问式开场：2017 年，哪一天你认为很重要（图 5.4.4）？

图 5.4.4

然后接下来的演讲内容由这个问题的答案逐步展开，非常自然而且有代入感。

5.4.3.2 现挂式开场

现挂式开场需要演讲者即兴发挥，把前面演讲者讲的东西融入自己的演讲里，顺势引出自己的观点和内容，让观众感叹你临场反应的机智。

例如，马云在一次互联网峰会上的演讲开场就用了这个方式，在马云上台前，俞敏洪讲到了教育的话题，于是马云一开场就以这个话题为切入点来展开，同时顺便调侃了一下，活跃了现场气氛，同时也引出他的内容。

5.4.3.3 前瞻回顾式开场

前瞻回顾式开场也叫作情景设想式开场。一般使用"想象一下"或者"回想一下"等开头，让观众想象未来或者回想过去。伴随的想象，能使观众思考，同时让观众身临其境。

（1）让我们回想一下，你上一次的公开演讲是什么时候？对自己的表现满意吗？

（2）想象一下，如果让你重新回到大学，你会做哪些让你现在感觉遗憾的事情？

例如，在 TED 中有一篇题为"拯救生命的温暖怀抱"的演讲，就用了这样的开场方式：

请闭上眼睛，打开双手……想象下，你们的手中可以放些什么？一颗苹果？或者钱包？
请睁开眼睛，你曾否想过一个生命？这是一个早产儿，看起来他似乎在安睡
但实际上，他正在和死神作斗争（图 5.4.5）……

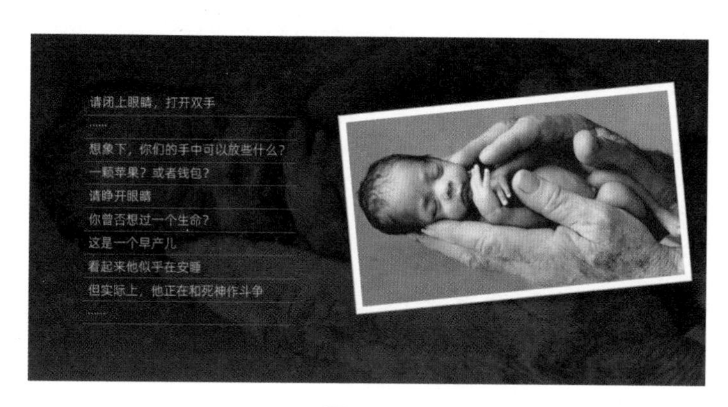

图 5.4.5

之前观众会跟着演讲者节奏去想象，当睁眼看到播放的 PPT 是手掌中捧着的一个小婴儿时，非常震撼，迅速吸引了观众的注意力，并对演讲者接下来要讲的早产儿的故事非常感兴趣。

5.4.3.4 讲故事式开场

讲一个和主题有关的简短的故事。故事能很好地激发观众的好奇心，调动观众的想象力。因为人都喜欢听故事，既有场景代入感，也能以比较轻松的方式切入主题。但是需要补充一点，故事要简短。

例如，我在“全国 PPT 同学会”上做演讲分享时，就用了这个方法，分享了自己的成长故事。

“对于演讲这件事，我比在座的很多人的起点都要低。因为在成为培训师之前，我是有严重口吃的人，连基本的沟通都有障碍。那时，我甚至觉得这辈子都不会从事与‘沟通’有关的工作，更别提当众演讲以及成为培训师了。

但是命运就是这么巧，多年以后，我不仅成为了职业培训师，培训足迹更是遍布全国各地，甚至还把培训做到了迪拜。

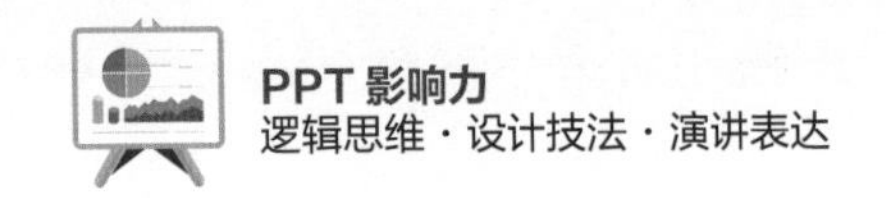

这其中我经历了什么？是什么让我发生了这么大的转变呢？接下来……”

通过这个简短的个人成长故事，大部分观众会好奇，一个严重口吃的人是怎么成为一名优秀的培训师的呢？对于这个转变，背后又有哪些深层次的原因？

一旦在观众心中有了好奇和疑问，说明观众的注意力已经被吸引了。

所以用和主题有关的故事开场在很多场合非常适用。

5.4.3.5 震撼式开场

震撼式开场就是在开场讲述一个让人震撼却鲜为人知的事实、数据、话题等，让观众感到震惊！心中就会产生疑惑：这是真的吗？有这么严重吗？然后呢？有什么解决办法吗？一旦观众的好奇心被调动起来，观众就会迫不及待地想听接下来的内容了。

例如，美国前副总统戈尔在 2009 年的 TED 主题为“对最近气候趋势的警告”中，就用了这种开场形式。

演讲一开场就使用了令人震惊的数据：“在过去的三百万年中，北极冰帽的面积缩减了 40%，相当于美国南方 48 个州面积总和”。

同时戈尔还在幻灯片中使用动态的图片来直观地呈现前后的变化。强烈数据的对比，让观众一下子就意识到问题的严重性（图 5.4.6）。

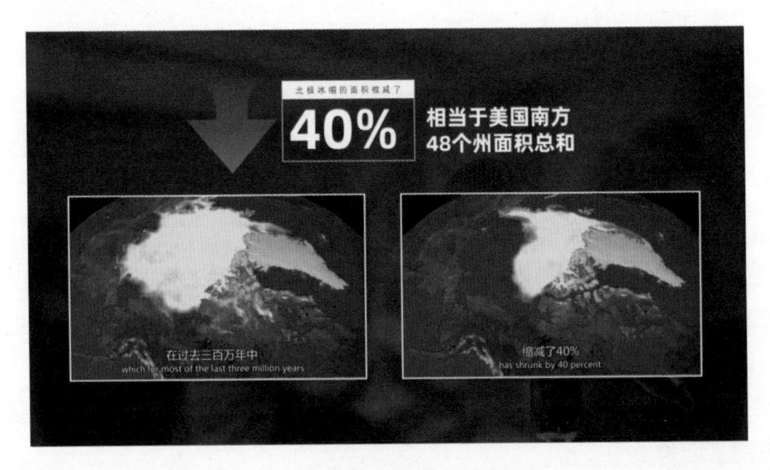

图 5.4.6

5.5　精彩结尾：让你的演讲回味无穷

5.5.1　峰终定律：结尾至关重要

好的结尾能够升华主题，引发观众思考，让观众回味无穷。

诺贝尔奖得主、心理学家丹尼尔 · 卡尼曼教授提出：人们对一件事的记忆，往往只能记住两部分，一个是过程中的最强体验，叫峰；另一个是最后的体验，叫终（图 5.5.1）。

也就是说，人们对一项事物的体验所能记住的只有“峰”和“终”，而过程中的好与不好的体验对记忆的影响不大。这个定律在演讲中也同样适用。演讲结尾时给观众的感觉会直接影响观众对演讲的评价。

图 5.5.1

5.5.2　演讲结尾需要完成哪些任务

要想做好演讲的结尾，需要了解结尾部分的功能与内容。预先提醒演讲即将结束，让观众有心理准备，不能没有任何铺垫就结束。然后是加深观众对主题的印象，可以采用回顾的方式，呼应开头或者主题。最后，可以提出号召或者期望，升华演讲（图 5.5.2）。

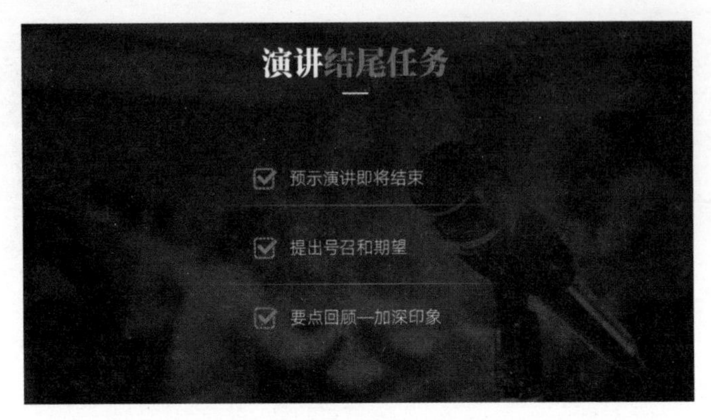

图 5.5.2

图 5.5.3 所示就是一个经典的演讲结尾。

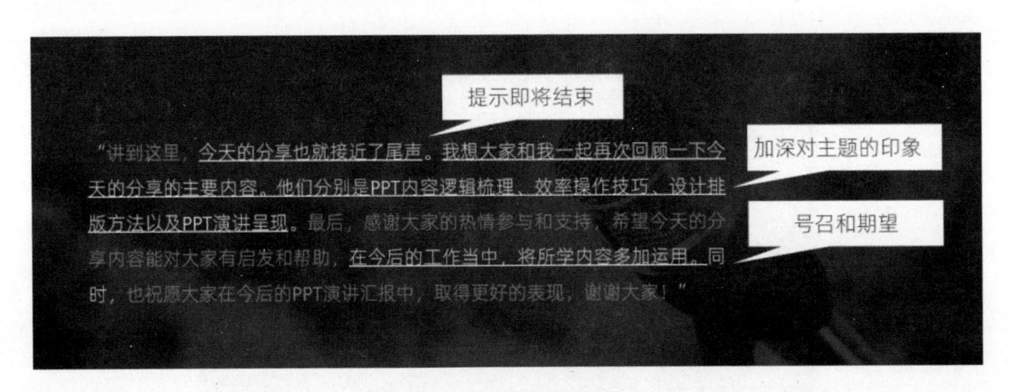

图 5.5.3

5.5.3 四种演讲结尾方式：升华主题，意犹未尽

5.5.3.1 金句式结尾

在众多的演讲结尾方式中，最简单且容易上手的方式就是以金句结尾。既能升华主题，也能

让观众觉得演讲者有水平、有高度、有内涵。

比如罗振宇的“时间的朋友”跨年演讲的结尾，基本都是以金句结尾。

- 2015 年：没有任何道路可以通向真诚，真诚本身就是道路。
- 2016 年：万物皆有裂痕，那是光照进来的地方。
- 2017 年：岁月不饶人，我亦未曾饶过岁月。
- 2018 年：对未来的最大慷慨，是把一切献给现在。
- 2019 年：一个人的梦想只是梦想，一群人的梦想就能成真。
- 2020 年：面对复杂，保持欢喜。

既能提升演讲的品位和档次，也能给人留下深刻印象，有机会形成二次传播。

如果没有合适的金句，使用和主题紧扣的诗句也是可以的，例如，我在 PPT 培训演讲的结尾就使用过陆游的《冬夜读书示子聿》诗句来结尾（图 5.5.4）：

古人学问无遗力，少壮工夫老始成。纸上得来终觉浅，绝知此事要躬行。

图 5.5.4

鼓励学员们课后要多巩固、多复习、多动手，强化理解，实践出真知。这个结尾取得了非常不错的反馈和评价。

再例如，我在全国 PPT 同学会中做的主题为“我是如何把 PPT 培训做到迪拜的”演讲也是以金句结尾：

择一事，终一生，不为繁华易匠心。

用这句话来表明我对培训事业的专注和用心（图 5.5.5）。

图 5.5.5

5.5.3.2 要点回顾式结尾

对于告知类演讲，特别适合采用要点回顾式来结尾。例如你做了一个技能培训或者一件事情的流程以及步骤，亦或是一个重要的汇报等，在结束之前，对要点做一个回顾或者总结以帮助观众强化记忆，加深记忆（图 5.5.6）。

最好能有几个词来概括要点，让观众觉得你的演讲内容很用心，而且经过了高度提炼。

如果是技能培训类的，不仅可以由演讲者来总结要点，也可以发动观众来总结要点，从而达到更好的培训效果。

图 5.5.6

5.5.3.3 号召行动式结尾

“知者行之始，行者知之成”，从“知道”到“做到”需要经历“实践行动”的过程。在演讲的结尾，最好能号召观众行动起来。一般激励类和说服类的演讲居多，用号召行动能很好地点睛升华。

著名作家毕淑敏在央视的电视节目《开讲啦》做了主题为“别给人生留遗憾”的演讲，结尾就采用了号召行动的方式，表达了对年轻人的期望并号召行动。

“所以如果你有愿望，如果你真地还有力量去实践它，我觉得你一定要即刻就出发，去完成自己的愿望，让自己少一些遗憾。人生是一个漫长的过程，年轻是多么的好。但是请你记得，记得有很多的东西，当你不懂的时候，你年轻，当你懂得了以后，你已年老。

那么让我们的理想不要变成化石，让我们现在就行动起来，去实践我们的理想，让我们的人生少些遗憾。谢谢大家。”

只是需要注意一点，这个行动必须与内容相结合，也要与实际相结合。换句话说就是号召的行动必须基于你的演讲观点，而且观众是可以通过努力做到的。

5.5.3.4 展望式结尾

演讲的结尾往往需要把主题进行升华，把演讲提升到更高的高度。展望式结尾是非常不错的演讲结尾方式，告诉观众如果演讲观点被接受，改变了思想和行为，那么会对未来有哪些改变和帮助。可以对未来进行展望，描述未来的场景，说出自己的期待，也给观众无尽的想象空间。

例如，黑人领袖马丁·路德·金在他的著名演讲“我有一个梦想”中就采用了展望式结尾（图 5.5.7）:

当我们让自由钟声响起来，让自由钟声从每一个大小村庄、每一个州和每一个城市响起来时，我们将能够加速这一天的到来，那时，上帝的所有儿女，黑人和白人，犹太人和非犹太人，新教徒和天主教徒，都将手携手，合唱一首古老的黑人灵歌:“终于自由啦！终于自由啦！感谢全能的上帝，我们终于自由啦！

图 5.5.7

5.6 亮点打造：让你的演讲更具吸引力

5.6.1 幽默：瞬间拉近与观众的距离

幽默是演讲的调味剂，同时也是一种演讲风格和特色，容易成为演讲的亮点。恰到好处的幽默，不仅能让观众忍俊不禁地发笑，给观众带来愉悦的感觉，更能给人留下深刻的印象。

正如法国作家雨果曾说：“笑就是阳光，它能消除人们脸上的冬色。”（图 5.6.1）。

图 5.6.1

演讲开场后，不仅演讲者会紧张，观众也没完全放松下来。如果使用幽默能让观众乐一乐，就可以瞬间缓解紧张氛围，也可以建立观众与演讲者之间的情感链接，拉近与观众的距离。

需要注意的是，幽默让观众笑和讲笑话让观众笑完全不一样，前者比后者高级。

下面分享三种幽默的方法。

5.6.1.1 自嘲幽默法

善于自嘲或自黑的人，一般都比较谦和，态度乐观豁达，往往更招人喜欢，不招人恨。

自嘲表面上是自黑，其实是自信，接纳自己的不完美，敢于把自己的缺点或遗憾展示出来。自嘲之所以会让观众笑，是因为它能让观众产生优越感，让观众觉得他们比你厉害。

在寻找自己身上的“黑点”的时候，可以找无关痛痒的“缺点”，如外形特点：矮、穷、丑等；性格特点：如偏执等；甚至是自己的姓名（图 5.6.2）。

图 5.6.2

例如，我在培训演讲开场经常会自我调侃：

“大家好，我叫熊王，不用怀疑，这是我的真名。也不要因为这个姓氏产生联想，我声明一下，熊大，熊二，和我没半毛钱关系。”

观众往往听完就会笑出声来，能很好地缓解开场紧张的氛围。

我还听过两个用自己的姓名自嘲的演讲开场。

第一位演讲者姓胡，一上场他就说：“今天的演讲，我是来胡说的（停顿），因为我姓胡，我叫 XX,……”。在停顿处，观众还很疑惑：胡说？然后引出他姓胡，他的演说，所以叫“胡说”，让观众忍俊不禁。

第二位演讲者是我的好朋友倪浩元。他为了让自己的名字更容易被听众记住，在自我介绍时，就会跟观众说：“我的名字很好记，倪浩元，谐音就是‘你好圆’，然后再配上圆的浮夸动作和表情，瞬间就让观众记住了名字，而且印象深刻”。

乔布斯在斯坦福大学的毕业演讲中，就调侃道：

“我今天很荣幸能和你们一起参加毕业典礼，斯坦福大学是世界上最好的大学之一。我从来没有从大学毕业。说实话，今天也许是在我的生命中离大学毕业最近的一天了。”

乔布斯用“……离大学毕业最近的一天”来自嘲自己没有大学毕业的事实，观众一听就笑了，起到了很好的暖场效果。

5.6.1.2 意外幽默法

意外幽默法就是结果和预期不一样。在演讲者前面铺垫之后，按照正常逻辑应该是 A 结果，而演讲者说出来的却是 B 结果，让观众颇感意外，进而发笑。

意外幽默法的使用也是有规律可循的，一共两步：第一步，埋包袱，事先做好铺垫，同时使用强调词或句子让观众按照正常的逻辑去思考（强化误导），让观众预期一个结果；第二步，抖包袱，推翻之前的预期，制造意外（图 5.6.3）。

图 5.6.3

有一个小技巧就是埋包袱以后，可以适当停顿，留一点时间让观众思考和遐想，这样在抖包袱时，效果才会更好。

举个例子，一位外国小哥谈来中国生活后的感受：

埋包袱：“我跟你们讲，在中国千万不要晚上出来跑步！”

强调词 / 句：“太危险了！你们要是出来跑步就完蛋啦！”（强化误导）

停顿片刻……

抖包袱：“因为路边都是烧烤摊，而且超级好吃，你们说我怎么能减肥呢？太香啦……”（观众笑）

在埋包袱以后，观众以为他要说危险的处境和情况，结果抖包袱说的是路边的烧烤摊太香太好吃，没办法减肥了。正话反说，给观众制造了意外和笑点。

再例如，我之前的培训课结束时，一位学员跟我说：

埋包袱:“熊老师，听了你的课，我决定不能把你的课推荐给我们部门的同事。”

强调词 / 句:“要是推给他们，我就危险了。”

停顿片刻（我也很疑惑）……

抖包袱:“因为您讲的实在太好了，我的收获太大了。我怕他们都学会了，就把我超过了！来，熊老师，帮我签个名吧！”

这种意外幽默法如果运用恰当，往往比平铺直述效果好很多，也能很好地调节氛围。

5.6.2 故事：用悬念牢牢抓住观众的心

5.6.2.1 故事是最好的传播形式

喜欢听故事是人类的天性，而且故事可以让观众和演讲者产生联系。故事可以帮助演讲者形象地表达观点和道理，是人们用来快速理解道理的常用工具。我们从小就听过各种各样的故事，如《愚公移山》《夸父逐日》《孟母三迁》《伊索寓言》等。包括我们经常看的电影，其实也是通过故事来传达某种观点、精神、道理等。

一场演讲结束，观众往往记不住你讲的道理或理念，但会记住你演讲中的某个故事或某个案例，进而记住你通过这个故事要传递的情感或观点。如果你想让观众接受你的观点，那么请讲故事，而不是讲道理。因为讲故事，观众可以把自己置身于故事情节中，故事传达出的寓意或者道理就会更生动形象，更容易被观众接受。讲道理是说教，是硬要把观点传输给观众，而人们往往不喜欢说教，容易招致反感。

故事适用于各种类型的演讲，也适合用在演讲的各部分。美国总统林肯曾说过：“演讲就是讲故事，能通过故事来说明观点的演讲才是好演讲（图 5.6.4）。”

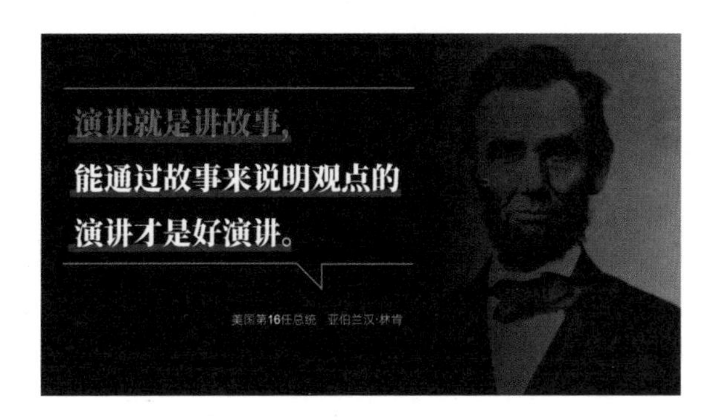

图 5.6.4

5.6.2.2 好的故事从哪来

故事的类型主要是以下 3 种：自己的故事、身边人的故事以及书或电影中的故事。

每个人对自己的故事和经历是最熟悉的，自己的故事最能传达真情实感，也最能打动观众。乔布斯在斯坦福大学的演讲中就讲了自己的 3 个故事：因果相连、爱和损失、面对死亡。

在他的演讲中，没有大道理，没有说教，更没有以成功人士的口吻强调，年轻人要怎样怎样，只是分享了自己成长历程中的 3 个故事，通过这 3 个故事来传递他的观点和思想。采用这种方式，观众喜欢听，也更容易被接受。

除了自己的故事，还可以讲身边人的故事，如果你是一名培训师，就可以讲自己学员学有所成的故事；如果你是一名销售，就可以讲自己的客户因你的产品而受益的故事；如果你是父母，可以讲孩子与自己相处过程中的故事。

也可以讲一些名人或成功人士的故事，甚至是一本书里面的故事，都可以。只不过需要我们做一个生活中的有心人，平时多留意身边的故事或看过的不错故事。

5.6.3 类比：让观众不懂变秒懂

所谓的类比，其实就是用已知事物来理解未知事物。特别适用于将一些复杂、难懂、专业的流程或术语介绍给观众。

诺贝尔奖获得者理查德 · 费曼曾说:“如果你没有办法用简单的语言描述你所学的知识，就没有真正地理解它。”，而类比就是一个能帮助理解的工具。

类比常用的连接词是“就像 / 相当于”等。

在 2001 年 10 月 23 日，苹果公司推出了了一款数字音乐播放器——iPod。它可以在 5GB 硬盘上存储歌曲，但是 5GB 的存储空间对于很多人而言，很难理解。于是，在演讲中，乔布斯说:“5GB 相当于 1000 首歌的存储空间。另外，为了说明 iPod 非常小巧，只有 0.19kg，以至于它能‘直接装进你的口袋’。”，所以就有了那句经典的广告语：把 1000 首歌装进你的口袋。

将很多人感到陌生的 5GB 空间转换成大家熟悉的歌曲数目来进行类比，让观众理解起来更直观明了。

5.7 意外情况：该如何应对演讲时突发的意外情况

演讲一旦正式开始，就是“现场直播”，不能暂停或重来。整个过程难免出现意外的突发状况，所以演讲者需要准备一些救场的应急预案，以便在需要时，能从容应对。

5.7.1 说错话了怎么办

这里的“说错话了”主要指的是“口误”，这种犯错也比较常见，人非圣贤孰能无过，哪怕是已经准备充分，哪怕是一些演讲高手，也难免会说错话。

应对的策略其实分为两部分，第一是迅速判断说错的部分影响大不大，第二是根据影响来做出下一步的调整，如果说错的部分影响不大就可以直接忽略，继续讲接下来的内容；如果直接影响了后面的内容，就纠正过来，重新说一下。

例如，罗振宇在“时间的朋友”中对中国主导经济与西方主导经济进行比较时，就使用了拔河比赛与拳击比赛来作类比，但是他把这两个比赛说反了，会直接影响后面的内容，所以他采取了纠正重新说的方法。

5.7.2 演讲忘词怎么办

演讲紧张或者准备不足都有可能导致演讲忘词。最根本的办法就是充分准备并建立框架思维。在事先演练时，可以尝试多回忆演讲的框架结构，而不是具体的演讲逐字稿，因为演讲逐字稿的信息量太大，不容易完全记住，如果在某句话卡住了，短时间不容易想起来；而如果是演讲框架结构的话，那么这个结构是在脑海中有非常清晰的形式，如果忘词了，还可以结合这个演讲框架使用相似的话来代替原来准备的话，如果前后衔接流畅，观众也听不出来你忘词了。所以这就是我推荐学员记“演讲结构图”，而不是“演讲逐字稿”的原因。

如果是因为紧张原因忘词了，大脑重启的速度还是很快的，可以先停顿 1、2 秒，尝试努力回忆，能想起来就继续讲，如果还是没想起来，就可以讲和演讲主题相关的内容，讲着讲着就很容易想起来原先要讲的内容，观众也很难察觉到你忘词了，会以为那个停顿是你故意的。

演讲中最怕突然的安静，忘词时还可以采用幽默方式轻松应对，例如，可以这么说：“我这个人有点内向，今天一见到台下有这么多帅哥美女，我这个脑子就容易一片空白……”，化解尴尬的同时，也能表现幽默感。

5.7.3 时间不够用了怎么办

时间把控不到位是很多演讲者常遇到的问题。演讲时间所剩不多，但是又有很多内容还没讲，有的演讲者会火急火燎地讲完接下来的内容，语速就和机关枪一样，观众还没听明白，就已经翻页了；有的演讲者则不管时间，什么时候讲完，什么时候结束。其实这两种方法都不可取，即使你前面的演讲不错，如果后面对时间不够处理不当，也会直接拉低整个演讲的体验感和观众的评价。

那么到底应该怎么办呢？这里推荐两种方案：讲重点和抛钩子。

讲重点内容：时间不够用讲不完，那就不讲完。自己可以反思一下，接下来的内容我最想让听众记住和了解的内容是哪些？把这些内容作为接下来的重点版块进行讲解。因为对于演讲而言，并不是看演讲者讲了多少，而是看观众记住了多少。所以挑选重点来讲，更容易让观众印象深刻。

抛钩子：在讲完重点内容以后，把剩余的内容作为钩子抛给观众，留一个悬念，激发观众的兴趣，也可以让观众私信和你交流。

5.7.4 PPT 播放故障怎么办

对于播放设备，最好是能提前测试一次，保证设备是正常的。如果测试过了，但是演讲时还是出现了 PPT 播放不了或者设备故障，这时可以先用眼神等方式暗示旁边的工作人员，让其知道设备出故障了，并尽快上来帮忙处理，然后演讲者把观众的注意力吸引到自己的身上。

可以用一些话语来引导观众，例如“这个 PPT 果然很懂我的演讲（培训），这时候恰好卡住了，看样子是要提醒大家跟着我来一起复盘一下前面讲的一些关键内容……”，或者“PPT 现在播放有点故障，接下来大家可以把关注的焦点放在我英俊的脸上，而不是 PPT 上了。”，还可以用“感谢 PPT 这时候卡住了，让大家有机会和我有更多近距离的交流”，等等，既能体现演讲者的机智，不中断演讲，也能很好地分散观众的注意力，让工作人员对设备故障进行处理。